上市公司盈餘管理與
審計治理效應

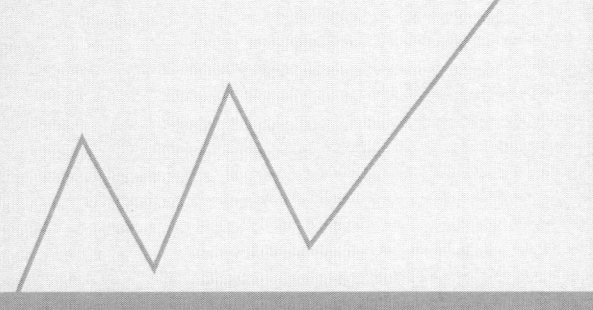

王良成 著

崧燁文化

前　言

　　中國近幾十年的經濟改革，讓中國的經濟增長取得舉世矚目的成就。目前，中國經濟總量已排在全世界第二，僅次於美國。作為一個處於轉型經濟的新興市場經濟體，中國的經濟增長能夠取得如此巨大的成就，得益於中國資本市場的改革紅利和上市公司的快速發展。

　　上市公司的盈餘管理，一直以來備受政府、學術界和實務界的關注。盈餘管理會降低上市公司的會計信息質量，擾亂市場的決策和秩序，削弱資本市場的資源配置功能，侵害市場投資者的利益，最終將會影響中國經濟的發展。由此，本書基於中國的製度背景，對上市公司的盈餘管理和審計的治理效應進行深入研究，為中國和其他轉型經濟國家的經濟發展提供理論解讀和經驗分析。

　　總體而言，本書著眼於中國經濟轉型的製度變遷，首先對應計盈餘管理與真實盈餘管理的相互關係進行理論分析和實證探討。在此基礎上，考察中國的監管者對盈餘管理的識別能力。同時，檢驗應計盈餘管理與真實盈餘管理的市場反應，以及審計在其中的治理效應。其次，立足中國的再融資環境，探討盈餘管理對審計意見監管有用性的影響及其經濟後果，考察在中國證券市場的新常態下審計師對盈餘管理的反應和風險管理策略，具體從審計師變更、審計收費和審計意見進行分析和探討。最後，分析盈餘管理對股價暴跌風險的影響，以及簽字會計師的性別差異對審計獨立性的影響。

　　本書的特點是立足於中國經濟之現實，力求做到製度考察與理論分析相結合，扎根於中國特殊的製度背景，研究新興資本市場中國的特色問題，以期從中國證券市場的實際問題出發，從理論上進行探討和分析，通過經驗數據之實證研究描述和分析並解答上述問題。

（1）在中國證券市場上，應計盈餘管理與真實盈餘管理存在二元關係，即替代關係和互補關係。具體而言，市場競爭壓力在應計盈餘管理與真實盈餘管理之間具有明顯的成本比較優勢，使得兩者具有替代關係，控製利益、管制壓力在應計盈餘管理與真實盈餘管理之間不具有顯著的成本比較優勢，而是應計盈餘管理與真實盈餘管理的驅動因素，使得兩者具有互補關係。

（2）中國證券市場的投資者只對應計盈餘管理做出負面反應，沒有對真實盈餘管理做出有效反應。這可能是，相比於應計盈餘管理，真實盈餘管理不容易察覺，因而投資者沒有做出有效的市場反應。同時，高質量的審計只幫助投資者對應計盈餘管理的信息含量做有效區分，而對真實盈餘管理的信息含量不能明顯區分，表明審計在盈餘管理的治理上具有一定的積極的市場效應。

（3）中國監管者對上市公司盈餘管理具有一定的識別能力，並且會受到管制環境變遷的影響，存在管制效應和演進效應。具體而言，在審核公司的配股資格過程中，監管者能識別線下真實盈餘管理，但是，在管制環境變遷後，由於線下真實盈餘管理被納入管制範圍，監管者不再對其關注，而是關注應計盈餘管理，並能識別。在線上真實盈餘管理方面，由於其隱蔽性強，監管者並沒有表現出顯著的識別能力。

（4）在中國證券市場上，審計意見對盈餘管理具有一定的治理效應，由於真實盈餘管理具有隱蔽性，審計意見並不能對其有效反應。同時，審計意見的監管有用性僅在管制變遷前具有統計上的顯著性，並且會受到盈餘管理的影響，但僅受到非經營性盈餘管理的影響，並且只體現在非國有企業中。審計意見的治理作用會在國有企業的配股業績上得到體現，但這會受到真實盈餘管理的影響。

（5）在中國2006年法律變遷之前和法律變遷之後，應計盈餘管理與真實盈餘管理對審計定價都沒有顯著影響，並且，法律變遷也不會增強應計盈餘管理與真實盈餘管理對審計定價的推高作用。這意味著，中國的審計定價在盈餘管理的治理上沒有發揮應有的功能，同時，法律的變遷也沒有提升審計定價在盈餘管理上的治理功能。

（6）在中國2006年法律變遷之前和法律變遷之後，應計盈餘管理與真實盈餘管理都沒有顯著提高審計師簽發非標準審計意見的可能性，並且，法律變

遷也不會增強應計盈餘管理與真實盈餘管理對非標準審計意見的提升作用。這意味著，中國的審計意見在盈餘管理的治理上沒有發揮應有的功能，同時，法律的變遷也沒有提升審計意見在盈餘管理上的治理功能。

（7）中國上市公司的應計盈餘管理程度越高，上市公司與會計師事務所保持客戶關係越困難，越容易發生會計師事務所變更，但是只表現在2006年新法律實施以後。同時，上市公司的真實盈餘管理也對會計師事務所變更產生影響，同樣也只表現在新法律實施以後。這表明，法律環境的改善在一定程度上對於外部審計機構的治理作用產生了積極的影響。

（8）在中國證券市場上，應計盈餘管理並沒有提高公司的股價暴跌風險，真實盈餘管理顯著提高了公司的股價暴跌風險，但僅在非國有企業中體現。進一步分析發現，導致這一情形的原因在於，應計盈餘管理與真實盈餘管理在非國有企業中相對突出。同時，也可能是由於非國有企業沒有受到與國有企業一樣的政治庇護。

（9）在中國市場上，簽字會計師的性別差異在總體上對審計獨立性沒有顯著影響。而當考慮到不同職業階段的性別差異時，簽字會計師的性別差異對審計獨立性有顯著影響，但只體現在職業階段的早期和晚期。這說明，簽字會計師的性別差異對審計獨立性的影響會受到其職業階段的調節作用，並且，這種影響表現為，女性簽字會計師的獨立性比男性偏低。這說明性別差異對審計獨立性的影響主要受職業風險的驅動，而非法律風險和職業道德。

希冀本書的研究結論，一方面為中國經濟改革發展的大浪潮提供一個截面或者是其中一個點的反應和解讀，另一方面為今後中國經濟的建設尤其是中國證券審計市場的建設提供經驗證據和政策啟示。

本書的創作和順利結稿，特別感謝對外經濟貿易大學陳漢文教授和汕頭大學杜沔教授的啟發、指導和幫助，同時感謝香港城市大學 Zhifeng Yang 教授、紐約州立大學 Francis Kim 教授的寶貴建議和幫助，更要感謝四川大學、西南財經大學、廈門大學、對外經濟貿易大學、浙江大學、華中科技大學、中央財經大學、中山大學、西南交通大學、重慶大學、西南大學、汕頭大學、中國政府審計研究中心以及學術界和實務界的同仁和朋友提供的寶貴建議和支持，還要感謝我的家人給予的理解和支持，感謝我在四川大學指導的研究生和本科生

在數據收集和數據分析方面提供的幫助和支持。

由於本書作者的水平有限，書中難免有不足和瑕疵之處，敬請各位同仁、專家和讀者賜教並批評指正。

作　者

目　錄

1　導論 / 1
　　1.1　研究問題與研究目的 / 1
　　1.2　研究內容和結構安排 / 4
　　1.3　學術貢獻和創新 / 8

2　製度背景和理論分析 / 10
　　2.1　製度背景 / 10
　　2.2　理論分析 / 12
　　2.3　本章小結 / 33

3　應計盈餘管理與真實盈餘管理的二元關係 / 34
　　3.1　引言 / 34
　　3.2　理論分析和研究假設 / 36
　　3.3　研究設計和數據樣本 / 38
　　　　3.3.1　應計盈餘管理與真實盈餘管理的計量 / 38
　　　　3.3.2　迴歸模型 / 41
　　　　3.3.3　數據樣本 / 42
　　3.4　實證結果及分析 / 43
　　　　3.4.1　描述性統計分析 / 43
　　　　3.4.2　迴歸結果分析 / 44
　　　　3.4.3　進一步檢驗 / 46

                3.4.4　穩健性分析 / 50
        3.5　本章小結 / 50

4　盈餘管理的市場反應與審計治理效應 / 52
        4.1　引言 / 52
        4.2　理論分析和研究假設 / 54
        4.3　數據樣本和研究設計 / 56
                4.3.1　數據樣本 / 56
                4.3.2　盈餘管理的計量 / 57
                4.3.3　迴歸模型 / 59
        4.4　實證結果及分析 / 60
                4.4.1　描述性統計分析 / 60
                4.4.2　迴歸分析結果 / 61
                4.4.3　穩健性測試 / 64
        4.5　本章小結 / 64

5　監管者識別盈餘管理 / 66
        5.1　引言 / 66
        5.2　製度背景、理論分析和研究假設 / 68
        5.3　研究設計和數據樣本 / 70
                5.3.1　盈餘管理的計量 / 70
                5.3.2　監管者識別盈餘管理的迴歸模型 / 73
                5.3.3　樣本選取和數據來源 / 74
        5.4　實證結果及分析 / 75
                5.4.1　描述性統計分析 / 75
                5.4.2　迴歸結果分析 / 76
                5.4.3　進一步檢驗 / 78
                5.4.4　穩健性測試 / 81

5.5　本章小結 / 81

6　盈餘管理與審計意見監管有用性 / 83

　　6.1　引言 / 84

　　6.2　理論分析與研究假設 / 86

　　6.3　研究設計和數據樣本 / 89

　　　　6.3.1　盈餘管理的計量 / 89

　　　　6.3.2　迴歸模型 / 92

　　　　6.3.3　數據樣本 / 94

　　6.4　實證結果及分析 / 95

　　　　6.4.1　假設 H1 的檢驗 / 95

　　　　6.4.2　假設 H2 的檢驗 / 98

　　　　6.4.3　假設 H3 的檢驗 / 112

　　　　6.4.4　穩健性測試 / 126

　　6.5　本章小結 / 138

7　盈餘管理、法律變遷與審計定價 / 140

　　7.1　引言 / 141

　　7.2　理論分析和研究假設 / 141

　　7.3　數據樣本和研究方法 / 143

　　　　7.3.1　數據樣本 / 143

　　　　7.3.2　盈餘管理的計量 / 144

　　　　7.3.3　迴歸模型 / 147

　　7.4　實證結果及分析 / 148

　　　　7.4.1　描述性統計分析 / 148

　　　　7.4.2　迴歸分析 / 150

　　　　7.4.3　穩健性測試 / 155

　　7.5　本章小結 / 170

8 盈餘管理、法律變遷與審計意見 / 172

8.1 引言 / 172
8.2 理論分析和研究假設 / 174
8.3 數據樣本和研究方法 / 175
  8.3.1 樣本選取和數據來源 / 175
  8.3.2 盈餘管理的計量 / 176
  8.3.3 迴歸模型 / 179
8.4 實證結果及分析 / 180
  8.4.1 描述性統計分析 / 180
  8.4.2 迴歸分析 / 181
  8.4.3 穩健性測試 / 187
8.5 本章小結 / 201

9 盈餘管理、法律變遷與審計師變更 / 203

9.1 引言 / 204
9.2 理論分析和研究假設 / 205
9.3 數據樣本和研究方法 / 207
  9.3.1 樣本選取和數據來源 / 207
  9.3.2 盈餘管理的計量 / 208
  9.3.3 迴歸模型 / 211
9.4 實證結果及分析 / 212
  9.4.1 描述性統計分析 / 212
  9.4.2 迴歸分析 / 213
  9.4.3 進一步分析 / 217
  9.4.4 穩健性測試 / 222
9.5 本章小結 / 223

10 盈餘管理與股價暴跌風險 / 225

- **10.1** 引言 / 225
- **10.2** 理論分析和研究假設 / 227
- **10.3** 數據樣本和研究方法 / 228
  - 10.3.1 樣本選取和數據來源 / 228
  - 10.3.2 股價暴跌風險的計量 / 229
  - 10.3.3 盈餘管理的計量 / 230
  - 10.3.4 迴歸模型 / 233
- **10.4** 實證結果及分析 / 234
  - 10.4.1 描述性統計分析 / 234
  - 10.4.2 迴歸分析 / 235
  - 10.4.3 穩健性測試 / 238
- **10.5** 本章小結 / 243

11 性別差異、職業階段與審計獨立性 / 244

- **11.1** 引言 / 245
- **11.2** 理論分析和研究假設 / 247
- **11.3** 數據樣本和研究方法 / 251
  - 11.3.1 樣本選取和數據來源 / 251
  - 11.3.2 研究設計 / 252
- **11.4** 實證結果及分析 / 254
  - 11.4.1 描述性統計分析 / 254
  - 11.4.2 迴歸分析 / 255
  - 11.4.3 進一步分析 / 257
  - 11.4.4 穩健性分析 / 261
- **11.5** 本章小結 / 261

12 研究結論和啟示 / 263
　　12.1 研究結論 / 263
　　12.2 理論和政策含義 / 266

參考文獻 / 269

1 導論

作為開篇之論，本章簡要闡述了本書的研究背景和寫作動機，提出了研究的問題，並介紹了本書的研究框架與結構安排、學術貢獻和創新。

1.1 研究問題與研究目的

中國經濟在過去三十多年的發展成就，是世界經濟發展史的一大奇跡，也讓中國成為世界經濟的第二大國。在中國的經濟改革發展過程中，資本市場的資源配置功能和上市公司的治理質量，是推動中國經濟健康發展的重要製度基礎。

然而，上市公司的盈餘管理會降低會計信息質量，干擾市場的秩序，削弱資本市場的資源配置功能，阻礙經濟的發展。如何有效治理上市公司的盈餘管理，一直是政府、學術界和實務界迫切破解的難題。審計作為一種重要的製度安排，在對上市公司盈餘管理的治理上具有治理效應。對審計的治理，可以維護市場的良好秩序，確保資本市場的資源配置效率，是維繫和推動經濟健康發展的重要微觀基礎（Francis，2011；DeFond & Zhang，2014）。特別是對處於轉型中的新興市場來說，投資者的法律保護環境相對於發達市場國家比較弱，更需要審計的治理作用來支撐和推動市場的健康發展（Fan & Wong，2005；Choi & Wong，2007）。因此，立足中國這樣一個轉型經濟的新興市場，研究上市公司的盈餘管理與審計的治理效應，具有重要的理論意義和實踐意義。

具體而言，本書主要研究以下幾個問題：

（1）應計盈餘管理與真實盈餘管理，在中國市場上到底是什麼關係，是替代還是互補。在中國轉型加新興市場的製度背景下，上市公司到底是偏向於選擇應計盈餘管理，還是偏向於選擇真實盈餘管理，其面臨的成本和收益及其

之間的權衡，可能與發達市場的不同，從而可能會影響應計盈餘管理與真實盈餘管理之間的相互關係。

本書認為，在不同的製度環境下，應計盈餘管理與真實盈餘管理的成本和收益的大小可能表現不同，從而影響兩者之間的相互關係。在中國市場上，應計盈餘管理與真實盈餘管理可能存在二元關係。

（2）應計盈餘管理與真實盈餘管理在中國的市場反應會呈現什麼情況，審計是否在其中具有治理效應。在中國這樣一個弱式有效的市場上，對於應計盈餘管理與真實盈餘管理，投資者是否會有所反應，反應是理性還是非理性，以及反應的程度如何。高質量的審計是否在其中扮演了積極的作用。

本書認為，真實盈餘管理比應計盈餘管理對公司價值的損害更大，因此，預測真實盈餘管理可能比應計盈餘管理在市場上引起的負面反應更大，但這要取決於中國證券市場的有效性。同時，高質量的審計可能對盈餘管理的負面市場反應產生治理作用，幫助投資者區分上市公司盈餘管理所蘊含的信息含量，但這要取決於中國證券市場的有效性。

（3）監管者是否識別中國上市公司的盈餘管理，而在線下真實盈餘管理、應計盈餘管理和真實盈餘管理方面，監管者的識別是否有差異。特別是在中國製度變遷比較快的背景下，監管者識別盈餘管理的能力是否會受到管制變遷的影響。

本書認為，由於線下真實盈餘管理、應計盈餘管理和真實盈餘管理在隱蔽性上有差異，其中，線下真實盈餘管理的隱蔽性較弱，應計盈餘管理的隱蔽性一般，真實盈餘管理較強。因而，本書預測，線下真實盈餘管理和應計盈餘管理可能被監管者識別，而真實盈餘管理可能不會被監管者識別。並且，監管者對盈餘管理的識別能力會隨著時間的推移存在演進效應，同時還會受到管制變遷的影響。

（4）盈餘管理是否影響審計意見的監管有用性，並且，非經營性盈餘管理、應計盈餘管理和真實盈餘管理對審計意見監管有用性的影響是否存在差異。進一步，盈餘管理對審計意見監管有用性的影響會產生什麼樣的經濟後果，是否降低了資源配置的效率。具體而言，在非經營性盈餘管理、應計盈餘管理和真實盈餘管理對審計意見監管有用性的影響方面，其產生的經濟後果是否有差異。

本書預測，非經營性盈餘管理、應計盈餘管理和真實盈餘管理，可能會對審計意見的監管有用性產生影響，並且，由於非經營性盈餘管理、應計盈餘管理和真實盈餘管理在隱蔽性上存在差異，也可能導致它們對審計意見監管有用

性的影響有所不同。盈餘管理對審計意見監管有用性的影響可能會產生消極的經濟後果，降低資源配置的效率。同樣，非經營性盈餘管理、應計盈餘管理和真實盈餘管理，對審計意見監管有用性影響產生的經濟後果，也會因在隱蔽性和損害公司價值方面的不同而具有差異性。

（5）盈餘管理是否影響審計定價，並且在不同的法律變遷時期，盈餘管理對審計定價的影響是否存在差異。盈餘管理會讓審計師承擔一定的風險，是否會由此讓審計師提高審計定價。在法律變遷後，中國的法律水平提高，審計師面臨的風險也由此增加，審計定價對盈餘管理的敏感性是否也會得到加強。同時，應計盈餘管理和真實盈餘管理對審計定價的影響也可能存在差異。

本書認為，真實盈餘管理比應計盈餘管理具有更大的審計風險，因此預測，真實盈餘管理比應計盈餘管理更能顯著提高審計定價。並且，盈餘管理對審計定價的提升作用，會受到法律變遷的影響，隨著法律水平的提高而提高。

（6）盈餘管理是否影響審計意見，並且在不同的法律變遷時期，盈餘管理對審計意見的影響是否存在差異。盈餘管理會讓審計師承擔一定的風險，是否由此讓審計師在簽發審計意見時對其進行考慮，並在審計意見中得到反應。在法律變遷後，中國的法律水平提高，審計師面臨的風險由此增加，審計意見對盈餘管理的敏感性是否也會得到加強。同時，應計盈餘管理和真實盈餘管理對審計意見的影響也可能存在差異。

本書認為，真實盈餘管理比應計盈餘管理具有更大的審計風險，因此預測，真實盈餘管理比應計盈餘管理更能顯著提高審計師簽發非標準審計意見的可能性。並且，盈餘管理對審計師簽發非標準審計意見的可能性的提升作用，會受到法律變遷的影響，隨著法律水平的提高而提高。

（7）盈餘管理是否影響審計師變更，並且在不同的法律變遷時期，盈餘管理對審計師變更的影響是否存在差異。盈餘管理會讓審計師承擔一定的風險，是否會由此提高審計師變更的可能性。在法律變遷後，中國的法律水平提高，審計師面臨的風險由此增加，審計師變更對盈餘管理的敏感性是否也會得到加強。同時，應計盈餘管理和真實盈餘管理對審計師變更的影響也可能存在差異。

本書認為，真實盈餘管理比應計盈餘管理具有更大的審計風險，因此預測，真實盈餘管理比應計盈餘管理更能顯著提高審計師變更的可能性。並且，盈餘管理對審計師變更的可能性的提升作用，會受到法律變遷的影響，隨著法律水平的提高而提高。

（8）盈餘管理是否影響公司的股價暴跌風險，並且在不同產權性質的企

業中，盈餘管理對股價暴跌風險的影響是否存在差異。相對於非國有企業，國有企業與政府具有天然的聯繫，受到更多的政治庇護。因而，國有企業和非國有企業在盈餘管理方面可能存在差異，導致其對股價暴跌風險的影響可能存在差異。同時，應計盈餘管理和真實盈餘管理對公司股價暴跌風險的影響也可能存在差異。

  本書認為，真實盈餘管理比應計盈餘管理對公司價值具有更大的損害性，因此預測，真實盈餘管理比應計盈餘管理更能顯著提高公司股價暴跌風險。並且，盈餘管理對股價暴跌風險的提升作用，在國有企業和非國有企業中存在差異性。

  （9）簽字會計師的性別差異是否會影響審計獨立性，並且在簽字會計師不同的職業階段，簽字會計師的性別差異對審計獨立性的影響是否存在差異。在中國這樣歷史悠久的東方文化國度裡，「重男輕女」的思想比較流行，女性簽字會計師面臨的職業風險可能比男性大，進而影響其獨立性。在不同的職業階段，女性簽字會計師和男性簽字會計師面臨的職業風險可能存在差異而具有階段性，同樣，這可能會影響到簽字會計師的性別差異對審計獨立性的影響。

  本書認為，在中國市場上，職業風險可能比法律風險、道德風險更重要，女性簽字會計師為了規避風險，其審計獨立性可能低於男性簽字會計師。並且，簽字會計師的性別差異對審計獨立性的影響，可能會在不同的職業階段存在差異。

1.2 研究內容和結構安排

  本書立足於中國的資本市場，對中國上市公司的盈餘管理和審計治理效應進行理論分析與經驗研究。本書的著眼點是扎根於中國特殊的製度背景，研究中國特色的問題，以期從實踐問題出發，從理論上進行分析，並以經驗數據進行檢驗。

  本書共分為十二章，各章的內容摘要如下：

  第一章 導論

  本章主要介紹本書的研究背景和動機、研究問題、研究內容安排及主要的學術貢獻和創新。

  第二章 製度背景和理論分析

  本章主要介紹了中國證券市場的配股管制變遷的製度背景和 2006 年的法

律變遷背景，闡述了盈餘管理和審計治理效應的相關理論。

第三章 應計盈餘管理與真實盈餘管理的二元關係

本章探討了中國市場上應計盈餘管理與真實盈餘管理的相互關係。在轉型經濟的中國新興市場環境下，上市公司到底是偏向於選擇應計盈餘管理還是偏向於選擇真實盈餘管理，其面臨的成本和收益及其之間的權衡，可能與發達市場不同，從而可能會影響應計盈餘管理與真實盈餘管理之間的相互關係。本章的經驗數據表明，在中國市場上，應計盈餘管理與真實盈餘管理之間存在著二元關係，即替代關係和互補關係。本章的研究為厘清應計盈餘管理與真實盈餘管理兩者的相互關係提供了新的知識和經驗證據，豐富了該領域的研究，也為推動中國證券市場的健康發展提供了一定的啟示。

第四章 盈餘管理的市場反應與審計治理效應

本章立足於中國的證券市場，考察應計盈餘管理與真實盈餘管理的市場反應以及審計的治理效應。本章利用中國的市場數據研究發現，中國證券市場的投資者只對應計盈餘管理做出負面反應，而沒有對真實盈餘管理進行有效反應，表明投資者對盈餘管理的反應在一定程度上具有理性。同時，高質量的審計只幫助投資者對應計盈餘管理的信息含量做有效區分，而對真實盈餘管理的信息含量不能明顯區分，表明審計在盈餘管理的治理上具有一定的積極的市場效應。這為中國上市公司盈餘管理的治理和完善證券市場的建設提供了一定的啟示。

第五章 監管者識別盈餘管理

本章立足於中國特殊的股權再融資管制環境，考察監管者對上市公司盈餘管理的識別能力及其變化。在轉型經濟過程中，中國的股權再融資管制環境具有不斷變遷的特徵。管制環境的變遷，可能會影響到監管者對盈餘管理的識別能力及其程度。本章的經驗研究顯示，監管者對上市公司盈餘管理具有一定的識別能力，並且會受到管制環境變遷的影響，存在管制效應和演進效應。具體而言，在審核配股資格過程中，監管者能識別線下真實盈餘管理，但是，在管制環境變遷後，由於線下真實盈餘管理被納入管制範圍，監管者不再對其進行關注，而是關注應計盈餘管理，並能識別。在線上真實盈餘管理方面，由於其隱蔽性強，監管者並沒有表現出顯著的識別能力。本章拓展和細化了盈餘管理的監管研究，提供了豐富的經驗證據，對中國證券市場的健康發展具有重要的現實意義和啟示。

第六章 盈餘管理與審計意見監管有用性

本章基於中國特有的配股管制環境，考察審計意見對盈餘管理的反應、審

計意見的監管有用性受盈餘管理的影響及其經濟後果。由於中國的配股管制處在不斷的變遷過程中，特別是2001年的配股管制將審計意見納入管制內容，意味著審計意見正式作為證監會對公司配股申請進行審核的一個基本條件，這一製度變遷可能會影響到審計意見在配股融資中的治理功能。因此，本章將這一配股管制的變遷納入分析，以此區分並比較在審計意見納入管制和未納入管制兩個時期審計意見對盈餘管理的治理功能和產生的經濟後果。本章的研究結果表明，審計意見對盈餘管理具有一定的治理效應，由於真實盈餘管理具有隱蔽性，審計意見並不能對真實盈餘管理有效反應。同時，審計意見的監管有用性僅在管制變遷前具有統計上的顯著性，並且會受到盈餘管理的影響，但僅受到非經營性盈餘管理的影響，並且只體現在非國有企業。審計意見的治理作用會在國有企業的配股業績上得到體現，但這會受到真實盈餘管理的影響。

第七章 盈餘管理、法律變遷與審計定價

本章基於中國特有的法律變遷環境，考察盈餘管理對審計定價的影響。盈餘管理會提高審計風險，而在不同的法律變遷環境下，盈餘管理帶來的審計風險也會有所不同，進而對審計定價的影響也會有差異。2006年，中國實施新的公司法、證券法，加大了對投資者的利益保護，提高了中國的法律水平，是中國的一個重要的法律變遷。本章採用中國的資本市場數據，考察2006年法律變遷前後盈餘管理對審計定價的影響。研究發現，在2006年法律變遷前後，應計盈餘管理與真實盈餘管理對審計定價都沒有顯著影響。經驗結果表明，儘管2006年法律變遷後，會計師事務所面臨的審計風險有所提高，但是應計盈餘管理與真實盈餘管理所帶來的審計風險並沒有在審計定價中得到反應。這意味著中國的審計定價和法律水平在盈餘管理的治理上還沒有表現出應有的治理效應，還有待加強。

第八章 盈餘管理、法律變遷與審計意見

本章基於中國特有的法律變遷環境，考察盈餘管理對審計意見的影響。盈餘管理會降低會計信息質量，提高審計風險，並且在不同的法律變遷環境下，盈餘管理帶來的審計風險也會有所不同，進而對審計意見的影響也會有所差異。2006年，中國實施新的公司法、證券法，加強了對投資者的利益保護，提高了中國的法律水平，是中國的一個重要的法律變遷。本章採用中國的資本市場數據，考察2006年法律變遷前後盈餘管理對審計意見的影響。研究發現，在2006年法律變遷前後，應計盈餘管理與真實盈餘管理不會提高審計師簽發非標準審計意見的可能性。經驗結果表明，儘管2006年法律變遷後，會計師事務所面臨的審計風險有所提高，但是應計盈餘管理與真實盈餘管理所帶來的

審計風險並沒有在審計意見中得到反應。這意味著中國的審計意見和法律水平在盈餘管理的治理上還沒有表現出應有的治理效應，需要進一步加強。

第九章 盈餘管理、法律變遷與審計師變更

本章基於中國特有的法律變遷環境，考察盈餘管理對審計師變更的影響。盈餘管理會提高審計風險，而在不同的法律變遷環境下，盈餘管理帶來的審計風險也會有所不同，進而對審計師變更的影響也會有所差異。2006年，中國實施新的公司法、證券法，加大了對投資者的利益保護，提高了中國的法律水平，是中國的一個重要的法律變遷。這一法律變遷也加大了審計師面臨的審計風險。本章採用中國的資本市場數據，考察2006年法律變遷前後盈餘管理對審計師變更的影響。研究發現，中國上市公司的應計盈餘管理程度越高，公司與會計師事務所保持客戶關係越困難，越容易發生會計師事務所變更，但是只表現在2006年新法律實施以後。同時，公司的真實盈餘管理也對會計師事務所變更產生影響，同樣也只表現在新法律實施以後。這表明，法律環境的改善在一定程度上對於外部審計機構的治理作用產生了積極的影響。

第十章 盈餘管理與股價暴跌風險

本章基於中國特有的製度環境，考察盈餘管理對股價暴跌風險的影響。盈餘管理會降低會計信息質量，提高公司的股價暴跌風險。在不同的產權性質的公司中，盈餘管理的水平會有所差異，進而盈餘管理對公司的股價暴跌風險的影響也會有所不同。本章採用中國證券市場的數據研究發現，應計盈餘管理並沒有提高公司的股價暴跌風險，真實盈餘管理顯著提高了公司的股價暴跌風險，但僅在非國有企業中體現。進一步分析發現，導致這一情形的原因在於，應計盈餘管理與真實盈餘管理在非國有企業中相對較高。同時，也可能是由於非國有企業，沒有受到與國有企業一樣的政治庇護。

第十一章 性別差異、職業階段與審計獨立性

本章基於中國資本市場的數據，從職業風險、法律風險和職業道德考察簽字會計師的性別差異對審計獨立性的影響。在中國這樣一個典型的轉型經濟國家，職業風險可能比法律風險、道德風險更重要，導致女性簽字會計師的獨立性可能比男性低。本章採用中國證券市場的數據研究發現，在中國資本市場上，簽字會計師的性別差異在總體上對審計獨立性沒有顯著影響。而將職業階段納入分析時，簽字會計師的性別差異對審計獨立性具有顯著影響，但只體現在職業階段的早期和晚期，說明性別差異對審計獨立性的影響會受到職業階段的調節作用。並且，這種影響表現為，相對於男性簽字會計師，女性簽字會計師的獨立性偏低，說明性別差異對審計獨立性的影響主要受職業風險的驅動，

而非法律風險和職業道德。本研究拓展和豐富了審計獨立性個體層面的研究，並提供直接的經驗證據，也為中國證券審計市場的健康發展提供一定的啟示。

第十二章 研究結論和啟示

本章總結全書的研究結論，並從研究結論中得到一定的啟示。

1.3 學術貢獻和創新

本書的特點是扎根於中國特殊的製度背景，研究中國上市公司的盈餘管理與審計治理效應，以期從中國證券市場的實踐問題出發，從理論上進行分析，並以經驗數據進行實證檢驗。本書主要的學術貢獻和創新如下：

（1）在中國證券市場上，應計盈餘管理與真實盈餘管理除了存在替代關係，還存在互補關係，即二元關係，拓展了先前的研究領域。從中國轉型經濟的製度因素，如控製利益、管制壓力，分析應計盈餘管理與真實盈餘管理的內在驅動力量，為該領域的研究提供了全新的視角和經驗證據。兼顧考察應計盈餘管理與真實盈餘管理的成本和收益及對比狀況，彌補了該領域研究的不足。

（2）本書深化了盈餘管理市場反應在處於轉型經濟中的中國證券市場上的經驗研究，對比分析應計盈餘管理市場反應與真實盈餘管理市場反應。豐富了審計治理效應的研究，檢驗了高質量的審計在盈餘管理市場反應上的作用。通過對盈餘管理市場反應的考察，為中國市場的有效性提供了進一步的經驗證據。

（3）本書將監管者對盈餘管理識別的研究，從線下真實盈餘管理拓展到應計盈餘管理和線上真實盈餘管理的考察上，印證了演進效應的存在，推進了該領域的研究。根據中國特有的製度背景，考察管制環境變化對監管者識別盈餘管理能力的影響，證實了管制效應的存在，提供這一研究的製度思考。對比研究應計盈餘管理、線上真實盈餘管理和線下真實盈餘管理被監管者識別的情形，證實了線上真實盈餘管理不容易被識別的隱蔽性，豐富了盈餘管理的研究。

（4）本書從非經營性盈餘管理、應計盈餘管理與真實盈餘管理三個方面，系統考察盈餘管理對審計意見的影響，進而考察對審計意見監管有用性的影響，具有理論上的原創性，極大豐富了會計和審計理論方面的研究。從會計業績考察應計盈餘管理與真實盈餘管理對審計意見監管有用性的影響產生的經濟後果，對比其差異，探討其深刻的製度原因和理論基礎，推進審計工作對會計

信息質量和資本市場建設的治理效應方面的研究。將管制變遷納入分析框架，考察審計意見受盈餘管理的影響及其經濟後果是否在不同的管制環境下具有差異，並分析其差異產生的原因，為深入理解管制與審計的治理作用提供新的視角和經驗知識。

（5）本書從應計盈餘管理和真實盈餘管理考察審計定價的影響，為盈餘管理與審計定價的關係的研究提供進一步的經驗證據。將中國法律變遷納入分析，考察在不同法律變遷環境下，比較分析應計盈餘管理和真實盈餘管理對審計定價的影響差異，拓展了法與公司治理的研究領域。立足中國的製度背景進行考察，研究盈餘管理、法律變遷對審計定價的影響，研究結論為其他轉型經濟國家提供一定的借鑑和啟示。

（6）本書從應計盈餘管理和真實盈餘管理考察審計意見的影響，為盈餘管理與審計意見的關係的研究提供進一步的經驗證據。將中國法律變遷納入分析，考察在不同法律變遷時期下，比較分析應計盈餘管理和真實盈餘管理對審計意見的影響差異，拓展了法與公司治理的研究。立足中國的製度背景進行考察，研究盈餘管理、法律變遷對審計意見的影響，研究結論為其他轉型經濟國家提供一定的借鑑和啟示。

（7）本書從應計盈餘管理和真實盈餘管理兩個方面來印證盈餘管理程度與會計師事務所變更之間的關係，為會計師事務所變更的監管提供了直接的經驗證據，豐富了盈餘管理與會計師事務所變更領域的研究。考慮了法律環境的改善對盈餘管理程度與會計師事務所變更之間關係的影響，驗證了法律環境的改善能使外部審計機構更好地發揮其治理作用。

（8）本書從應計盈餘管理與真實盈餘管理系統考察盈餘管理對公司股價暴跌風險的影響，豐富了該領域的研究，提供了進一步的經驗證據。將產權性質納入分析，考察國有企業和非國有企業在應計盈餘管理與真實盈餘管理對股價暴跌風險影響上的差異，拓展了盈餘管理和股價暴跌風險的研究領域。

（9）本書拓展和細化了審計獨立性個體層面的研究，為理解性別差異對審計獨立性影響提供來自轉型經濟國家的經驗證據，從職業風險、法律風險和職業道德對比分析中增添新的認識。將職業階段納入分析，發現不同職業階段的性別差異對審計獨立性的影響不同，從而細化和豐富了該領域的研究，同時說明，在考察性別差異對審計獨立性的影響時，需要考慮職業階段的調節作用。

2 製度背景和理論分析

本章主要介紹了中國證券市場的配股管制變遷的製度背景和 2006 年的法律變遷背景，闡述了盈餘管理和審計治理效應的相關理論。

2.1 製度背景

1. 配股管制變遷

從 1993 年開始，為了限制上市公司瘋狂的配股融資行為，維繫證券市場的健康發展，優化其配置功能，證券監管部門制定了相關的法律法規來規範上市公司的配股行為，並隨著中國證券市場的發展在不斷地進行調整和變遷。①每次重大的變遷都賦予了不同時代環境下配股管制不同的內涵和意圖。

特別是 2001 年的配股管制變遷，配股管制調整的內容與審計治理效應有關。在這次變遷中，證監會明確將審計意見作為上市公司進行配股申請的一個基本條件。變遷的標誌是 2001 年證監會頒布的 1 號令《上市公司新股發行管理辦法》。在其中的第十六條，對配股申請公司的審計意見做出如下規定：

「如最近三年財務會計報告被註冊會計師出具非標準無保留意見審計報告的，則所涉及的事項應當對公司無重大影響或影響已經消除，違反合法性、公允性和一貫性的事項應當已經糾正；公司應當在申請文件中提供最近三年經審計的財務會計報告及公司申請時由註冊會計師就非標準無保留意見審計報告涉及的事項是否已消除或糾正所出具的補充意見……」

這一規定意味著，如果申請配股的公司對最近三年財務報告被出具非標準審計意見所涉及的事項沒有進行調整和糾正，則表示公司的配股申請達不到證

---

① 從 1993 年第一部明確關於配股的法規開始，在 1994 年、1996 年、1999 年、2001 年、2006 年分別對以前配股政策進行重大修訂。

監會規定的條件，不能通過證監會的審核。

2001年的配股政策出抬，標誌著中國的配股管制進入了審計意見的強制管制時期。隨後，在2006年的配股管制變遷中，證監會對審計意見的要求得到進一步強化。2006年配股管制變遷的標誌性事件是，證監會在2006年頒布的30號令《上市公司證券發行管理辦法》。在其中的第八條，對配股申請公司的審計意見做出較之前更嚴格的規定：

「最近三年及一期財務報表未被註冊會計師出具保留意見、否定意見或無法表示意見的審計報告；被註冊會計師出具帶強調事項段的無保留意見審計報告的，所涉及的事項對發行人無重大不利影響或者在發行前重大不利影響已經消除……」

這次管制變遷對審計意見的嚴格性體現在，配股申請公司只對非標準審計意見中的帶強調事項段的無保留意見所涉及的事項進行調整和糾正，就可以達到證監會規定的配股條件。如果配股申請公司被出具其他非標準審計意見，即保留意見、否定意見或無法表示意見，則其配股申請直接被證監會否決。

2. 法律變遷

為了推動中國經濟的發展和加強對投資者利益的保護，中國2006年開始實施新的公司法和證券法。儘管隨後對2006年實施的公司法和證券法進行了修訂和完善，但是，2006年這兩部法的實施，標誌著中國的法律水平上了一個新的臺階，加大了對公司治理的要求和市場仲介機構的責任，提高了對投資者利益的保護水平。特別是增加了相關責任人的民事賠償責任，如新證券法第一百七十三條規定：

「證券服務機構為證券的發行、上市、交易等證券業務活動製作、出具審計報告等文件，應當勤勉盡責，對所製作、出具的文件內容的真實性、準確性、完整性進行核查和驗證。其製作、出具的文件有虛假記載，誤導性陳述或者重大遺漏，給他人造成損失的，應當與發行人、上市公司承擔連帶賠償責任……」

為了加大對公司管理人員的責任，新公司法明確規定：

「董事、監事、高級管理人員應當遵守法律、行政法規和公司章程，對公司負有忠實義務和勤勉義務。他們執行公司職務時違反法律、行政法規或者公司章程的規定，給公司造成損失的，應當承擔賠償責任。董事應當對董事會的決議承擔責任。股份有限公司董事會的決議違反法律、行政法規或者公司章程、股東大會決議，致使公司遭受嚴重損失的，參與決議的董事對公司負賠償責任……」

並且，為了加強對中小投資者的利益報告，新公司法增加了股東代表訴訟製度。如新公司法第一百五十二條對股東代表訴訟製度做出了如下規定：

「監事會、不設監事會的有限責任公司的監事，或者董事會、執行董事收到本條第一款規定的股東書面請求後拒絕提起訴訟，或者自收到請求之日起三十日內未提起訴訟，或者情況緊急、不立即提起訴訟將會使公司利益受到難以彌補的損害時，第一款規定的股東有權為了公司的利益以自己的名義直接向人民法院提起訴訟……」

在新公司法的第一百五十三條，還增加了如下規定：

「董事、高級管理人員違反法律、行政法規或者公司章程的規定，損害股東利益的，股東可以向人民法院提起訴訟……」

2.2 理論分析

1. 盈餘管理

盈餘管理，是公司經理人為了個人利益而對財務報表利潤進行調整的過程（Schipper, 1989；Healy & Wahlen, 1999）。盈餘管理的理論來源於公司的代理問題。而上述對盈餘管理的定義，主要是基於 Jensen 和 Meckling（1976）所描述的公司股東與經理人之間的代理問題進行闡述的。

但是，在轉型經濟的新興市場國家，公司的代理問題，可能主要不是公司股東與經理人之間的代理問題，而是大股東與中小股東之間的代理問題（Shleifer & Vishny, 1997）。因此，在轉型經濟的新興市場上，盈餘管理的定義，可以這樣進行闡述，盈餘管理是公司大股東為了個人利益而對財務報表利潤進行調整的過程。

根據 Schipper（1989）及 Healy 和 Walen（1999）的研究，盈餘管理可以分為應計盈餘管理和真實盈餘管理。應計盈餘管理是在財務報告過程中採取改變會計方法和會計估計來管理盈餘，只影響公司的應計利潤而不影響公司的現金流。真實盈餘管理通過偏離公司正常業務的活動來管理盈餘，影響了公司的現金流而損害了公司長期價值。因此，一般而言，真實盈餘管理的成本相對於應計盈餘管理要高。如 Cohen 和 Zarowin（2010）發現，相比於應計盈餘管理，真實盈餘管理對公司股權再融資後的業績損害更大。

然而，相比於真實盈餘管理，應計盈餘管理容易被審計師和監管者察覺。因而，公司經理人更偏向於真實盈餘管理（Graham, 等, 2005）。Cohen 等

(2008)研究發現，在通過SOX法案（Sarbanes-Oxley Act）後，美國的監管環境趨嚴，真實盈餘管理受公司經理人青睞而大幅上升。隨後，Chi等（2011）也有類似的發現，當面臨高質量的外部審計師時，公司採用應計盈餘管理比較困難，從而傾向於選擇真實盈餘管理。

但是，公司在應計盈餘管理與真實盈餘管理之間的選擇，主要取決於兩者的成本優勢。如Zang（2012）研究發現，市場競爭壓力、財務狀況、審計質量、法律環境等外部因素影響應計盈餘管理與真實盈餘管理之間的選擇，讓兩者表現出替代關係，市場競爭壓力低、財務狀況好、審計質量高、法律環境嚴對真實盈餘管理具有成本比較優勢，因為此時選擇採用真實盈餘管理所付出的成本比選擇採用應計盈餘管理的低，所以公司傾向於選擇真實盈餘管理；反之，傾向於選擇應計盈餘管理。

2. 審計治理效應

審計是審計人員對公司財務報表信息的公允性進行鑒證的過程。審計是現代公司治理的一項重要製度安排，可以對公司大股東與小股東、股東與經理人之間的代理問題進行有效治理而產生治理效應（Jensen & Meckling, 1976; Watts & Zimmerman, 1983; Fan & Wong, 2005）。

審計的治理作用，在於可以維護市場的良好秩序，確保資本市場的資源配置效率，它是維繫和推動經濟健康發展的重要微觀基礎（Francis, 2011; DeFond & Zhang, 2014）。特別是對處於轉型的新興市場來說，投資者的法律保護環境相對於發達市場國家比較弱，更需要審計的治理作用來支撐和推動市場的健康發展（Fan & Wong, 2005; Choi & Wong, 2007）。

但是，現有文獻關於審計治理效應的研究結論卻存在爭議。

王豔豔等（2006）和Chen等（2011）的研究認為，相對於小規模的會計師事務所，大規模的會計師事務所的審計質量高，可以提高公司盈餘的信息含量而降低公司的權益資本成本。相關的研究同樣認為，高質量的審計可以抑制公司的盈餘管理，提高財務報表的信息質量，如Becker等（1998）、Francis等（1999）、Kim等（2003）的研究。但是，Nelson等（2002）和Graham等（2005）認為，高質量的審計並不能約束公司的真實盈餘管理行為，僅能約束公司的應計盈餘管理行為。

並且，在中國市場上，蔡春等（2005）、吳水澎和李奇鳳（2006）、王豔豔和陳漢文（2006）研究認為，高質量的審計可以抑制公司的盈餘管理。但是，劉峰和周福源（2007）以及Ke等（2015）認為，在中國證券市場上，高質量的審計並不能抑制公司的盈餘管理。

在盈餘管理與審計意見的關係方面，現有研究仍然存在爭議。Francis 和 Krishnan（1999）認為，盈餘管理會提高審計風險，進而提高簽發非標準審計意見的可能性。因為，應計盈餘是公司經理人對公司交易事項的未來結果進行的一種主觀估計，而在客觀上，審計師不能對公司經理人這一行為進行事前校正。因而，這可能導致高應計盈餘公司的審計風險更大。因為，高應計盈餘的公司，其會計估計發生差錯的可能性更大，並且與應計有關的資產確認和持續經營的問題發生的可能性也更大。為了應對高應計盈餘公司審計風險，審計師可能降低簽發非標準審計意見的門檻，以此來減少審計失敗的可能性。

隨後，Bartov 等（2001）、Johl 等（2007）、Ajona 等（2008）分別對美國、馬來西亞、西班牙市場進行研究，也發現類似的結論，儘管應計盈餘管理降低了會計信息的質量，但是審計意見能對應計盈餘管理進行反應而產生治理作用。在中國市場上，章永奎和劉峰（2002）、徐浩萍（2004）、李春濤等（2006）研究發現，審計意見能夠揭示應計盈餘管理而產生治理作用。

但是，Bradshaw 等（2001）、Rosner（2003）、Butler 等（2004）對美國市場的研究發現，被出具非標準審計意見的公司，其應計盈餘管理並不高於被出具標準審計意見的公司，表明審計意見不能對應計盈餘管理進行有效反應而具有治理作用。在中國市場上，李東平等（2001）、薄仙慧和吳聯生（2011）的研究，也發現類似的結論，應計盈餘管理並沒有提高公司獲得非標準審計意見的可能性。

在盈餘管理與審計定價的關係方面，現有研究依然存在爭議。Frankel 等（2002）、Abbott 等（2006）、Choi 等（2010）的研究發現，應計盈餘管理與審計收費正相關，應計盈餘管理所蘊含的風險，讓審計師提高了審計定價。但是，Ashbaugh 等（2003）、Larcker 和 Richardson（2004）、Srinidhi 和 Gul（2007）的研究，沒有發現應計盈餘管理對審計收費有顯著影響。此外，Seetharaman 等（2002）和 Choi 等（2008）認為，審計師處於不同的法律環境，意味著審計師面臨不同的法律風險，因而其伴隨的審計風險也不同。在法律水平高的環境，審計師的法律風險也高，從而會增加他們在審計工作中的審計風險，促使審計費用提高。

在盈餘管理與審計師變更的關係方面，現有研究存在一定的爭議。上市公司變更事務所在中國是一個常見的現象，上市公司可能由於管理需要、與事務所時間協調不一致或者事務所發生了合併等原因更換了審計機構，但是投資者最擔心上市公司會通過變更事務所達到隱瞞其真實業績的目的。審計師會根據上市公司的盈餘管理程度來衡量由此帶來的審計風險以及潛在的訴訟帶來的經

濟損失和聲譽損失，進而確定是否要繼續維持客戶關係或者出具非標準的審計報告。因此，審計師作為公司治理的主要力量，盈餘管理仍然是審計師面臨的主要審計風險，也是審計師風險管理的主要內容（Simunic & Stein, 1990; Rosner, 2003; Schelleman & Knechel, 2010）。正如 Schipper（1989）所言，盈餘管理實際上可分為應計盈餘管理和真實盈餘管理。基於此，本書首先研究了應計盈餘管理和真實盈餘管理兩個方面對事務所變更的影響。

在中國 2006 年的新法律實施以前，儘管司法解釋規定了審計師將為虛假陳述承擔民事責任，但審計師實際上面臨的訴訟風險還是很低。同時，劉峰等（2007）研究指出，相對於發達國家資本市場，國際「四大」在中國的執業風險非常低，原因是中國法律環境對投資者保護程度不夠。李東平等（2001）和張學謙等（2007）的研究表明上市公司應計盈餘管理與事務所變更之間不存在顯著的相關關係。而在中國 2006 年新法律實施以後，中國的法律環境有了顯著的變化。新的證券法和公司法對監管公司和審計機構提出了更嚴格的要求，其中明確指明了審計師因虛假陳述、誤導性陳述或重大遺漏給他人造成損失的，要承擔連帶責任。宋一欣（2006）指出隨著中國新法律的實施，中國證券市場的民事賠償活動會變得活躍起來。劉啓亮（2013）研究發現，新法律實施以前，媒體負面報導對事務所變更沒有顯著影響；只有在新法律實施以後才產生了顯著的影響。這說明在新法律實施以後，審計師會更謹慎地考慮審計業務帶來的審計風險和訴訟風險因素。

國內外的大部分研究重點放在應計盈餘管理項目的審計風險上面（Defond & Jiambalvo, 1994; Dechow, 等, 1995; Francis & Krishnan, 1999, Bartov, 等, 2001; Kothari, 等, 2005），對於真實盈餘管理的風險研究考慮得還比較少。並且，在研究盈餘管理審計風險治理上，已有的研究大部分討論審計意見和審計費用的治理作用（Johl, 等, 2007; Ajona, 等, 2008; 陳小林, 等, 2011）缺乏對審計師辭聘的風險治理的研究。

DeFond 和 Subramanyam（1998）認為部分審計師出於訴訟風險的考慮，可能具有超出平均穩健性水平的會計選擇偏好，從而誘使管理當局產生解聘現任審計師的動機。李東平（2001）研究則認為公司的盈餘管理與事務所變更不存在顯著的相關關係，審計師沒有充分考慮公司盈餘管理帶來的風險。鄧川（2011）發現中國上市公司盈餘管理程度與事務所變更方向有關，事務所資質由大到小，公司的盈餘管理程度會上升；而事務所資質由小到大，公司的盈餘管理程度會下降。Kim 和 Park（2014）發現審計師會避免參與激進地操控真實盈餘活動的客戶審計業務，降低自身的審計風險。但蔡利等（2015）發現

事務所在面對公司的真實盈餘管理時更願意選擇保持客戶關係。而李留闖等（2015）認為審計客戶的盈餘管理程度與審計師變更沒有顯著的對應關係。

已有研究表明，公司在利用盈餘管理操縱利潤時，會考慮同時採用應計盈餘管理和真實盈餘管理（Lin，等，2006；Zang，2012；張昕，2008；李增福，2011b）。公司的應計盈餘管理行為會給事務所帶來較高的訴訟風險（Rankin，1992；Lys & Watts，1994）。同時 Greiner 等（2013）研究發現，審計師認為公司的真實盈餘管理行為會帶來更高的經營風險，進而表現出重大錯報風險和檢查風險都會上升，因而審計風險上升，事務所可能面臨的訴訟風險也會上升。事務所面臨的審計風險越高，因發表不恰當的審計報告而面臨的訴訟風險可能也越高。因此，事務所在面對公司的盈餘管理行為時，可以選擇發表非標準審計報告或者主動解除業務約定，而上市公司在與審計師溝通的過程中也可能會因其擬發表的非標準審計意見選擇變更事務所。

相對於許多發達國家來說，無論是中國的資本市場還是法律環境與發達國家都還存在不小的差距，對投資者的保護力度還不夠。特別是在 2001 年以前，法院還沒有開始受理投資者對上市公司和審計師舞弊行為的起訴，也就是說審計師不會因為其舞弊行為而承擔民事責任。對審計師和事務所的違法行為大部分是由監管部門進行公開譴責、責令限期改正或者取消其註冊會計師資格和證券從業資格。

儘管最高人民法院在 2002 年和 2003 年分別頒布了《關於受理證券市場因虛假陳述引發的民事侵權糾紛案件有關問題的通知》和《關於審理證券市場因虛假陳述引發的民事賠償案件的若干規定》，隨後，中國註冊會計師協會在 2004 年頒布了《關於做好 2004 年上市公司年報審計業務報備工作的通知》，但由於中國監管部門法律執行力度不夠（Pistor & Xu，2005），上述文件對上市公司和審計師沒有起到應有的警示作用。正是由於審計師在此時面臨的訴訟風險比較低，再加上當時中國事務所質量參差不齊，審計行業處於「僧多粥少」的激烈競爭局面。審計師為了保持客戶關係可能會幫助上市公司隱瞞其盈餘管理行為，或者減小這種行為帶來的影響。

隨著 2006 年中國新法律的實施，審計師面臨的審計風險程度有了一個很大的提高，審計師因舞弊行為很可能會承擔民事責任。張偉（2006）認為「科龍股東訴德勤案」表明了新法律的實施給予了投資者更多的民事權利。眾多財務造假事件的曝出也都說明了監管機構在實施更嚴格的監管行為，審計師因為虛假陳述而承擔民事責任的訴訟風險越來越高。此時，審計師在面對上市公司的盈餘管理行為時會更多地考慮由此帶來的審計風險，以及發表不恰當意

見和舞弊行為帶來的訴訟風險和損失。這樣，如果上市公司有目的地進行盈餘管理操縱利潤，審計師可能不會繼續保持客戶關係或者不會幫其隱瞞而發表不恰當的審計意見，上市公司與審計師的客戶關係的保持因為盈餘管理程度高而變得越來越不穩定。所以，當法律環境處於一個較低的水平時，審計師面臨的訴訟風險比較低，審計師的舞弊行為或者發表不恰當的意見帶來的損失比較小，因此，在審計行業處於激烈競爭的局面下，事務所可能為了保持客戶關係而縱容上市公司的盈餘管理行為。但是當法律環境有了一個較大的提升時，審計師面臨的訴訟風險較高，審計師的舞弊行為或者發表不恰當的意見帶來的損失比較大。綜上所述，在法律環境得到改善之後，公司的盈餘管理行為越多，事務所越會更多地考慮因此帶來的訴訟風險，而事務所與公司的客戶關係的保持也越不穩定。

再看審計在盈餘管理市場反應上的治理效應。盈餘管理，是公司經理人為了私人利益通過會計方法和交易活動的安排在財務報告過程中的一種機會主義表現（Healy & Wahlen，1999）。在對公司價值的影響上，應計盈餘管理只是影響公司的應計利潤而不影響公司的現金流，真實盈餘管理影響公司的現金流和當期利潤從而損害公司的長期價值。因此，一般而言，公司偏向於採用應計盈餘管理，因為採用應計盈餘管理的成本低於真實盈餘管理的成本（Roychowdhury，2006）。但是，相對於真實盈餘管理，應計盈餘管理容易被發現，同時，公司單單依靠應計盈餘管理會冒一定的風險①，因此，公司有時候更願意採用真實盈餘管理（Graham，等，2005）。Chi 等（2011）研究發現，在美國市場上，當面臨高質量的會計師事務所時，上市公司選擇應計盈餘管理會變得困難，從而會尋求真實盈餘管理來操縱利潤。

由此可見，在一個有效的市場上，投資者對盈餘管理的理性反應為負，並且對真實盈餘管理的負面反應比應計盈餘管理更大。本章的經驗證據表明，中國證券市場的投資者只對應計盈餘管理做出負面反應，沒有對真實盈餘管理有效反應。這可能是因為，相比於應計盈餘管理，真實盈餘管理不容易察覺，因而投資者沒有做出有效的市場反應。

在這其中，審計是否具有治理效應呢？如果審計具有治理效應，高質量的審計有助於市場投資者區分應計盈餘管理與真實盈餘管理的信息含量，從而改善他們在證券市場上的投資決策。

---

① 應計盈餘管理發生在公司財政年度末，而真實盈餘管理貫穿於公司整個財政年度，因此應計盈餘管理在發生時間上後於真實盈餘管理。如果公司僅依賴於應計盈餘管理，可能承擔的風險是在財政年度末，公司採用應計盈餘管理無法達到預期的業績目標（Graham，等，2005）。

相比於美國等發達資本市場，中國證券市場是一個新興資本市場，機構投資者比較少，並且不夠成熟，個體投資者更是缺乏經驗和穩健合理的投資分析能力。雖然，真實盈餘管理和應計盈餘管理都是公司的機會主義行為，但是，兩者對公司的影響不一樣。真實盈餘管理影響公司的現金流進而損害公司的長期價值，應計盈餘管理只是影響公司的應計盈餘而不影響公司的現金流，因此，市場投資者對真實盈餘管理的負面反應比應計盈餘管理更大。然而，相對於應計盈餘管理，真實盈餘管理更不容易發現，這可能意味著，市場投資者對真實盈餘管理不能做出有效的負面反應，而對應計盈餘管理能做出有效的負面反應。在中國這樣的新興資本市場上，面對真實盈餘管理和應計盈餘管理，市場投資者的反應更可能偏向於後面一種分析情形。

王豔豔等（2006）和 Chen 等（2011）的研究認為，相對於小型會計師事務所，大型會計師事務所的審計質量高，可以提高公司盈餘的信息含量而降低公司的權益資本成本。由此推論，相對於小型會計師事務所，由大型會計師事務所審計的公司的應計盈餘管理，其噪音更小，因而信息含量更高，市場投資者的反應相對更積極。換言之，大型會計師事務所由於其高聲譽和高審計質量，在抑制應計盈餘管理方面相對於小型會計師事務所更可能得到市場投資者的認可，從而幫助投資者區分應計盈餘管理的信息含量，改善他們的投資決策。然而，由於真實盈餘管理相對於應計盈餘管理更不容易發現，大型會計師事務所可能無法有效幫助投資者區分真實盈餘管理的信息含量。

3. 相關分析

（1）應計盈餘管理與真實盈餘管理之間的關係

Cohen 等（2008）、Badertscher（2011）及 Chi 等（2011）的研究認為，應計盈餘管理與真實盈餘管理之間具有替代關係。Zang（2012）明確指出，應計盈餘管理與真實盈餘管理之間的替代關係，是由兩者之間相對成本優勢決定的。她發現，市場競爭壓力、財務狀況、審計質量、法律環境等成本約束的外部因素，在應計盈餘管理與真實盈餘管理之間具有成本比較優勢，如公司的財務狀況好，公司採用真實盈餘管理的成本低於應計盈餘管理，因而，公司採用真實盈餘管理就具有成本比較優勢，公司傾向於採用真實盈餘管理；反之，公司財務狀況差，公司傾向於採用應計盈餘管理。

但是，Wan（2013）的研究發現，應計盈餘管理與真實盈餘管理在外部監督嚴的情形下並不具有相互替代關係。相應地，孫剛（2012）、程小可等（2013）通過對中國市場的研究發現，監督動機強的機構投資者和公司的內部控制可以有效地抑制應計盈餘管理與真實盈餘管理，表明兩者並不存在替代關

係。這意味著，應計盈餘管理與真實盈餘管理之間的相互關係，除了替代關係之外，還有可能存在其他關係，比如互補關係。

一般而言，公司採用真實盈餘管理的成本相對於應計盈餘管理要高。因為真實盈餘管理影響了公司的正常經營行為而改變現金流並損害公司的價值，而應計盈餘管理只是影響了公司的應計盈餘而沒有改變公司的現金流。

然而，相比於真實盈餘管理，應計盈餘管理容易被審計師和監管者察覺，因而公司經理人更偏向於真實盈餘管理（Graham，等，2005）。Cohen 等（2008）研究發現，在通過 SOX 法案（Sarbanes-Oxley Act）後，美國的監管環境趨嚴，真實盈餘管理受公司經理人青睞而大幅上升。隨後，Chi 等（2011）也有類似的發現，當面臨高質量的外部審計師時，公司採用應計盈餘管理比較困難，從而傾向於真實盈餘管理。

因此，公司經理人作為一個理性的經濟人，在應計盈餘管理和真實盈餘管理之間的選擇，取決於兩者的成本比較優勢。同時，應計盈餘管理與真實盈餘管理之間的成本比較優勢，可細分為內在成本比較優勢和外在成本比較優勢。

內在成本比較優勢，指真實盈餘管理由於影響現金流對公司未來價值的損害與應計盈餘管理由於反轉對公司未來會計利潤的損害之間的比較。一般而言，應計盈餘管理具有內在成本比較優勢，如 Cohen 和 Zarowin（2010）發現，相比於應計盈餘管理，真實盈餘管理對公司股權再融資後的業績損害更大。外在成本比較優勢，指由外部因素引發的成本之間的比較，取決於外部因素的狀況。Zang（2012）研究發現：市場競爭壓力、財務狀況、審計質量、法律環境等外部因素影響應計盈餘管理與真實盈餘管理之間的選擇，讓兩者表現出替代關係，市場競爭壓力低、財務狀況好、審計質量高、法律環境嚴對真實盈餘管理具有成本比較優勢，因為此時選擇採用真實盈餘管理所付出的成本比選擇採用應計盈餘管理的低，所以公司傾向於選擇真實盈餘管理；反之，傾向於選擇應計盈餘管理。

中國資本市場，是一個典型的轉型經濟新興市場，法律環境等市場力量比較薄弱（Allen，等，2005；王豔豔，於李勝，2006）。因此，上述以美國發達資本市場得到的研究結論並不一定適合中國市場，如劉啓亮等（2011）發現中國的法律環境水平提高後，應計盈餘管理並沒有得到有效抑制，反而變得更激進，應計盈餘管理與真實盈餘管理並不具有替代關係。由於市場競爭壓力受法律環境的影響較小，可以假定它們在中國市場上可能依然表現出對應計盈餘管理與真實盈餘管理具有成本比較優勢。市場競爭壓力小的公司，競爭優勢突出，採用真實盈餘管理的成本要低於其他公司，因而傾向於採用真實盈餘管理；反之，市場競爭壓力大的公司，傾向於採用應計盈餘管理。

如其他新興市場國家一樣，中國證券市場上主要的代理問題是控股大股東與中小股東的利益衝突，並且，大股東剝奪中小股東的控製利益非常巨大（La Porta，等，1999；陳漢文，等，2005；Jiang，等，2010）。以關聯交易進行的真實盈餘管理，是中國控股大股東侵害中小股東利益的主要途徑（劉俏，陸洲，2004；李增泉，等，2004；Peng，等，2011）。這在其他新興市場國家，也發現有類似的情況（Bertrand，等，2002；Buysschaert，等，2004）。[①] 同時，控股股東的控製力強，為了獲得控製利益，應計盈餘管理也會得到加強（周中勝，陳俊，2006）。

承襲上述觀點可以推論，控股股東為了實現控製利益，在盈餘管理方式的選擇上不會採用單一化策略，可能同時採用真實盈餘管理和應計盈餘管理兩種方式。其主要原因在於：中國上市公司外在的法律約束力量薄弱，在巨大的控製利益面前，控股股東不管採用真實盈餘管理還是應計盈餘管理，其付出的成本都相對較小。因此，控製利益是中國上市公司採用應計盈餘管理和真實盈餘管理的內在驅動力量，從而使得應計盈餘管理與真實盈餘管理可能表現出互補關係，非替代關係。

轉型經濟國家的另外一個製度特徵是「管制」，管制對公司的經濟活動影響很大（Glaeser，等，2001；Pistor & Xu，2005a）。中國市場上也無不如此，管制無處不在（Pistor & Xu，2005b）。管制的一個直接後果，特別是以會計業績指標來進行管制的直接後果，容易迫使公司選擇盈餘管理來迎合管制要求（Watts & Zimmerman，1990）。Chen 等（2001）及 Jian 和 Wong（2010）發現，當面臨退市和再融資的管制壓力時[②]，公司的盈餘管理動機非常強烈，其行為也非常瘋狂。其內在的原因是，當面臨管制壓力時，公司迎合管制要求會帶來巨大的收益，如寶貴的「殼資源」價值和融資及向資本市場「圈錢」的便利，而為此採取盈餘管理所付出的成本相對而言非常小。因此，管制壓力是盈餘管理的驅動力量。進一步而言，公司不管採用應計盈餘管理還是真實盈餘管理，管制壓力都是其內在的驅動力量，使得應計盈餘管理與真實盈餘管理可能並不表現出替代關係，而是互補關係。

---

① Bertrand 等（2002）研究發現，在印度，公司的控股股東主要通過以關聯交易進行的真實盈餘管理來侵害中小股東利益。隨後，Buysschaert 等（2004）發現，在比利時也具有如此類似的情況。

② 在中國證券市場上，如果公司連續三年虧損，公司將被勒令退市。此外，如果公司再融資，需達到一定會計業績要求才會有資格發行股票進行融資，如配股，在 2001 年的管制要求，需要最近三個會計年度加權平均淨資產收益率平均不低於 6%。

（2）盈餘管理與監管者的治理效應

公司經理人為了私人利益進行盈餘管理，會帶來不利的經濟後果，因而對盈餘管理的監管尤為重要（Healy & Wahlen, 1999）。監管者能否識別上市公司的盈餘管理，一直以來都是資本市場的重要關注話題（Bushman & Smith, 2001; Kothari, 2001）。然而，由於在國外市場很難找到一個良好的經驗場景進行實證檢驗，國外的研究對這一話題的探討無法提供直接的經驗證據。由此，本書根據中國特有的配股管制變遷環境[1]，將盈餘管理細分為應計盈餘管理（Accrual Earnings Management）、線上真實盈餘管理（Real Earnings Management Above the Line）和線下真實盈餘管理（Real Earnings Management Below the Line），考察監管者對盈餘管理的識別能力及其變化，彌補該領域研究的不足。

在中國證券市場，Chen 和 Yuan（2004）及 Haw 等（2005）的研究發現，中國特有的配股管制環境可以提供一個良好的經驗場景。他們以 1996—1998 年的研究窗口考察發現，監管者能識別盈餘管理，僅體現在對線下真實盈餘管理的識別，並存在自我學習的演進效應。

然而，隨著中國配股管制環境的變遷，由於演進效應和管制效應的雙重影響，監管者對盈餘管理的識別可能發生變化。具體而言，自我學習的演進效應是否表現為監管者對線下真實盈餘管理的識別延伸到應計盈餘管理和線上真實盈餘管理，管制環境的變遷引發的管制效應是否會改變監管者對盈餘管理的識別情形。[2] 對上述問題的思考和解答，需要學術界深入研究，這對中國會計理論研究和資本市場的健康發展具有重要的意義。

盈餘管理是公司經理人在財務報告過程中的一種機會主義表現，其中一個重要的前提是會計信息的使用者不能或不願意去識別公司的盈餘管理行為，因而，公司經理人可以通過盈餘管理實現個人的利益願望（Schipper, 1989）。然而，大量的西方實證研究表明，市場投資者對公司的盈餘管理可以進行識別，如 Subramanyam（1996）、Ali 等（2008）及 Battalio 等（2012）的研究。[3] 在中

---

[1] 在中國，上市公司需申請並得到證監會核准才能進行配股融資。到目前為止，中國的配股管制經歷了幾次重大的變遷，從 1993 年第一部明確關於配股的法規開始，在 1994 年、1996 年、1999 年、2001 年、2006 年都分別對以前的配股管制政策進行了重大修訂。

[2] 演進效應，指實踐中不斷地自我學習和累積經驗，提高自身能力。管制效應，是指管制環境變遷導致的行為變化。

[3] 儘管市場投資者可以識別公司的盈餘管理，進而帶來相應的懲罰和成本。但是，只要公司經理人通過盈餘管理獲得的利益大於其付出的成本，盈餘管理就會發生（Watts & Zimmerman, 1986）。因此，盈餘管理之所以在公司經營管理活動中盛行，根本原因是盈餘管理的利益高於其成本。

國證券市場上，也得到類似的結論（如陳漢文，鄭鑫成，2004；於李勝，王豔豔，2007；鄧川，2011）。

相反，監管者能否識別上市公司的盈餘管理，在西方市場上始終沒有找到一個合適的場景進行實證檢驗。解除這一困境的是 Chen 和 Yuan（2004）及 Haw 等（2005）的研究。他們關注中國證券市場特有的配股管制環境，原因在於中國監管者決策結果的可直接觀察性，選擇1996—1998年作為研究窗口，考察發現中國證監會的監管者能識別配股申請公司的盈餘管理，並存在自我學習的演進效應，不過只體現在線下真實盈餘管理上。[1]

一般而言，由於受到時間、能力的限制及出於對成本收益的權衡，監管者不能也不願意去識別公司的盈餘管理行為。然而，在中國證券市場特有的配股管制環境下，監管者有動機去識別盈餘管理，一方面來自中國證監會「保護投資者利益」的責任使然，另一方面來自媒體和投資者等外在環境的監督壓力。基於多方因素的權衡和比較，中國證監會的監管者表現出對易於察覺的線下真實盈餘管理能有效識別（Chen & Yuan, 2004）。

隨著中國證券市場的發展，配股管制的環境在變遷，監管者對盈餘管理的識別可能出現變化，從而出現管制效應。2001年，中國證監會頒布新的配股管制政策，就明確把線下真實盈餘管理納入監管範圍，在對配股申請公司業績的要求上，以扣除非經常性損益[2]之後的淨利潤與扣除之前的淨利潤兩者中的低者作為計算依據。管制環境的變遷，讓監管者對線下真實盈餘管理的識別可能出現一些變化，引發所謂管制效應。一方面，管制環境變遷後，證監會可能會加大對線下真實盈餘管理的監管，進一步強化對線下真實盈餘管理的識別能力。另一方面，新的管制環境使得線下真實盈餘管理不能作為盈餘管理的有效手段，配股申請公司也就不再採用線下真實盈餘管理進行盈餘管理。相應地，監管者審核配股條件時也就可能不再對其進行關注，而轉向對其他盈餘管理方式進行核查，如應計盈餘管理和線上真實盈餘管理。

相比於線下真實盈餘管理，應計盈餘管理不容易被察覺，並且，經驗證據表明，在中國早期的配股管制期間，應計盈餘管理不能被監管者識別（Chen & Yuan, 2004；Haw, 等, 2005）。這可能意味著，管制環境變遷後，應計盈

---

[1] Chen 和 Yuan（2004）及 Haw 等（2005）研究的內在邏輯是，基於會計業績的管制會促使公司進行盈餘管理，而公司盈餘管理會降低資源配置效率，監管者識別盈餘管理，讓資源配置給經營管理好的公司，從而提高資源配置效率，促進資本市場的健康發展。因此，監管者有動機和責任去識別盈餘管理。

[2] 如前所述，本書將非經常性損益等同於線下真實盈餘管理。

餘管理可能仍然不能被監管者識別。但是，隨著時間的推移，自我學習的演進效應會提升監管者的識別能力（Chen & Yuan，2004）。這可能意味著，管制環境變遷後，應計盈餘管理可能被監管者識別。

在中國證券市場上，不但有線下真實盈餘管理和應計盈餘管理，還有線上真實盈餘管理（Szczesny，等，2008；劉啓亮，等，2011）。不同於線下真實盈餘管理，線上真實盈餘管理比應計盈餘管理更具有隱蔽性，不易被監管者識別（Graham，等，2005；Cohen，等，2008）。

應計盈餘管理，通過選擇或改變會計處理方法與會計估計來管理應計盈餘。線上真實盈餘管理，通過改變和構造公司生產經營、投資和融資活動的時間和內容來管理真實盈餘，因而隱蔽性強（Zang，2012）。已有的經驗證據表明，2001年配股管制環境變遷前，應計盈餘管理不能被監管者識別。因此可推測，線上真實盈餘管理在管制環境變遷前也不能被監管者識別，並且還可能預示著，管制環境變遷後，線上真實盈餘管理也可能不會被監管者識別。然而，誠如上述，監管者的識別能力存在著一定的演進效應。這可能表明，管制環境變遷後，線上真實盈餘管理可能會被監管者識別。

（3）審計治理效應在盈餘管理對審計意見監管有用性影響方面的表現與分析

如同對公司股東和經理人的決策有用性一樣，審計意見對監管者同樣也具有決策有用性，即監管有用性（王良成，等，2011）。審計意見的決策有用性，體現著審計意見的治理作用和信息功能，是維繫證券市場健康發展的重要微觀基礎（Ball，2001；Wallace，2004；Francis，2011）。這對新興市場國家尤為重要。其原因在於，相比於發達市場國家，新興市場國家對投資者的保護弱，更需要審計意見的治理作用和信息功能來支撐和推動市場的運行和發展（Fan & Wong，2005；Choi & Wong，2007；Gul，等，2009）。

顯然，審計意見的監管有用性是否得到有效發揮，關鍵在於審計意見是否很好地對公司的會計信息質量進行鑒證和反應，而會計信息質量最容易受到盈餘管理的影響。因此，在考察盈餘管理對審計意見監管有用性的影響之前，需要明確審計意見是否對公司的盈餘管理進行反應。

然而，關於盈餘管理是否通過影響會計信息質量來影響審計意見的簽發，現有研究存在較多爭論。比如，Francis和Krishnan（1999）、Bartov等（2001）、Ajona等（2008）認為，儘管盈餘管理會降低會計報表的信息質量，但是審計意見會對盈餘管理進行反應而產生治理作用。然而，Bradshaw等（2001）、Rosner（2003）對此質疑，Butler等（2004）提供的美國的經驗證據

顯示，被出具非標準審計意見的公司，其盈餘管理並不高於被出具標準審計意見的公司，表明盈餘管理不能被審計意見有效反應而具有傳導效應。

對中國市場的研究，同樣集中在對應計盈餘管理與審計意見關係的考察，並且也存在爭議。Chen 等（2001）研究中國的證券市場發現，審計意見對退市和配股公司的應計盈餘管理行為具有治理作用；然而，王躍堂、陳世敏（2001）和夏立軍、楊海斌（2002）的研究並不完全支持這一觀點。後續的研究也存在爭議，如章永奎和劉峰（2002）、徐浩萍（2004）、李春濤等（2006）的研究認為，審計意見能夠揭示應計盈餘管理而具有治理作用；但是，李東平等（2001）、薄仙慧和吳聯生（2011）的研究不支持這一觀點。

更重要的是，盈餘管理分為應計盈餘管理和真實盈餘管理兩個方面（Schipper，1989；Healy & Wahlen，1999）。而且，中國的上市公司還可以通過非經營性項目進行盈餘管理，即非經營性盈餘管理（Chen & Yuan，2004；Haw，等，2005）。根據 Roychowdhury（2006）的定義，應計盈餘管理，是在財務報告過程中採取改變會計方法和會計估計來管理盈餘，只影響公司的應計利潤而不影響公司的現金流，而真實盈餘管理，是採取偏離公司正常的業務活動來管理盈餘，影響公司的現金流從而損害公司長期價值。

就這三種盈餘管理是否容易被識別和發現程度而言，真實盈餘管理的隱蔽性最強，應計盈餘管理次之，非經營性盈餘管理的隱蔽性最弱（Haw，等，2005；Graham，等，2005）。因此，這三種盈餘管理被審計意見反應的情形可能會有所差異。一種可能的情形是，非經營性盈餘管理和應計盈餘管理能被審計意見反應，而由於真實盈餘管理的隱蔽性強，可能不能被審計意見反應。

2001 年中國證監會頒布的配股政策，明確強調將審計意見納入配股管制的內容。這一管制變遷，意味著審計意見正式作為證監會對上市公司配股申請進行審核的一個基本條件，也可能意味著審計意見的治理功能會受到影響。因此，本書將 2001 年的配股管制變遷納入分析，比較在不同管制環境下審計意見對盈餘管理的反應情況。

審計意見的監管有用性，指監管者依據審計意見的信息含量用於決策的使用程度。儘管王良成等（2011）指出了審計意見監管有用性的經驗存在，發現監管者在審核上市公司股權再融資（Seasoned Equity Offerings，SEO）資格時，會依據審計意見的信息含量用於決策，但是，盈餘管理是否影響審計意見的監管有用性，在理論和實證上仍然需要考證。特別地，非經營性盈餘管理、應計盈餘管理與真實盈餘管理三種盈餘管理對審計意見監管有用性的影響是否有差異，更需要進一步探討。

從理論上而言，盈餘管理對審計意見監管有用性的影響，可能存在兩種情況：

一種情況是，盈餘管理能夠被審計意見反應，審計意見的監管有用性可能不會受到影響。但是也有可能提升審計意見的監管有用性，因為此時審計意見的信息功能可能更大，從而讓審計意見更具有決策有用性，即監管者與審計意見之間在盈餘管理的治理上存在互補效應。同時，也有可能降低審計意見的監管有用性，因為，既然盈餘管理已被審計意見反應，監管者可能更關注沒有被審計意見反應的盈餘管理，即監管者與審計意見之間在盈餘管理的治理上存在替代效應，從而削弱了審計意見的監管有用性。

另外一種情況是，盈餘管理不能被審計意見反應，審計意見的監管有用性可能會受到影響而出現下降。

因此，盈餘管理對審計意見監管有用性的影響是一個經驗問題。並且，盈餘管理有三種具體方式，即非經營性盈餘管理、應計盈餘管理與真實盈餘管理。它們對審計意見監管有用性的影響可能會有所差異，因為盈餘管理具有一定的隱蔽性。而在隱蔽性的表現上，三種盈餘管理的隱蔽性又有所不同：真實盈餘管理的隱蔽性最強，應計盈餘管理次之，非經營性盈餘管理的隱蔽性最弱。因此，三種盈餘管理可能都會對審計意見監管有用性產生影響，而且影響的程度會不一致。

國有企業的「預算軟約束」和「政治庇護」，導致國有企業的公司治理水平不高（Shleifer & Vishny，1994；林毅夫，等，2004）。這可能會影響審計意見在國有企業的治理功能，進而影響到審計意見的監管有用性。Chen 等（2011）發現，中國國有企業先天的治理缺陷，會削弱獨立審計的治理功能並降低其經濟價值。因此，審計意見在國有企業的監管有用性可能會被削弱，同時，也會衝擊到盈餘管理對審計意見監管有用性的影響。由此，本書會對國有企業和非國有企業進行對比分析，考察審計意見監管有用性在兩者中的差異以及受盈餘管理影響的差異。

審計意見監管有用性的經濟後果，昭示著審計的治理功能在優化資源配置效率中的作用。如果審計意見體現了監管有用性，審計意見對公司的未來經營業績就具有預測作用。也就是說，審計意見與公司未來的經營業績具有相關性，即非標準審計意見與公司未來的經營業績顯著負相關。同時，盈餘管理對審計意見與公司未來經營業績的相關性可能會產生影響。

如前所述，盈餘管理對審計意見監管有用性的影響，可能提升或削弱審計意見的監管有用性，甚至可能不會對審計意見監管有用性產生影響。因此，盈

餘管理對審計意見與公司未來經營業績的相關性產生的影響，同樣可能提升或削弱兩者的相關性，也可能不影響兩者的相關性。

（4）審計的治理效應會受到會計師事務所審計工作人員的個體特徵影響

DeFond 和 Francis（2005）明確指出，審計獨立性的研究應拓展到會計師事務所的個體層面進行考察。在會計師事務所審計工作人員的個體特徵中，性別差異（Gender Differences）①是影響審計獨立性的一個尤其重要的因素（Birnberg，2011）。

然而，學術界考察簽字會計師的性別差異對審計獨立性影響的經驗研究比較有限，並且存在爭議，究其原因受到三個方面的挑戰。其一，絕大多數國家僅要求審計報告上簽署會計師事務所的名字，無須簽署負責該公司審計的會計師名字，使得很難獲得簽字會計師的個體信息進行經驗研究。其二，儘管在澳大利亞、歐盟、中國等少數國家和地區，要求簽署負責審計的會計師名字，但是在不同國家和地區的製度背景下，會計師面臨的風險壓力會有差異。其三，簽字會計師的性別差異對審計獨立性的影響，可能會受到簽字會計師職業階段等因素的調節作用。

關於性別差異對審計獨立性的影響，學術界存在兩種觀點：一種觀點認為，由於審計人員受到會計師事務所一致的訓練和管理，審計人員的獨立性會表現出等同性，因而性別差異不會顯著影響審計獨立性（Jeppesen，2007）；另外一種觀點認為，不同性別的審計人員在審計過程中，其風險偏好、判斷和決策上具有個體差異，因而審計人員之間的性別差異會顯著影響審計獨立性（Miller，1992；Church，等，2008）。

儘管性別差異會影響審計獨立性的觀點得到學術界大多數學者認同，但是在其影響的表現上存在爭議。爭議的一方認為，女性審計人員的獨立性更高，因為她們更能規避風險並有更高的職業道德（Bernardi & Arnold，1997；Byrnes，等，1999）。而爭議的另一方認為，女性審計人員的獨立性可能更低，原因在於為了規避職業風險，她們不願與客戶公司出現分歧而影響個人的職業發展（Hossain & Chapple，2012）。

在中國這樣一個典型的轉型經濟國家，法律保護水平較低，規避由審計失敗帶來的法律風險②，對審計人員而言就顯得不是最重要。同時，低法律風險

---

① 性別差異（Gender Differences），指男性與女性之間的差異，即男女有別。本書的性別差異，指簽字會計師在性別上的差異。

② 法律風險，參照 Carcello 和 Palmrose（1994）的分析，指審計失敗被訴訟和承擔法律賠償數量的聯合概率。

會導致對堅守職業道德的激勵不夠而容易出現「懈怠」問題。這樣，法律風險和職業道德可能不足以有效促使女性審計人員的獨立性比男性更高，而職業風險①可能導致性別差異對審計獨立性具有顯著影響。原因在於，中國幾千年「重男輕女」的思想形成的性別歧視讓女性審計人員面臨的職業風險更大。由於其規避風險的本性偏好，為了個人的職業發展，女性審計人員的獨立性可能比男性偏低。

此外，根據Super（1957）的職業階段（Career Stages）理論，職業風險會隨著職業階段的不同而出現波動。這意味著，性別差異對審計獨立性的影響可能會遭受來自審計人員不同職業階段的調節作用。因此，本書將職業階段納入性別差異對審計獨立性的影響分析。

自從DeFond和Francis（2005）、Nelson和Tan（2005）等學者強調審計人員的性別差異會影響到審計獨立性以來，學術界開始關注這方面的經驗研究（Archival Research）。然而，由於獲得審計人員個體信息的經驗數據限制，經驗研究比較有限，而進行的實驗研究（Experiment Research）相對較多，如Chung和Monroe（2001）、Breesch和Branson（2009）、Gold等（2009）的研究。

不管在經驗研究方面還是在實驗研究方面，研究結論都不統一，存在分歧。Chin和Chi（2008）及Hardies等（2013）分別以臺灣地區和比利時的數據進行經驗研究，結果表明，女性簽字會計師的審計獨立性更高，比男性更可能簽發非標意見，說明性別差異對審計獨立性具有顯著影響，這與O'Donnell和Johnson（2001）、Gold等（2009）的實驗研究結論一致，女性更規避風險並具有更高的職業道德。然而，Hossain和Chapple（2012）以澳大利亞地區的數據進行經驗研究，結果得出了不同的結論，女性簽字會計師的審計獨立性偏低，比男性更不可能簽發非標意見，這與他們提出的女性職業風險壓力更大的假說基本一致。不過，在實驗研究方面，Breesch和Branson（2009）發現，審計獨立性在女性與男性之間沒有系統差異，表明性別差異對審計獨立性沒有顯著影響，原因在於女性在發現會計報表錯報方面有優勢，而在分析錯報準確性方面不如男性。

國內的研究主要從盈餘管理角度考察性別差異對審計質量的影響，並且研究結論存在爭議。丁利等（2012）研究發現女性簽字會計師在對應計盈餘管

---

① 職業風險，依照Hossain和Chapple（2012）的分析，可表述為因丟失審計客戶而承受的經濟損失和職業安全及其發展受損的聯合概率。

理的約束上與男性沒有顯著差異，表明性別差異對審計質量沒有影響。而葉瓊燕和於忠伯（2011）研究發現，女性簽字會計師對應計盈餘管理的抑制不如男性，表明性別差異對審計質量有顯著影響，不過表現為女性的審計質量比男性偏低。施丹和程堅（2011）的研究發現，女性簽字會計師只在負向的應計盈餘管理上與男性有差異。此外，Gul 等（2013）研究中國的數據發現，女性簽字會計師發表非標審計意見的可能性與男性沒有顯著差異。

獨立性是簽字會計師的靈魂，也是維繫審計行業生存和發展的關鍵所在。然而，在現實的審計活動中，獨立性會受到簽字會計師職業壓力和法律監管的影響，而這兩者對審計獨立性的影響，歸根究柢是對其成本收益的權衡。換言之，即使某項審計判斷或業務會損害獨立性，如果其收益高於成本，簽字會計師作為一個理性的經濟人，會堅定地選擇去做；反之亦然。

儘管職業道德對簽字會計師的約束會降低審計獨立性被損害的可能性，但是，如果缺乏足夠的激勵和動力去支撐堅守職業道德對簽字會計師帶來的個人收益，職業道德的約束也會因激勵不足而逐漸鬆懈，職業道德水平會因此而下滑。因而，職業道德的約束力量需要硬性的法律力量來支撐，強大的法律監管使職業道德的約束得到有效保障。因此，從這個層面講，職業道德對簽字會計師的約束是內生於法律監管的有效和完善，原因在於，低效的法律監管會導致對堅守職業道德的激勵不足而出現「懈怠」問題。

基於上述的理論分析，本書從職業風險、法律風險和職業道德考察性別差異對審計獨立性的影響，重點從職業風險和法律風險兩股力量進行。因為對簽字會計師而言，職業壓力會帶來職業風險，法律監管也會帶來法律風險，相當於一枚硬幣的兩面。

一般而言，簽字會計師是會計師事務所的合夥人或高級經理，負責整個審計項目工作的計劃、開展、實施與監督，並最終決定審計意見的簽發類型①。在審計報告上簽字，意味著對整個審計工作過程和形成的審計意見承擔最終責任和風險。當發現公司的財務報告存在錯誤和不當行為時，簽字會計師能否客觀、公正、獨立地發表非標準審計意見，取決於其對兩方面風險的成本收益權衡。一方面，如果不客觀獨立地發表非標準審計意見，會計師事務所會面臨法律訴訟的風險，簽字會計師將承擔最終法律責任，因而，法律風險會促使簽字會計師提高審計獨立性，避免承受法律懲罰帶來的成本。另一方面，如果客觀

---

① 審計意見在中國大致可分為標準審計意見和非標準審計意見兩種類型。標準審計意見，指標準無保留意見。非標準審計意見，包含帶強調事項段的無保留意見、保留意見、否定意見、無法表示意見。

獨立地發表非標準審計意見，會計師事務所會失去審計客戶，簽字會計師會被置換簽字權而損失客戶資源和經濟收入，面臨職業安全和職業晉升受損的風險，因而，職業風險會降低簽字會計師的審計獨立性，避免出現職業危機和經濟收入下降。

職業風險和法律風險兩股力量對簽字會計師審計獨立性此消彼長的影響，使得兩股力量的對抗情形會體現到簽字會計師獨立性的高低。如果職業風險高於法律風險，簽字會計師的獨立性會處於低水平狀態，反之亦然。

在中國證券審計市場上，職業風險和法律風險兩股力量的對抗呈現一邊倒的情形，即法律風險低，職業風險相對較高，導致簽字會計師的審計獨立性普遍偏低。中國證券審計市場是一個典型的新興經濟市場，法律條文的制定和執行的力度都不夠大，投資者法律保護水平低，高質量審計有效需求不足，規避由審計失敗帶來的法律風險和懲罰成本，對簽字會計師而言不是最重要的。同時，低法律風險會導致對堅守職業道德的激勵不夠而容易出現「懈怠」問題。因而，中國證券市場上的法律風險和職業道德不足以促使簽字會計師的審計獨立性得到提高。

然而，在中國證券審計市場上，簽字會計師的職業風險相對較高。在職業風險和法律風險兩股力量的對抗中，職業風險對中國簽字會計師獨立性的影響占據主導作用，從而使其審計獨立性下降。首先，中國證券審計市場是一個過度競爭的市場，爭搶客戶是會計師事務所生存和發展的要務，這對簽字會計師更是如此，客戶資源是簽字會計師在事務所中職位晉升和影響力擴大的依存基礎，因而，對客戶的依賴性降低了簽字會計師對獨立性的追求。其次，與客戶公司保持良好關係，簽字會計師可以以客戶公司為橋樑躋入其高管行列①，獲得更高的經濟收入和社會地位，因而，這種以「旋轉門」為目的的投機性職業規劃大大降低了簽字會計師對獨立性的追求。此外，簽字會計師的客戶資源越多，越有利於會計師事務所規模的壯大和排名的提升②，更有利於簽字會計師獲得更多的政治便利，如進入中國證監會證券發行審核委員會並成為審核委員③，因而，這種對排名和政治利益的追求也會降低簽字會計師的審計獨

---

① Geiger 等（2005）及 Lennox（2005）將會計師離開事務所到客戶公司任職工作稱為審計市場上的「旋轉門（Revolving Door）」現象。

② 中國會計師協會每年都對國內會計師事務所進行綜合排名，主要依據會計師事務所的收入和會計師的人數進行排名。

③ 根據《中國證券監督管理委員會發行審核委員會辦法》的規定，證券發行審核委員會的會計師專職委員，要求從綜合排名前 30 的具有證券期貨資格的會計師事務所合夥人中推薦。

立性。

中國一個顯著的社會特徵是傳統的「重男輕女」的封建思想仍然存在，加上女性生育和身體機能等特有的原因，導致性別歧視在中國非常普遍並且比較嚴重，使得不同性別的簽字會計師面臨的職業風險不同，表現為女性簽字會計師比男性的職業風險更大。女性在就業、晉升和收入報酬上會受到不公平待遇。因而，對於女性簽字會計師而言，她們更看重已經取得的事務所合夥人或高級經理的職位，並更在乎其職業的穩定和發展。為了規避職業風險，女性簽字會計師不願與客戶公司出現分歧而影響個人發展，加之比男性更厭惡風險的天然特徵，女性簽字會計師可能更不願簽署非標準審計意見，因而表現出的獨立性偏低。

然而，誠如前人的研究理論所言，相比於男性簽字會計師，女性的職業道德可能更高，更不願從事有損審計質量的行為，因而表現出更高的獨立性，更可能發表非標準意見來堅守職業道德和規避潛在的法律風險。

此外，根據職業階段理論①，職業風險可能會隨著職業階段的不同而出現波動。職業發展如同生命週期一樣，隨著工作環境和職業壓力的變化而表現出特有的階段特性，並呈現在不同的職業階段。按照這一理論邏輯，簽字會計師的職業生涯也會隨著職業壓力的變化而呈現出不同的職業階段，從而影響到其風險偏好和行為。然而，根據上述的分析，即使在同一職業階段，性別差異也會使職業風險在不同性別的會計師身上表現不同。因而，在職業發展的不同階段，職業風險不但會表現出階段特性，而且在不同性別會計師身上的表現也不同。換言之，在不同的職業階段，職業風險因性別差異表現出的差異化呈現出階段性，進而對簽字會計師審計獨立性的影響也會出現相應的變化。

上述的分析意味著，性別差異對審計獨立性的影響可能會受到來自簽字會計師不同職業階段的調節作用。具體而言，在職業階段早期，簽字會計師急於開拓市場占據一席之地，提升個人能力，面臨的職業壓力更大，這在充滿性別歧視的職場競爭中，女性簽字會計師的職業壓力尤甚，因而，其審計獨立性會更低。在職業階段中期，由於已經取得一定的簽字權市場份額，能力得到了市場的認同，職業壓力減小，此時市場不會顯著區分簽字會計師的性別差異，因而，女性簽字會計師的獨立性可能與男性沒有顯著差異。在職業階段晚期，保持現狀，安穩退休，女性比男性求穩的願望更重，並且，女性進入老年期後，

---

① 職業階段理論由 Super（1957）提出，認為在職業發展過程中會存在不同的階段，並呈現出不同的特徵和行為。

工作時間的分配和效率比男性下降的幅度更大，維持現有的市場份額變得更加困難，因而，女性簽字會計師面臨的職業風險更大，加之規避風險的天然偏好，審計獨立性相對男性會更低。

當然，也可能出現相反的情況。在職業階段的早期和晚期，女性簽字會計師的獨立性比男性更高。在職業階段早期，由於不熟悉業務和技術不嫺熟，對工作的態度和細節的關注是更加謹慎和小心翼翼，加之女性規避風險的天然偏好，女性簽字會計師的獨立性可能比男性更高。同樣，在職業階段晚期，為了安穩退休會選擇謹慎的態度，由於女性在規避風險方面的天然偏好而表現得更加謹慎，女性簽字會計師的獨立性可能比男性更高。

(5) 盈餘管理對股價暴跌風險影響之經濟後果分析

股價暴跌，不但讓投資者和公司蒙受巨大損失，也讓證券市場和國家經濟的健康發展受到衝擊。股價暴跌風險（Stock Price Crash Risk）是公司危機管理的主要內容，也是資本市場研究的重要話題（Bates，2000；Chen，等，2001；Jin & Myers，2006）。然而，國內外關於應計盈餘管理與真實盈餘管理對上市公司股價暴跌風險影響的研究，還相對有限。特別是基於中國的製度背景，考察應計盈餘管理與真實盈餘管理在不同產權性質的公司中對股價暴跌風險的影響及其差異，這對中國證券市場的健康發展具有重要的理論意義和現實意義。

盈餘管理會降低會計信息質量，提高公司的股價暴跌風險。在不同的產權性質的公司中，國有企業受到政府的庇護更多，包括在財政上的預算軟約束和在融資、產業發展上的政策扶持（Kornai，1986；Shleifer & Vishney，1994；林毅夫，等，2004）。因而，國有企業的盈餘管理水平可能相對於非國有企業較低。進而，在對股價暴跌風險的影響上，國有企業的盈餘管理可能沒有如非國有企業的盈餘管理那麼明顯。

同時，如 Schipper（1989）所言，盈餘管理分為應計盈餘管理和真實盈餘管理。應計盈餘管理，是通過會計政策的選擇和會計估計的變更來進行盈餘管理的，只是影響公司的應計利潤而不影響公司的現金流。真實盈餘管理，則通過採用偏離正常經營模式的交易活動行為來調節利潤，它會影響公司的現金流和當期利潤從而損害公司的長期價值。因而，在對公司價值的損害上，真實盈餘管理比應計盈餘管理的影響更大。這意味著，真實盈餘管理比應計盈餘管理可能更容易提高公司的股價暴跌風險。

國外學者對上市公司股價暴跌風險的研究，主要始於對 1987 年由美國引發的全球股市災難的關注（Roll，1988；Bates，1991）。公司隱藏壞消息抬高

公司股價，隱藏的壞消息累積越多，公司股價被高估的情況越嚴重，股價泡沫隨之產生。然而，公司隱藏壞消息的能力存在極限，一旦超過極限，公司以前累積的所有壞消息立即被釋放出來，導致公司泡沫破滅，股價隨之暴跌（Jin & Myers，2006；Bleck & Liu，2007；Kothari，等，2009）。

盈餘管理是公司隱藏壞消息的一種主要手段（Sloan，1996；Cheng & Warfield，2005；Ball，2009）。就基於盈餘管理研究股價暴跌風險的內在運行機理而言，國外研究主要從應計盈餘管理進行分析，缺乏從真實盈餘管理進行考察。

Jin 和 Myers（2006）從國家層面考察，應計盈餘管理會使公司信息不透明，導致公司股價暴跌風險高。在公司層面，Hutton 等（2009）的研究也得到類似的結論，應計盈餘管理高的公司，透明度不高，公司股價暴跌風險也就相應高。此外，Kim 等（2011）從公司避稅行為分析股價暴跌風險的內在機理，避稅便於公司進行盈餘管理，從而使公司股價暴跌風險高。

類似地，國內研究對股價暴跌風險的考察，主要基於應計盈餘管理分析股價暴跌風險的內在機理。國內學者最早開始考察股價暴跌風險的研究是陳國進等（2009）的研究，其後的幾篇研究，如陶洪亮和申宇（2011）、潘越等（2011）、王衝和謝雅璐（2013）、施先旺等（2014），從應計盈餘管理分析了中國上市公司股價暴跌風險。

Schipper（1989）及 Healy 和 Wahlen（1999）認為，盈餘管理分為應計盈餘管理和真實盈餘管理。應計盈餘管理，是通過會計政策的選擇和會計估計的變更來進行盈餘管理，只影響公司的應計利潤而不影響公司的現金流。真實盈餘管理，是通過採用偏離正常經營模式的交易行為來調節利潤，它會影響公司的現金流和當期利潤從而損害公司的長期價值。因而，在對公司價值的損害上，真實盈餘管理比應計盈餘管理的影響更大。這意味著，真實盈餘管理比應計盈餘管理可能更容易提高公司的股價暴跌風險。進一步而言，應計盈餘管理和真實盈餘管理，都會提高公司的股價暴跌風險，但是，真實盈餘管理對股價暴跌風險的提高更明顯。

根據產權性質的不同，中國的上市公司分為國有上市公司和非國有上市公司。為了解決中國國有企業困難，同時為了促進中國國有企業改革，政府推動國有企業在證券市場上市，以此來塑造國有企業的現代化公司治理模式和經營模式。國有上市公司，是中國上市公司的主要構成部分，也是中國經濟的主體，同時也體現著政府的執政業績。因而，國有企業受到政府的庇護，如在財政上的預算軟約束和在融資、產業發展上的政策扶持（Kornai，1986；Shleifer

& Vishney，1994；林毅夫，等，2004）。

因而，國有企業在盈餘管理動機上，可能相對於非國有企業沒有那麼強烈。Chen 等（2011）研究發現，國有企業在融資上的優勢以及政府在資源分配上的支持和庇護，導致國有企業沒有強烈的動機進行盈餘管理，其盈餘管理水平相對於非國有企業偏低。這意味著，由於受到政府「父愛主義」的庇護，國有企業進行盈餘管理的動機較弱，同時，即使國有企業的盈餘管理會給證券市場帶來風險，也會在政府的庇護下變得相對較小。因而，在對股價暴跌風險的影響上，國有企業的盈餘管理可能沒有像非國有企業的盈餘管理那麼明顯。

2.3 本章小結

本章概述了中國證券市場配股管制變遷和 2006 年法律變遷的情形。特別是 2001 年的配股管制的變遷，將審計意見明確納入管制內容，作為配股申請公司的一個基本條件。2006 年的法律變遷，體現在 2006 年新《中華人民共和國公司法》和《中華人民共和國證券法》的執行上，加大了公司高管人員的責任，明確了公司和仲介機構的民事賠償責任，增加了股東代表訴訟製度，以期加強對投資者的利益保護，推動中國證券市場和經濟的健康發展。最後，闡述了盈餘管理的定義和相關理論基礎，並對審計治理效應以及相關的理論進行了分析。

3 應計盈餘管理與真實盈餘管理的二元關係

本章基於中國的製度背景,考察應計盈餘管理與真實盈餘管理之間的相互關係。在轉型經濟的中國新興市場環境下,上市公司到底是偏向於選擇應計盈餘管理,還是偏向於選擇真實盈餘管理,其面臨的成本和收益及其之間的權衡,可能與發達市場不同,從而可能會影響應計盈餘管理與真實盈餘管理之間的相互關係。本章的經驗數據表明,在中國市場上,應計盈餘管理與真實盈餘管理之間存在著二元關係,即替代關係和互補關係。本章的研究為厘清應計盈餘管理與真實盈餘管理兩者的相互關係提供了新的知識和經驗證據,豐富了該領域的研究,也為推動中國證券市場的健康發展提供了一定的啟示。

本章的結構安排如下:第一部分為引言,第二部分為理論分析和研究假設,第三部分為研究設計和數據樣本,第四部分為實證結果及分析,第五部分為研究結論和啟示。

3.1 引言

真實盈餘管理是近年來研究的熱點話題。本章著眼於考察應計盈餘管理與真實盈餘管理之間的相互關係。特別地,本章主要基於中國轉型經濟特有的製度環境,考證應計盈餘管理與真實盈餘管理之間到底存在什麼相互關係,替代關係還是互補關係。

多數學者的研究認為,應計盈餘管理與真實盈餘管理之間具有相互替代關係,如 Cohen 等（2008）、Badertscher（2011）、Chi 等（2011）的研究。Zang（2012）明確指出,應計盈餘管理與真實盈餘管理之所以存在相互替代關係,

主要是因為應計盈餘管理與真實盈餘管理的成本具有相互比較優勢。[1]但是，Wan（2013）的研究發現，應計盈餘管理與真實盈餘管理在外部監督嚴的情形下並不具有相互替代關係。[2]因此，這意味著應計盈餘管理與真實盈餘管理之間可能還存在著除了替代關係之外的其他關係，從而有待進一步考察。

公司的盈餘管理行為和動機會受到製度環境的影響（Leuz，等，2003；DeFond，等，2007；Jian & Wong，2010）。在不同的製度環境下，應計盈餘管理與真實盈餘管理的成本大小可能表現不同，從而影響兩者之間的相互關係。此外，注重考察應計盈餘管理與真實盈餘管理的成本，忽略與其收益的比較，也會影響到應計盈餘管理與真實盈餘管理之間相互關係的考察。

本章選擇不同於發達國家的中國市場，基於其轉型經濟的製度環境，考察應計盈餘管理與真實盈餘管理之間的相互關係。其重要意義在於以下兩方面：一方面，力求從中國市場上考證應計盈餘管理與真實盈餘管理之間可能存在著的二元關係，即替代關係和互補關係，注重從製度層面比較分析其成本收益的內在驅動因素，為其提供理論解讀和經驗證據，豐富該領域的認識；另一方面，為中國上市公司治理的改善及監管部門的政策制定提供一定的經驗啟示。

本章採用中國證券市場2001—2010年上市公司的數據研究發現，應計盈餘管理與真實盈餘管理之間存在著二元關係，即替代關係和互補關係。具體而言，市場競爭壓力在應計盈餘管理與真實盈餘管理之間具有明顯的成本比較優勢，使得兩者具有替代關係。控製利益、管制壓力在應計盈餘管理與真實盈餘管理之間不具有顯著的成本比較優勢，而是應計盈餘管理與真實盈餘管理的驅動因素，使得兩者具有互補關係。

本章的貢獻表現在以下方面：

（1）在中國證券市場上，應計盈餘管理與真實盈餘管理除了存在替代關係，還存在互補關係，即二元關係，拓展了先前的研究領域。

（2）從中國轉型經濟的製度因素，如控製利益、管制壓力，分析應計盈餘管理與真實盈餘管理的內在驅動力量，為該領域的研究提供了全新的視角和經驗證據。

---

[1] Zang（2012）列出市場競爭壓力、財務狀況、審計質量、法律環境等成本約束的外部因素，在應計盈餘管理與真實盈餘管理之間具有成本比較優勢，如公司的財務狀況好，公司採用真實盈餘管理的成本低於應計盈餘管理，因而，公司採用真實盈餘管理就具有成本比較優勢，公司傾向於採用真實盈餘管理；反之，公司財務狀況差，公司傾向於採用應計盈餘管理。

[2] 孫剛（2012）、程小可等（2013）對中國市場的研究發現，監督動機強的機構投資者和公司的內部控制可以有效地抑制應計盈餘管理與真實盈餘管理，表明兩者並不存在替代關係。

（3）兼顧考察應計盈餘管理與真實盈餘管理的成本和收益及對比狀況，彌補了該領域研究的不足。

3.2 理論分析和研究假設

公司經理人可以通過應計盈餘管理和真實盈餘管理兩種方式來管理盈餘（Schipper，1989；Roychowdhury，2006）。真實盈餘管理採取偏離公司正常的業務活動來管理盈餘，影響了公司的現金流從而損害了公司長期價值。應計盈餘管理是在財務報告過程中採取改變會計方法和會計估計來管理盈餘，只影響公司的應計利潤而不影響公司的現金流。因此，一般而言，真實盈餘管理的成本相對於應計盈餘管理要高。

然而，相比於真實盈餘管理，應計盈餘管理容易被審計師和監管者察覺，因而公司經理人更偏向於真實盈餘管理（Graham，等，2005）。Cohen 等（2008）研究發現，在通過 SOX 法案（Sarbanes-Oxley Act）後，美國的監管環境趨嚴，真實盈餘管理受公司經理人青睞而大幅上升。隨後，Chi 等（2011）也有類似的發現，當面臨高質量的外部審計師時，公司採用應計盈餘管理比較困難，從而傾向於真實盈餘管理。

因此，公司經理人作為一個理性的經濟人，在應計盈餘管理和真實盈餘管理之間的選擇上，取決於兩者的成本比較優勢。同時，應計盈餘管理與真實盈餘管理之間的成本比較優勢，可細分為內在成本比較優勢和外在成本比較優勢。

內在成本比較優勢，指真實盈餘管理由於影響現金流對公司未來價值的損害與應計盈餘管理由於反轉對公司未來會計利潤的損害之間的比較。一般而言，應計盈餘管理具有內在成本比較優勢，如 Cohen 和 Zarowin（2010）發現，相比於應計盈餘管理，真實盈餘管理對公司股權再融資後的業績損害更大。外在成本比較優勢，指由外部因素引發的成本之間的比較，取決於外部因素的狀況。Zang（2012）研究發現：市場競爭壓力、財務狀況、審計質量、法律環境等外部因素影響應計盈餘管理與真實盈餘管理之間的選擇，讓兩者表現出替代關係。市場競爭壓力低、財務狀況好、審計質量高、法律環境嚴對真實盈餘管理具有成本比較優勢，因為此時選擇採用真實盈餘管理所付出的成本比選擇採用應計盈餘管理的低，所以公司傾向於選擇真實盈餘管理；反之，傾向於選擇應計盈餘管理。

中國資本市場是一個典型的轉型經濟新興市場，法律環境等市場力量比較

薄弱（Allen，等，2005；王豔豔，於李勝，2006）。因此，上述從美國發達資本市場得到的研究結論並不一定適合中國市場，如劉啓亮等（2011）發現中國的法律環境水平提高後，應計盈餘管理並沒有得到有效抑制，反而變得更激進，應計盈餘管理與真實盈餘管理並不具有替代關係。由於市場競爭壓力受法律環境的影響較小，可以假定它們在中國市場上依然表現出對應計盈餘管理與真實盈餘管理具有成本比較優勢。市場競爭壓力小的公司，競爭優勢突出，採用真實盈餘管理的成本要低於其他公司，因而傾向於採用真實盈餘管理；反之，市場競爭壓力大的公司，傾向於採用應計盈餘管理。① 由此，本章的假設 H1 如下：

假設 H1：市場競爭壓力對應計盈餘管理與真實盈餘管理具有成本比較優勢，致使應計盈餘管理與真實盈餘管理表現出替代關係。

如其他新興市場國家一樣，中國證券市場上主要的代理問題是控股大股東與中小股東的代理衝突（La Porta，等，1999；陳漢文，等，2005；Jiang，等，2010）。以關聯交易進行的真實盈餘管理，是中國控股大股東侵害中小股東利益的主要途徑（劉俏，陸洲，2004；李增泉，等，2004；Peng，等，2011）。在其他新興市場國家，也發現有類似的情況（Bertrand，等，2002；Buysschaert，等，2004）。② 同時，控股股東的控制力強，為了獲得控制利益，應計盈餘管理也會得到加強（周中勝，陳俊，2006）。由於外在的法律環境等約束力量薄弱，在巨大的控制利益面前，控股股東不管採用真實盈餘管理還是應計盈餘管理，其付出的成本都相對很小。因此，控制利益是應計盈餘管理和真實盈餘管理的內在驅動力量，使得應計盈餘管理與真實盈餘管理可能並不表現出替代關係，而是互補關係。由此，提出本章的假設 H2：

假設 H2：控制利益是應計盈餘管理與真實盈餘管理的內在驅動力量，致使應計盈餘管理與真實盈餘管理表現出互補關係。

轉型經濟國家的另外一個製度特徵是「管制」，管制對公司的經濟活動影響很大（Glaeser，等，2001；Pistor & Xu，2005a）。中國市場上也無不如此，管制無處不在（Pistor & Xu，2005b）。管制的一個直接後果，特別是以會計業

---

① Woo（1983）綜述前人的研究後認為，市場領導者的競爭優勢明顯，體現在規模經濟、與供應商和銷售商的談判力、吸引投資者的注意力等方面具有更多優勢。Zang（2012）由此推論認為，市場領導者採用真實盈餘管理的成本相對較小，因為對其競爭優勢的影響相對較小，從而斷定，市場競爭地位低的公司不傾向於採用真實盈餘管理，而是採用更多的應計盈餘管理。

② Bertrand 等（2002）研究發現，在印度，公司的控股股東主要通過以關聯交易進行的真實盈餘管理來侵害中小股東利益。隨後，Buysschaert 等（2004）發現，在比利時也有類似的情況。

績指標來進行管制的直接後果，容易迫使公司選擇盈餘管理來迎合管制要求（Watts & Zimmerman, 1990）。Chen 等（2001）及 Jian 和 Wong（2010）發現，當面臨退市和再融資的管制壓力時①，公司的盈餘管理動機非常強烈，其行為也非常瘋狂。其內在的原因是，當面臨管制壓力時，公司迎合管制要求會帶來巨大的收益，如寶貴的「殼資源」價值和融資及向資本市場「圈錢」的便利，而為此採取盈餘管理所付出的成本相對而言非常小。因此，管制壓力是盈餘管理的驅動力量。進一步而言，公司不管採用應計盈餘管理還是真實盈餘管理，管制壓力都是其內在的驅動力量，使得應計盈餘管理與真實盈餘管理可能並不表現出替代關係，而是互補關係。由此，提出本章的假設 H3：

假設 H3：管制壓力是應計盈餘管理與真實盈餘管理的內在驅動力量，致使應計盈餘管理與真實盈餘管理表現出互補關係。

3.3 研究設計和數據樣本

3.3.1 應計盈餘管理與真實盈餘管理的計量

1. 應計盈餘管理

本章採用修正的 Jones 模型（DeChow, 等, 1995）來估計操縱性應計，以此表徵應計盈餘管理。

$$\frac{TA_{i,t}}{A_{i,t-1}} = a_0\left(\frac{1}{A_{i,t-1}}\right) + a_1\left(\frac{\Delta REV_{i,t}}{A_{i,t-1}}\right) + a_2\left(\frac{PPE_{i,t}}{A_{i,t-1}}\right) + \varepsilon_{i,t} \qquad (3-1)$$

首先，依照模型（3-1）分年度分行業進行橫截面迴歸。參考 DeChow 等（1995）的做法，要求每個行業的樣本數不少於 10 個；如果少於 10 個，則將其歸屬於相近的行業。$TA_{i,t}$ 是公司總應計利潤，為經營利潤減去經營活動現金流之差；$\Delta REV_{i,t}$ 為公司主營業務收入的變化額；$PPE_{i,t}$ 是公司固定資產帳面價值；$A_{i,t-1}$ 是公司的總資產。

其次，用模型（3-1）得到的迴歸系數代入模型（3-2）計算每個樣本的正常性應計 $NDA_{i,t}$。

---

① 在中國證券市場上，如果公司連續三年虧損，公司將被勒令退市。此外，如果公司再融資，需達到一定會計業績要求才會有資格發行股票進行融資，如配股，在 2001 年的管制要求，需要最近三個會計年度加權平均淨資產收益率平均不低於 6%。

$$\mathrm{NDA}_{i,t} = a_0\left(\frac{1}{A_{i,t-1}}\right) + a_1\left(\frac{\Delta \mathrm{REV}_{i,t} - \Delta \mathrm{REC}_{i,t}}{A_{i,t-1}}\right) + a_2\left(\frac{\mathrm{PPE}_{i,t}}{A_{i,t-1}}\right) \quad (3-2)$$

在模型（3-2）裡，$\Delta \mathrm{REC}_{i,t}$是公司應收帳款的變化額。操縱性應計 $\mathrm{DA}_{i,t} = \mathrm{TA}_{i,t} - \mathrm{NDA}_{i,t}$。

2. 真實盈餘管理

參照 Roychowdhury（2006）和 Cohen 等（2008）的模型來估計真實盈餘管理，包括三個方面：異常經營現金流 AbCFO、異常生產成本 AbProd 和異常酌量性費用（如研發、銷售及管理費用）AbDisx。①

異常經營現金流 AbCFO，指公司經營活動產生的現金流的異常部分。它是由公司通過價格折扣和寬鬆的信用條款來進行產品促銷引起的，雖然公司的促銷提高了當期的利潤，但是降低了當期單位產品的現金流量，從而導致公司的異常經營現金流 AbCFO 下降。公司為了抬高會計利潤，通過價格折扣和寬鬆的信用條款等促銷方式來增加銷量從而形成超常銷售，產生「薄利多銷」的帳上利潤放大效應。但是，促銷形成的超常銷售，會降低單位產品的現金流量，而且，在既定的銷售收入現金實現水平下，還會增加公司的銷售應收款，增大公司壞帳產生的財務風險，進而降低公司的當期現金流。並且，超常銷售實際上已經超過公司正常銷售水平，會在一定程度上增加公司相關的銷售費用，吞噬公司的部分現金流。然而，只要產品銷售能帶來正的邊際利潤，超常銷售還是會抬高公司的會計利潤。因而最終的結果是，促銷形成的超常銷售，抬高了公司當年利潤，卻因單位產品現金流量的降低和銷售費用的上升，以致異常經營現金流 AbCFO 偏低。

異常生產成本 AbProd，是由公司超量產品生產引起的，雖然公司的超量生產能降低單位產品的成本，提高產品的邊際利潤，從而提高公司的當期利潤，但是超量生產增加了其他生產和庫存成本，最後導致異常生產成本 AbProd 偏高。Roychowdhury（2006）及 Cohen 等（2008）將異常生產成本 AbProd 定義為銷售成本與當年存貨變動額之和的異常部分。換言之，生產成本為銷售成本與當年存貨變動額之和。公司為了抬高會計利潤，通過超量生產來攤低單位成品承擔的固定成本，但是，超量生產實際上已經超過公司正常生產水平，會增加單位產品的邊際生產成本。然而，只要單位固定成本下降的幅度

---

① 異常經營現金流 AbCFO、異常生產成本 AbProd 和異常酌量性費用 AbDisx，都用上一年的總資產進行標準化。

高於單位邊際生產成本上升的幅度，體現在單位銷售成本上就會出現下降，從而達到提高公司業績的目的。但是，超量生產會導致產品的大量積壓，增加公司的存貨成本，同時，也會增加其他生產的成本。在既定的銷量水平下，儘管超量生產通過降低單位銷售成本抬高了公司業績，但是邊際生產成本上升，存貨成本增加，最終導致生產成本偏高，即在會計上表現為銷售成本與當年增加的存貨成本之和的提升，也導致異常生產成本 AbProd 偏高。

異常酌量性費用 AbDisx，指公司研發、銷售及管理費用等酌量性費用的異常部分。它是公司為了提高當期利潤，削減研發、銷售及管理費用引起的，同時也會導致當期的現金流上升。公司為了抬高會計利潤，通過削減研發、廣告、維修和培訓等銷售和管理費用，造成公司當期的酌量性費用偏低，從而也讓公司的異常酌量性費用偏低。

（1）異常經營現金流 AbCFO

$$\frac{\text{CFO}_{jt}}{A_{j,\,t-1}} = a_1 \frac{1}{A_{j,\,t-1}} + a_2 \frac{\text{Sales}_{jt}}{A_{j,\,t-1}} + a_3 \frac{\Delta \text{Sales}_{jt}}{A_{j,\,t-1}} + \varepsilon_{jt} \qquad (3-3)$$

首先，按模型（3-3）分年度分行業進行橫截面迴歸，要求每個行業的樣本數不少於 10 個，如果少於 10 個，則將其歸屬於相近的行業，下同。CFO_{jt} 是公司的經營現金流，Sales_{jt} 是公司的銷售額，ΔSales_{jt} 是公司銷售變化額。其次，通過迴歸得到的系數估計出每個樣本公司的正常經營現金流。最後，可算出異常經營現金流 AbCFO 為實際經營現金流與正常經營現金流的差值。

（2）異常生產成本 AbProd

$$\frac{\text{Prod}_{jt}}{A_{j,\,t-1}} = a_1 \frac{1}{A_{j,\,t-1}} + a_2 \frac{\text{Sales}_{jt}}{A_{j,\,t-1}} + a_3 \frac{\Delta \text{Sales}_{jt}}{A_{j,\,t-1}} + a_4 \frac{\Delta \text{Sales}_{j,\,t-1}}{A_{j,\,t-1}} + \varepsilon_{jt} \qquad (3-4)$$

用模型（3-4）進行分年度分行業橫截面迴歸，得到估計參數並據此計算各個樣本公司的正常生產成本，異常生產成本 AbProd 為實際生產成本與正常生產成本之差。Prod_{jt} 是公司的生產成本，為銷售成本與存貨變動額之和；Sales_{jt} 是公司當期的銷售額；ΔSales_{jt} 是公司當期的銷售變化額；$\Delta\text{Sales}_{j,\,t-1}$ 是公司上期的銷售變化額。

（3）異常酌量性費用 AbDisx

$$\frac{\text{Disx}_{jt}}{A_{j,\,t-1}} = a_1 \frac{1}{A_{j,\,t-1}} + a_2 \frac{\text{Sales}_{j,\,t-1}}{A_{j,\,t-1}} + \varepsilon_{jt} \qquad (3-5)$$

依照模型（3-5）分年度分行業橫截面迴歸，得到估計參數並據此計算各個樣本公司的正常酌量性費用，異常酌量性費用 AbDisx 為實際酌量性費用與

正常酌量性費用之差。$Disx_{jt}$是公司的酌量性費用，為研發、銷售及管理費用之和，考慮到中國財務報表把研發費用合併到了管理費用的情況，本書用銷售和管理費用替代，$Sales_{j,t-1}$是公司上期的銷售額。

以上三個指標——異常經營現金流 AbCFO、異常生產成本 AbProd 和異常酌量性費用 AbDisx，體現了真實盈餘管理的三種具體行為。公司向上操縱利潤，可能採用真實盈餘管理的一種行為或多種行為：低異常經營現金流 AbCFO，高異常生產成本 AbProd，抑或低異常酌量性費用 AbDisx。為了系統考量真實盈餘管理的三種具體行為，仿照 Cohen 等（2008）和 Badertscher（2011）的做法，將三個指標聚集成一個綜合指標，綜合真實盈餘管理 RM＝－AbCFO＋AbProd－AbDisx。綜合真實盈餘管理指標 RM，表示其值越高，公司通過真實盈餘管理向上操縱利潤越大。

3.3.2　迴歸模型

為了考察應計盈餘管理與真實盈餘管理的相互關係，參照 Zang（2012）的研究模型，構建如下迴歸模型：

$$EM = \alpha_0 + \alpha_1 Directctrol + \alpha_2 Regulation + \alpha_3 Marketshare + \sum \alpha_i Control_i + \varepsilon$$

(3-6)

因變量 EM，為盈餘管理變量，具體採用應計盈餘管理 DA 與真實盈餘管理 RM 表示。

自變量 Directctrol，控股股東持股比例，衡量控制利益。Shleifer 和 Vishny（1997）認為，控股股東持股比例越高，控制力越強，因而獲得控制利益越多。因此，採用控股股東持股比例可以很好衡量控制利益的數量程度。

Regulation，管制壓力，仿照 Chen 等（2001）及 Jian 和 Wong（2010）的研究設計思路，用啞變量表徵。如果公司淨資產收益率 ROE 在 0 與 1%或 6%與 7%之間，取值為 1，表示公司具有面臨退市或再融資的管制壓力[①]；否則取值為 0。

[①] 退市的管制壓力來源於證監會的管制政策，如果連續三年虧損，公司將被勒令退市，參見證監會 2001 年頒布的文件《虧損公司暫停上市和終止上市實施辦法》及深圳證券交易所和上海證券交易所的退市制度。再融資的管制壓力來源於證監會的業績要求，2001 年後，公司發行股票、可轉債等再融資，其最近三個會計年度加權平均淨資產收益率平均不低於 6%，參見證監會 2001 年 43 號文件《關於做好上市公司新股發行工作的通知》及 2006 年 30 號文件《上市公司證券發行管理辦法》。

Marketshare，市場佔有率，用來表示市場競爭壓力。市場佔有率採用公司的營業收入佔行業總營業收入的比率衡量，該值越大，市場競爭壓力越小。

控制變量 Control，具體包括如下變量：

財務困境指數 Zscore，參照 Altman（1968）的計算公式估算[①]，該值越小，財務狀況就越差，以此控制公司財務狀況的影響。

事務所規模 Big，啞變量，如果事務所的客戶資產規模排在前十位，取值為 1，否則取值為 0，以此控制事務所規模的影響。

法律環境指數 Legal，採用樊綱等（2007）編制的法律環境指數數據，以此控制法律環境的影響。

淨營運資產 Noa，用以表示會計彈性[②]。該值越大，意味著會計彈性越小。營業週期 Cycle，用以表示會計彈性的另外一個指標。營業週期越長，會計彈性越大。淨營運資產 Noa 和營業週期 Cycle 這兩個指標用以控制會計彈性的影響。

成長性 Growth，用銷售收入增長率衡量，控制公司成長性的影響。

公司業績淨資產收益率 Roe，衡量公司的業績，以此控制公司業績的影響。

公司規模 Size，用總資產的自然對數表示，以此控制公司規模的影響。

此外，為了控制連續變量極端值的影響，本書對所有連續變量進行了 1%水平的 Winsorize 處理。

3.3.3　數據樣本

本書選擇中國證券市場上 2001—2010 年的上市公司作為初始樣本，並做以下篩選：①剔除金融類公司；②剔除創業板的公司；③剔除模型估計數據不全的樣本觀察值。最後得到 12,637 個研究樣本，樣本的分年度分佈見表 3.1。本書的數據來自 CSMAR 數據庫。

[①] Altman（1968）計算財務困境指數的修正模型為：Zscore＝0.3×總資產利潤率＋1.0×營業收入/總資產＋1.4×留存收益/總資產＋1.2×營運資本/總資產＋0.6×市值/負債。

[②] 參照 Barton 和 Simko（2002）的計算方法，採用淨營運資產 Noa＝（淨資產－現金及現金等價物＋有息負債）/營業收入進行估算，並經行業調整。Barton 和 Simko（2002）認為，淨經營資產 Noa，可以表示公司過去採用應計盈餘管理的程度，因而該值越大，昭示著公司以前採用應計盈餘管理的程度越高，進而減少公司當前採用應計盈餘管理的空間，即會計彈性小。

表 3.1　　　　　　　　　　研究樣本的分布情況

年度	觀察數	百分比	累計百分比
2001	916	7.25	7.25
2002	1,050	8.31	15.56
2003	1,122	8.88	24.44
2004	1,181	9.35	33.78
2005	1,241	9.82	43.6
2006	1,327	10.5	54.1
2007	1,330	10.52	64.63
2008	1,403	11.1	75.73
2009	1,511	11.96	87.69
2010	1,556	12.31	100
合計	12,637	100	

3.4　實證結果及分析

3.4.1　描述性統計分析

表 3.2 是各變量的描述性統計結果。真實盈餘管理 RM 與應計盈餘管理 DA 一樣，既有正向的盈餘管理，也有負向的盈餘管理。但是，真實盈餘管理 RM 的均值和中位數皆為負，而應計盈餘管理 DA 的均值和中位數皆為正，表明應計盈餘管理一般而言比真實盈餘管理受青睞。控股股東的持股比例 Directctrol，均值為 0.380,6，最大值為 0.758,2，比西方發達國家的高，與 La Porta 等（1999）的研究結論一致。管制壓力 Regulation，均值為 0.118,3。市場佔有率 Marketshare，均值為 0.013,3，最大值為 0.179,5，低於發達國家美國的均值水平 0.037,8（Zang，2012）。財務困境指數 Zscore 和事務所規模 Big，均值分別為 3.832,4、0.286,1，低於發達國家美國的均值水平 6.654,8 和 0.937。淨營運資產 Noa、營業週期 Cycle 的均值分別為 0.488,1 和 284.868,8。成長性 Growth、淨資產收益率 Roe 均值分別為 0.235,9、0.042,4，公司規模 Size 的自然對數均值 21.395,7。

表 3.2　　　　　　　　　　描述性統計結果

	均 值	最小值	中位數	最大值	標準差
RM	-0.034,8	-0.687,5	-0.038,6	0.706,9	0.217,4
DA	0.000,8	-0.320,8	0.001,4	0.330,8	0.100,6
Directctrol	0.380,6	0.077,5	0.357,0	0.758,2	0.164,3
Regulation	0.118,3	0.000,0	0.000,0	1.000,0	0.323,0
Marketshare	0.013,3	0.000,0	0.004,5	0.179,5	0.026,2
Zscore	3.832,4	-4.922,5	2.513,3	33.220,4	4.897,1
Big	0.286,1	0.000,0	0.000,0	1.000,0	0.452,0
Legal	6.153,2	1.580,0	5.460,0	13.070,0	3.061,2
Noa	0.488,1	-4.718,5	0.028,7	13.149,3	2.093,3
Cycle	284.868,8	-154.023,9	107.687,6	4,646.110,0	624.367,1
Growth	0.235,9	-0.863,4	0.139,9	4.711,9	0.659,8
Roe	0.042,4	-1.710,6	0.062,9	1.129,6	0.281,0
Size	21.395,7	18.628,9	21.297,2	24.875,8	1.127,5

註：所有連續變量進行了1%水平的Winsorize處理，以此控制極端值的影響，下同。

3.4.2　迴歸結果分析

1. 相關性分析

表3.3是因變量與自變量的相關性分析結果。Pearson相關性分析結果與Spearman的分析一致，這裡只報告了Pearson相關性的分析結果。真實盈餘管理RM與應計盈餘管理DA顯著正相關，可能說明真實盈餘管理與應計盈餘管理具有相互依賴性而表現出互補關係。控股股東的持股比例Directctrol與真實盈餘管理RM、應計盈餘管理DA都顯著正相關，同樣，管制壓力Regulation與真實盈餘管理RM、應計盈餘管理DA都顯著正相關，初步說明控製利益和管制壓力讓真實盈餘管理與應計盈餘管理具有互補關係。但是，市場佔有率Marketshare與真實盈餘管理RM顯著正相關，而與應計盈餘管理DA都顯著負相關，初步說明市場競爭壓力讓真實盈餘管理與應計盈餘管理具有替代關係。上述的分析是基於變量之間相關性得到的結論，有待從多元迴歸分析進一步檢驗。

表 3.3　　　　　　　　　　因變量與自變量的相關性結果

	RM	DA	Directctrol	Regulation	Marketshare
RM	1				
DA	0.367,8 ***	1			
Directctrol	0.020,9 **	0.043,7 ***	1		
Regulation	0.061,8 ***	0.025,6 ***	0.038,6 ***	1	
Marketshare	0.027,2 ***	-0.025,0 ***	0.124,2 ***	-0.014,1	1

註：「*」表示在10%水平下統計顯著，「**」表示在5%水平下統計顯著，「***」表示在1%水平下統計顯著，下同。

2. 迴歸分析

表 3.4 報告了應計盈餘管理與真實盈餘管理相互關係的迴歸結果。控股股東持股比例 Directctrol 對真實盈餘管理 RM 和應計盈餘管理 DA 的迴歸係數都顯著為正，表明控製利益是應計盈餘管理與真實盈餘管理的內在驅動力量，使兩者表現出互補關係，支持本章的假設 H2。管制壓力 Regulation 對真實盈餘管理 RM 和應計盈餘管理 DA 的迴歸係數都顯著為正，表明管制壓力是應計盈餘管理與真實盈餘管理的內在驅動力量，使兩者表現出互補關係，支持本章的假設 H3。市場佔有率 Marketshare，對真實盈餘管理 RM 的迴歸係數顯著為正，而對應計盈餘管理 DA 的迴歸係數都顯著為負，表明市場競爭壓力小的公司傾向於真實盈餘管理，而市場競爭壓力大的公司傾向於應計盈餘管理，從而說明市場競爭壓力對應計盈餘管理與真實盈餘管理具有成本比較優勢，使兩者表現出替代關係，本章的假設 H1 得到支持。

控製變量的迴歸結果顯示，財務困境指數 Zscore，對真實盈餘管理 RM 的迴歸係數顯著為負，而對應計盈餘管理 DA 的迴歸係數都顯著為正；事務所規模 Big，對真實盈餘管理 RM 和應計盈餘管理 DA 的迴歸係數都顯著為負，這與 Zang（2,012）對發達國家的研究結果不同。法律環境水平 Legal 對真實盈餘管理 RM 的迴歸係數顯著為正，表明法律環境水平高的地方，真實盈餘管理被更多採用。淨營運資産 Noa，對真實盈餘管理 RM 和應計盈餘管理 DA 的迴歸係數都顯著為正，營業週期 Cycle 對真實盈餘管理 RM 的迴歸係數顯著為正而對應計盈餘管理 DA 的迴歸係數顯著為負。淨營運資産 Noa 和營業週期 Cycle 表徵會計彈性，結果與國外的研究不同。成長性 Growth 對真實盈餘管理 RM 的迴歸係數顯著為負，表明成長性高的公司更少採用真實盈餘管理。淨資產收益率 Roe 和公司規模 Size，對真實盈餘管理 RM 的迴歸係數都顯著為負，而對應計盈餘管理 DA 的迴歸係數都顯著為正，結果與國外的研究不同。

表 3.4　應計盈餘管理與真實盈餘管理相互關係的迴歸結果

	RM		DA	
	係數	t 值	係數	t 值
Intercept	0.478***	(8.54)	−0.269***	(−9.04)
Directctrol	0.064,5***	(5.04)	0.019,2***	(3.21)
Regulation	0.040,6***	(7.83)	0.005,52**	(2.36)
Marketshare	1.072***	(8.58)	−0.346***	(−6.75)
Zscore	−0.006,58***	(−12.73)	0.003,26***	(14.20)
Big	−0.013,7***	(−3.00)	−0.003,95*	(−1.94)
Legal	0.001,48**	(2.07)	0.000,398	(1.25)
Noa	0.003,90***	(3.34)	0.006,90***	(9.49)
Cycle	0.000,027,0***	(5.33)	−0.000,015,4***	(−5.56)
Growth	−0.009,69**	(−2.06)	−0.000,645	(−0.27)
Roe	−0.052,9***	(−7.15)	0.045,6***	(9.23)
Size	−0.024,5***	(−9.55)	0.012,2***	(9.09)
Year	Yes		Yes	
Industry	Yes		Yes	
N	12,637		12,637	
Adj. R^2	0.054		0.075	
F	15.39***		18.58***	

註：

①真實盈餘管理 RM = −AbCFO + AbProd − AbDisx；Year 和 Industry 是年度和行業控制變量，下同。

②括號裡的為 t 值，經過了 White 異方差矯正，下同。

3.4.3　進一步檢驗

1. 真實盈餘管理的其他度量

為了進一步檢驗本章的假設，參照 Cohen 和 Zarowin（2010）、Zang（2012）及 Wan（2013）的方法，採用另外兩種方式計量綜合真實盈餘管理，以此考察不同的計量方式是否影響本章的結論。第一種方式，將異常生產成本 AbProd 和異常酌量性費用 AbDisx 聚集成綜合真實盈餘管理的衡量指標，即 $RM_1 = AbProd - AbDisx$。第二種方式，將異常經營現金流 AbCFO 和異常酌量性費用 AbDisx 聚集成綜合真實盈餘管理的衡量指標，即 $RM_2 = -AbCFO - AbDisx$。

表 3.5 是採用第一種方式計量綜合真實盈餘管理的迴歸結果。可以發現，表 3.5 的結果與表 3.4 的結果類似。控股股東持股比例 Directctrol、管制壓力 Regulation 對真實盈餘管理 RM_1 和應計盈餘管理 DA 的迴歸係數都顯著為正，表明控製利益、管制壓力是應計盈餘管理與真實盈餘管理的內在驅動力量，使兩者表現出互補關係。市場佔有率 Marketshare，對真實盈餘管理 RM_1 的迴歸係數顯著為正，而對應計盈餘管理 DA 的迴歸係數都顯著為負，說明市場競爭壓力對應計盈餘管理與真實盈餘管理具有成本比較優勢，使兩者表現出替代關係，本章的假設得到支持。

表 3.5　應計盈餘管理與真實盈餘管理相互關係的迴歸結果

	RM_1 係數	t 值	DA 係數	t 值
Intercept	0.201***	(4.76)	−0.269***	(−9.04)
Directctrol	0.057,0***	(5.85)	0.019,2***	(3.21)
Regulation	0.029,2***	(7.52)	0.005,52**	(2.36)
Marketshare	0.659***	(7.11)	−0.346***	(−6.75)
Zscore	−0.004,26***	(−10.65)	0.003,26***	(14.20)
Big	−0.011,7***	(−3.36)	−0.003,95*	(−1.94)
Legal	0.000,506	(0.92)	0.000,398	(1.25)
Noa	0.002,63***	(2.97)	0.006,90***	(9.49)
Cycle	0.000,018,6***	(4.64)	−0.000,015,4***	(−5.56)
Growth	−0.011,0***	(−2.90)	−0.000,645	(−0.27)
Roe	−0.025,4***	(−4.11)	0.045,6***	(9.23)
Size	−0.011,3***	(−5.85)	0.012,2***	(9.09)
Year	Yes		Yes	
Industry	Yes		Yes	
N	12,637		12,637	
Adj. R^2	0.043		0.075	
F	12.62***		18.58***	

註：真實盈餘管理 RM_1 = AbProd − AbDisx。

表 3.6 是採用第二種方式計量綜合真實盈餘管理的迴歸結果。容易發現，表 3.6 的結果與表 3.4 的結果相似，本章的假設得到支持，控股股東持股比例 Directctrol、管制壓力 Regulation 讓真實盈餘管理 RM_2 和應計盈餘管理 DA 表現

出互補關係，而市場佔有率 Marketshare 讓其表現出替代關係。

表 3.6　　應計盈餘管理與真實盈餘管理相互關係的迴歸結果

	RM$_2$ 係數	t 值	DA 係數	t 值
Intercept	0.449***	(14.38)	−0.269***	(−9.04)
Directctrol	0.039,6***	(5.68)	0.019,2***	(3.21)
Regulation	0.021,0***	(7.53)	0.005,52**	(2.36)
Marketshare	0.600***	(9.27)	−0.346***	(−6.75)
Zscore	−0.002,30***	(−8.30)	0.003,26***	(14.20)
Big	−0.007,53***	(−3.05)	−0.003,95*	(−1.94)
Legal	0.000,819**	(2.15)	0.000,398	(1.25)
Noa	0.003,15***	(4.57)	0.006,90***	(9.49)
Cycle	−0.000,003,16	(−1.12)	−0.000,015,4***	(−5.56)
Growth	−0.015,9***	(−6.43)	−0.000,645	(−0.27)
Roe	−0.022,0***	(−4.69)	0.045,6***	(9.23)
Size	−0.021,8***	(−15.24)	0.012,2***	(9.09)
Year	Yes		Yes	
Industry	Yes		Yes	
N	12,637		12,637	
Adj. R^2	0.049		0.075	
F	13.55***		18.58***	

註：真實盈餘管理 RM$_2$ = −AbCFO−AbDisx。

　　從表 3.5 和表 3.6 的迴歸結果看，不管採用第一種方式計量綜合真實盈餘管理，還是採用第二種方式計量，本書的結論依舊得到支持。①

　2. 應計盈餘管理與真實盈餘管理測量模型的調整

　　需要注意的是，上述測量應計盈餘管理與真實盈餘管理的模型都沒有截距項。模型沒有截距項，意味著公司的應計盈餘在計量上沒有一個統一的初始固定值。在應計盈餘管理與真實盈餘管理的計量模型上，到底是沒有截距項更好，還是有截距項更合理，目前仍存在爭議。

---

　　① 本章也對真實盈餘管理的計量指標進行標準化處理。即使如此，本章的結論同樣得到支持，限於篇幅，沒有在此報告。

應計盈餘管理的測量模型，在 Jones 模型（Jones，1991）和修正的 Jones 模型（DeChow，等，1995）中沒有常數項。他們認為，公司的應計盈餘在計量上沒有一個統一的初始固定值，因而在模型中沒有常數項。但是，一些學者認為在估計操縱性應計的盈餘管理模型中加入常數項可能更合理，如 Kang 和 Sivaramakrishnan（1995）、Guidry 等（1999）及 Kothari 等（2005）等學者。因而，關於加入常數項估計應計盈餘管理是否更合理，學術界仍存在爭議。

　　真實盈餘管理的測量模型，也出現同樣的狀況。Cohen 等（2008）、Badertscher（2011）、Chi 等（2011）等學者認為模型中不加入常數項更合理，而 Roychowdhury（2006）、Zang（2012）認為模型中加入常數項更好。因而，關於加入常數項估計真實盈餘管理是否更合理，學術界沒有統一的結論。

　　為了進一步檢驗應計盈餘管理與真實盈餘管理的關係，採用了加入常數項的模型來估計應計盈餘管理和真實盈餘管理，其迴歸結果報告於表 3.7。可以發現，採用加入常數項的模型來估計應計盈餘管理和真實盈餘管理得到的迴歸結果與表 3.4 的相似，本章的結論依然得到支持。控股股東持股比例 Directctrol 和管制壓力 Regulation 對真實盈餘管理 RM 和應計盈餘管理 DA 的迴歸系數都顯著為正，表明控製利益和管制壓力使兩者表現出互補關係。市場佔有率 Marketshare，對真實盈餘管理 RM 的迴歸系數顯著為正，而對應計盈餘管理 DA 的迴歸系數都顯著為負，表明市場競爭壓力使應計盈餘管理與真實盈餘管理表現出替代關係。

表 3.7　應計盈餘管理與真實盈餘管理相互關係的迴歸結果

	RM		DA	
	係數	t 值	係數	t 值
Intercept	−0.056,7	(−1.08)	−0.257,8***	(−8.92)
Directctrol	0.042,1***	(3.52)	0.017,1***	(2.90)
Regulation	0.043,5***	(9.06)	0.005,6**	(2.42)
Marketshare	0.196,7*	(1.71)	−0.346,4***	(−6.84)
Zscore	−0.007,1***	(−14.40)	0.003,1***	(13.91)
Big	−0.014,8***	(−3.47)	−0.003,1	(−1.56)
Legal	0.000,1	(0.16)	0.000,2	(0.71)
Noa	0.010,6***	(9.72)	0.006,7***	(9.60)
Cycle	0.000,0***	(5.47)	−0.000,0***	(−6.24)
Growth	−0.007,9*	(−1.84)	0.001,6	(0.70)

表3.7(續)

	RM		DA	
	係數	t值	係數	t值
Roe	−0.059,4***	(−8.67)	0.041,8***	(8.87)
Size	0.003,1	(1.28)	0.011,0***	(8.36)
Year	Yes		Yes	
Industry	Yes		Yes	
N	12,637		12,637	
Adj. R^2	0.069		0.064	
F	18.073,5***		15.641,7***	

註：

①真實盈餘管理 RM = −AbCFO+AbProd−AbDisx；應計盈餘管理 DA，以操縱性應計表示；Year 和 Industry 是年度和行業控制變量。

②括號裡的為 t 值，經過了 White 異方差矯正，「*」「**」和「***」分別表示在10%、5%、1%水平下統計顯著。

3.4.4 穩健性分析

為了考察結果的穩健性，本章做了如下的敏感性測試：

其一，採用 Jones（1991）模型進行應計盈餘管理橫截面迴歸估算。結果顯示，本章的結論依然穩健。

其二，對控股股東持股比例 Directctrol 和市場佔有率 Marketshare 採用滯後一階的計量，放入模型進行迴歸。結果顯示，本章的結論依然穩健。

其三，為了控製橫截面和時間序列上的自相關性，進行了 Cluster 的參差矯正。結果顯示，本章的結論依然穩健。

最後，採用控製內生性的聯立方程進行迴歸。檢驗結果與前文的研究結論沒有實質性差異。

3.5　本章小結

應計盈餘管理與真實盈餘管理是管理盈餘的兩種方式，厘清兩者的相互關係具有重要的理論意義和現實意義。儘管學術界多數研究認為兩者具有替代關係，但也存在爭議。應計盈餘管理與真實盈餘管理的相互關係，一方面受到其

成本收益的影響，另一方面更受到製度環境的影響。本章基於中國市場轉型經濟的製度背景，考察應計盈餘管理與真實盈餘管理之間的相互關係。

本章採用中國證券市場上 2001—2010 年上市公司的數據實證考察應計盈餘管理與真實盈餘管理之間的相互關係。經驗數據表明，應計盈餘管理與真實盈餘管理在中國市場上存在二元關係，即替代關係和互補關係。具體而言，市場競爭壓力在應計盈餘管理與真實盈餘管理之間具有明顯的成本比較優勢，使得兩者具有替代關係，控製利益、管制壓力在應計盈餘管理與真實盈餘管理之間不具有顯著的成本比較優勢，而是應計盈餘管理與真實盈餘管理的驅動因素，使得兩者具有互補關係。

本章的啟示如下：

（1）在中國市場上，應計盈餘管理與真實盈餘管理，既存在替代關係，也存在互補關係，這對審視和規範上市公司的盈餘管理行為具有重要的指導意義。

（2）市場競爭壓力讓應計盈餘管理與真實盈餘管理具有替代關係，市場競爭壓力是規範上市公司的盈餘管理行為必須考慮的一個因素。

（3）控製利益、管制壓力讓應計盈餘管理與真實盈餘管理具有互補關係，在保護投資者利益和推動證券市場健康發展的過程中，必將其作為關注的重點。

4 盈餘管理的市場反應與審計治理效應

本章立足於中國的證券市場，考察應計盈餘管理與真實盈餘管理的市場反應以及審計的治理效應。中國證券市場是一個處於轉型經濟的新興市場，個體投資者是市場的主體，機構投資者也不夠成熟，「短線投機」「內幕交易」「跟風投資」「追漲殺跌」等市場亂象，讓中國證券市場的有效性受到廣泛質疑。在這樣的市場上，對於應計盈餘管理與真實盈餘管理，投資者是否會有所反應？反應是理性還是非理性？反應的程度如何？並且，投資者對應計盈餘管理與真實盈餘管理的市場反應是否有差異？如果有差異，其產生差異的原因是什麼？

為了回答這些問題，本章採用中國的市場數據研究發現，中國證券市場的投資者只對應計盈餘管理做出負面反應，而沒有對真實盈餘管理進行有效反應，表明投資者對盈餘管理的反應在一定程度上具有理性。同時，高質量的審計只幫助投資者對應計盈餘管理的信息含量做有效區分，而對真實盈餘管理的信息含量不能明顯區分，表明審計在盈餘管理的治理上具有一定的積極的市場效應。這為中國上市公司盈餘管理的治理和完善證券市場的建設提供了一定的啟示。

本章的結構安排如下：第一部分為引言，第二部分為理論分析和研究假設，第三部分為數據樣本和研究設計，第四部分為實證結果及分析，第五部分為研究結論和啟示。

4.1 引言

上市公司的盈餘管理歷來都是受到學術界、實務界以及監管者關注的重大

話題。正如 Schipper（1989）所言，盈餘管理實際上可分為應計盈餘管理和真實盈餘管理。然而，以往的研究多集中於應計盈餘管理的研究，而對真實盈餘管理的研究，特別是應計盈餘管理與真實盈餘管理的比較研究，相對有限。

本章立足於中國的證券市場，考察應計盈餘管理與真實盈餘管理的市場反應，並對比其市場反應的差異和原因，同時，考察審計在其中的治理效應。

本章的研究主要為了回答以下問題：①盈餘管理常常作為公司經理人損害投資者利益採用的方式，在中國這樣一個不健全而且有效性比較弱的市場上，投資者是否會對其有所反應，反應是否理性；②應計盈餘管理與真實盈餘管理在影響公司價值上的差異和在表現上的差異，是否會導致投資者的反應也有差異；③在應計盈餘管理與真實盈餘管理的市場反應上，審計是否產生了治理效應。

盈餘管理，是公司經理人為了私人利益通過會計方法和交易活動的安排在財務報告過程中做出的一種機會主義表現（Healy & Wahlen，1999）。在對公司價值的影響上，應計盈餘管理只是影響公司的應計利潤而不影響公司的現金流，真實盈餘管理影響公司的現金流和當期利潤從而損害公司的長期價值。因此，一般而言，公司偏向於採用應計盈餘管理，因為採用應計盈餘管理的成本低於真實盈餘管理的成本（Roychowdhury，2006）。但是，相對於真實盈餘管理，應計盈餘管理容易被發現，同時，公司單單依靠應計盈餘管理會冒一定的風險[①]，因此，公司有時候更願意採用真實盈餘管理（Graham，等，2005）。Chi 等（2011）研究發現，在美國市場上，當面臨高質量的會計師事務所時，上市公司選擇應計盈餘管理會變得困難，從而會尋求真實盈餘管理來操縱利潤。

由此可見，在一個有效的市場上，投資者對盈餘管理的理性反應為負，並且對真實盈餘管理的負面反應比應計盈餘管理更大。本章的經驗證據表明，中國證券市場的投資者只對應計盈餘管理做出負面反應，沒有對真實盈餘管理有效反應。這可能是因為，相比於應計盈餘管理，真實盈餘管理不容易察覺，因而投資者沒有做出有效的市場反應。

在這其中，審計是否具有治理效應呢？如果審計具有治理效應，高質量的審計有助於市場投資者區分應計盈餘管理與真實盈餘管理的信息含量，從而改善他們在證券市場上的投資決策。借鑑 DeAngelo（1981）和 Dye（1993）的理

---

① 應計盈餘管理發生在公司財政年度末，而真實盈餘管理貫穿於公司整個財政年度，因此應計盈餘管理在發生時間上後於真實盈餘管理。如果公司僅依賴於應計盈餘管理，可能承擔的風險是在財政年度末，公司採用應計盈餘管理無法達到預期的業績目標（Graham，等，2005）。

論，本章採用大型會計師事務所來衡量高質量的審計。研究發現，在中國市場上，高質量的審計只幫助投資者對應計盈餘管理的信息含量做有效區分，而對真實盈餘管理的信息含量不能明顯區分。這說明高質量的審計在應計盈餘管理上的治理得到市場投資者的認可，做出正面的市場反應，也證實了審計的治理效應。然而，由於真實盈餘管理相對於應計盈餘管理更不容易發現，高質量的審計可能無法有效幫助投資者區分真實盈餘管理的信息含量。

本章可能的貢獻表現在以下方面：

（1）深化了盈餘管理市場反應在處於轉型經濟的中國證券市場上的經驗研究，對比分析應計盈餘管理市場反應與真實盈餘管理市場反應。

（2）豐富了審計治理效應的研究，檢驗了高質量的審計在盈餘管理市場反應上的作用。

（3）通過對盈餘管理市場反應的考察，為中國市場的有效性提供了進一步的經驗證據。

4.2 理論分析和研究假設

在中國證券市場上，既有應計盈餘管理（陳小悅，等，2000；張祥建，徐晉，2005；薄仙慧，吳聯生，2009；王躍堂，等，2009），也有真實盈餘管理（張俊瑞，等，2008），更有應計盈餘管理和真實盈餘管理的綜合運用（李增福，等，2011；劉啟亮，等，2011），並且，以關聯交易為主的真實盈餘管理是中國上市公司重要的盈餘操縱方式（陳曉，王琨，2005；佟嚴，王化成，2007；Jian & Wong，2010），也是中國上市公司控股大股東侵害中小股東利益的主要途徑（劉俏，陸洲，2004；李增泉，等，2004；雷光勇，劉慧龍，2006）。

如其他新興市場國家一樣，中國證券市場上主要的代理問題是上市公司控股大股東與中小股東的代理衝突（劉峰，等，2004；Jiang，等，2010）。由於股權集中，上市公司控股股東「一股獨大」，而公司的內部治理機制不健全以及流於形式沒有發揮正常的功效，上市公司控股股東具有絕對的控製力，「一言堂」的現象成為常態。即使上市公司內部有一定的制衡機制，往往也是基於公司控製權利益的爭奪而沒有顧及公司價值最大化的基本目標（朱紅軍，汪輝，2004；陳漢文，等，2005）。加上中國保護中小投資者利益的法律基礎環境薄弱，政府一些基於會計業績的管制又大大強化了上市公司盈餘管理的動

機，上市公司控股大股東通過安排和策劃經營活動、投資活動等真實盈餘管理手段掏空上市公司，可以獲得巨大的收益，而付出的成本相對較小，因此，如此這般的侵害中小股東利益的行為，在中國證券市場上比較盛行。

在美國這樣的發達國家成熟市場上，保護中小投資者利益的法律基礎環境相對更完善（Shleifer & Vishny，1997；La Porta，等，2000），經理人市場、機構投資者和證券分析師等市場監督力量也相對更成熟和強大，因此，通過真實盈餘管理來侵害中小股東利益的行為的成本相對較高，並且也受到來自公司內部治理體制和外部市場監督等諸多限制。

相比於美國等發達資本市場，中國證券市場是一個新興資本市場，機構投資者比較少，並且不夠成熟，個體投資者更是缺乏經驗和穩健合理的投資分析能力。雖然，真實盈餘管理和應計盈餘管理都是公司的機會主義行為，但是，兩者對公司的影響不一樣。真實盈餘管理影響公司的現金流進而損害公司的長期價值，應計盈餘管理只影響公司的應計盈餘而不影響公司的現金流，因此，市場投資者對真實盈餘管理的負面反應比應計盈餘管理更大。然而，相對於應計盈餘管理，真實盈餘管理更不容易發現，這可能意味著，市場投資者對真實盈餘管理不能做出有效的負面反應，而對應計盈餘管理能做出有效的負面反應。在中國這樣的新興資本市場上，面對真實盈餘管理和應計盈餘管理，市場投資者的反應更可能偏向於後面一種分析情形。由此，本章提出一個備擇性假設 H1。

假設 H1：在中國證券市場上，市場投資者對應計盈餘管理能做出有效的負面反應，而對真實盈餘管理不能做出有效的負面反應。

王豔豔等（2006）及 Chen 等（2011）的研究認為，相對於小型會計師事務所，大型會計師事務所的審計質量高，可以提高公司盈餘的信息含量而降低公司的權益資本成本。由此推論，相對於小型會計師事務所，由大型會計師事務所審計的公司的應計盈餘管理，其噪音更小，因而信息含量更高，市場投資者的反應相對更積極。換言之，大型會計師事務所由於其高聲譽和高審計質量，在抑制應計盈餘管理方面相對於小型會計師事務所更可能得到市場投資者的認可，從而幫助投資者區分應計盈餘管理的信息含量，改善他們的投資決策。然而，由於真實盈餘管理相對於應計盈餘管理更不容易發現，大型會計師事務所可能無法有效幫助投資者區分真實盈餘管理的信息含量。借此，本章提出一個備擇性假設 H2。

假設 H2：在中國證券市場上，大型會計師事務所能幫助投資者區分應計盈餘管理的信息含量，而不能有效幫助投資者區分真實盈餘管理的信息含量。

4.3 數據樣本和研究設計

4.3.1 數據樣本

本章選擇中國證券市場上 2001—2010 年的上市公司作為初始樣本，並做以下篩選：①剔除金融類公司；②剔除 B 股和創業板的公司；③剔除模型估計數據不全的公司。最後得到 11,940 個樣本觀察值，樣本的分年度分布和基於事務所規模大小分類的分年度分布見表 4.1。本部分的數據均來自 CSMAR 數據庫。

表 4.1　　　　　　　　　研究樣本的分布情況

年　度	全樣本 公司數	比率(%)[b]	大型會計師事務所[a] 公司數	比率(%)[c]	小型會計師事務所 公司數	比率(%)[c]
2001	820	7.78	214	26.10	606	73.90
2002	913	8.33	242	26.51	671	73.49
2003	1,043	8.79	267	25.60	776	74.40
2004	1,115	9.21	291	26.10	824	73.90
2005	1,175	9.87	298	25.36	877	74.64
2006	1,236	9.9	308	24.92	928	75.08
2007	1,352	10.65	340	25.15	1,012	74.85
2008	1,346	11.43	398	29.57	948	70.43
2009	1,416	11.69	517	36.51	899	63.49
2010	1,524	12.35	538	35.30	986	64.70
合　計	11,940	100	3,413	25.04	8,527	62.57

註：
a 大型會計師事務所是前十大會計師事務所，基於客戶公司總資產計算得到。
b 比率為各年度公司數占所有年度公司數的比率。
c 比率為由大型會計師事務所審計的公司數和由小型會計師事務所審計的公司數分別占各年度公司數的比率。

從表 4.1 可以發現，中國前十大會計師事務所，即大型會計師事務所，在 2001—2010 年的市場佔有率，均值為 25.04%，並具有上升的趨勢，在 2008 年之前市場份額在 25% 左右，在 2009—2010 年已經超過 30%，達到 35% 以上，上升了 10 個百分點。大型會計師事務所市場份額上升，一方面可能說明市場

對高質量的審計需求有所提高（王豔豔，等，2006），一方面可能是政府推動會計師事務所合併導致的結果，即大型會計師事務所進行合併後，其市場佔有率自然會得到提升（Chan & Wu，2011）。

4.3.2 盈餘管理的計量

1. 應計盈餘管理

本章採用修正的 Jones 模型（DeChow，等，1995）來估計操縱性應計，以此表徵應計盈餘管理。

$$\frac{TA_{i,t}}{A_{i,t-1}} = a_0\left(\frac{1}{A_{i,t-1}}\right) + a_1\left(\frac{\Delta REV_{i,t}}{A_{i,t-1}}\right) + a_2\left(\frac{PPE_{i,t}}{A_{i,t-1}}\right) + \varepsilon_{i,t} \tag{4-1}$$

首先，依照模型（4-1）分年度分行業進行橫截面迴歸。參考 DeChow 等（1995）的做法，要求每個行業的樣本數不少於 10 個，如果少於 10 個，則將其歸屬於相近的行業。$TA_{i,t}$ 是公司總應計利潤，為經營利潤減去經營活動現金流之差；$\Delta REV_{i,t}$ 為公司主營業務收入的變化額；$PPE_{i,t}$ 是公司固定資產帳面價值；$A_{i,t-1}$ 是公司的總資產。

其次，用模型（4-1）得到的迴歸系數代入模型（4-2）計算每個樣本的正常性應計 $NDA_{i,t}$。

$$NDA_{i,t} = a_0\left(\frac{1}{A_{i,t-1}}\right) + a_1\left(\frac{\Delta REV_{i,t} - \Delta REC_{i,t}}{A_{i,t-1}}\right) + a_2\left(\frac{PPE_{i,t}}{A_{i,t-1}}\right) \tag{4-2}$$

在模型（4-2）裡，$\Delta REC_{i,t}$ 是公司應收帳款的變化額。操縱性應計 $DA_{i,t} = TA_{i,t} - NDA_{i,t}$。

2. 真實盈餘管理

參照 Roychowdhury（2006）及 Cohen 等（2008）的模型來估計真實盈餘管理，包括三個方面：異常經營現金流 AbCFO、異常生產成本 AbProd 和異常酌量性費用（如研發、銷售及管理費用）AbDisx。[①]

異常經營現金流 AbCFO，是由公司通過價格折扣和寬鬆的信用條款來進行產品促銷引起的，雖然公司的促銷提高了當期的利潤，但是降低了當期單位產品的現金流量，從而導致公司的異常經營現金流 AbCFO 下降。異常生產成本 AbProd，是由公司超量產品生產引起的，雖然公司的超量生產能降低單位產品的成本，提高產品的邊際利潤，從而提高公司的當期利潤，但是超量生產

[①] 異常經營現金流 AbCFO、異常生產成本 AbProd 和異常酌量性費用 AbDisx，都用上一年的總資產進行標準化。

增加了其他生產成本和庫存成本，最後導致異常生產成本 AbProd 偏高。異常酌量性費用 AbDisx，是公司為了提高當期利潤而削減研發、銷售及管理費用引起的，同時也會導致當期的現金流提高。

（1）異常經營現金流 AbCFO

$$\frac{\text{CFO}_{jt}}{A_{j,\,t-1}} = a_1 \frac{1}{A_{j,\,t-1}} + a_2 \frac{\text{Sales}_{jt}}{A_{j,\,t-1}} + a_3 \frac{\Delta\text{Sales}_{jt}}{A_{j,\,t-1}} + \varepsilon_{jt} \qquad (4-3)$$

首先，按模型（4-3）分年度分行業進行橫截面迴歸，要求每個行業的樣本數不少於 10 個，如果少於 10 個，則將其歸屬於相近的行業，下同。CFO_{jt} 是公司的經營現金流，Sales_{jt} 是公司的銷售額，ΔSales_{jt} 是公司銷售變化額。其次，通過迴歸得到的系數估計出每個樣本公司的正常經營現金流。最後，可算出異常經營現金流 AbCFO 為實際經營現金流與正常經營現金流的差值。

（2）異常生產成本 AbProd

$$\frac{\text{Prod}_{jt}}{A_{j,\,t-1}} = a_1 \frac{1}{A_{j,\,t-1}} + a_2 \frac{\text{Sales}_{jt}}{A_{j,\,t-1}} + a_3 \frac{\Delta\text{Sales}_{jt}}{A_{j,\,t-1}} + a_4 \frac{\Delta\text{Sales}_{j,\,t-1}}{A_{j,\,t-1}} + \varepsilon_{jt} \qquad (4-4)$$

用模型（4-4）進行分年度分行業橫截面迴歸，得到估計參數並據此計算各個樣本公司的正常生產成本，異常生產成本 AbProd 為實際生產成本與正常生產成本之差。Prod_{jt} 是公司的生產成本，為銷售成本與存貨變動額之和；Sales_{jt} 是公司當期的銷售額；ΔSales_{jt} 是公司當期的銷售變化額；$\Delta\text{Sales}_{j,t-1}$ 是公司上期的銷售變化額。

（3）異常酌量性費用 AbDisx

$$\frac{\text{Disx}_{jt}}{A_{j,\,t-1}} = a_1 \frac{1}{A_{j,\,t-1}} + a_2 \frac{\text{Sales}_{j,\,t-1}}{A_{j,\,t-1}} + \varepsilon_{jt} \qquad (4-5)$$

依照模型（4-5）分年度分行業橫截面迴歸得到估計參數並據此計算各個樣本公司的正常酌量性費用。異常酌量性費用 AbDisx 為實際酌量性費用與正常酌量性費用之差。Disx_{jt} 是公司的酌量性費用，為研發、銷售及管理費用之和，考慮到中國財務報表把研發費用合併到了管理費用的情況，本書用銷售和管理費用替代；$\text{Sales}_{j,t-1}$ 是公司上期的銷售額。

以上三個指標，即異常經營現金流 AbCFO、異常生產成本 AbProd 和異常酌量性費用 AbDisx，體現了真實盈餘管理的三種具體行為。公司向上操縱利潤，可能採用真實盈餘管理的一種行為或多種行為：低異常經營現金流 AbCFO，高異常生產成本 AbProd，抑或低異常酌量性費用 AbDisx。為了系統考量真實盈餘管理的三種具體行為，仿照 Badertscher（2011）和 Zang（2012）的做法，將三個指標聚集成一個綜合指標，綜合真實盈餘管理 RM = −AbCFO +

AbProd-AbDisx。綜合真實盈餘管理指標 RM，表示其值越高，公司通過真實盈餘管理向上操縱的利潤越大。

4.3.3 迴歸模型

為了檢驗應計盈餘管理與真實盈餘管理的市場反應及大型會計師事務所在其中扮演的角色，本章構建如下迴歸模型。

$$CAR = \beta_0 + \beta_1 EM + \sum \beta_i Control_i + \varepsilon \quad (4-6)$$

$$CAR = \beta_0 + \beta_1 EM + \beta_2 Big + \beta_3 EM \times Big + \sum \beta_i Control_i + \varepsilon \quad (4-7)$$

迴歸模型（4-6）用以檢驗本書的假設 H1——應計盈餘管理與真實盈餘管理的市場反應。迴歸模型（4-7）用以檢驗本書的假設 H2——大型會計師事務所在應計盈餘管理與真實盈餘管理市場反應中扮演的角色。

因變量 CAR：累積超常收益率，觀察窗口從財務年報披露當日為 0 天到之後 1 天，即觀察期（0，1），為經市場收益調整的累積超常收益率。

解釋變量 EM：盈餘管理變量，用應計盈餘管理 DA、真實盈餘管理 RM 及其三種具體行為——異常經營現金流 AbCFO、異常生產成本 AbProd 和異常酌量性費用 AbDisx 表示。

大型會計師事務所 Big：啞變量，如果公司聘請的會計師事務所為前十大會計師事務所，取值為 1，否則位 0。前十大會計師事務所，是以事務所的客戶公司的資產規模總和排名取得。EM×Big，盈餘管理 EM 與大型會計師事務所 Big 的交乘項，檢驗大型會計師事務所在應計盈餘管理與真實盈餘管理市場反應中扮演的角色，即大型會計師事務所的高審計質量能否有效區分應計盈餘管理與真實盈餘管理的信息含量。

控製變量 Control，具體包括如下變量：

帳面市值比率 BM，衡量公司的成長性，控製公司成長性的影響。

公司市值規模 Sizemv，取其自然對數，控製公司市值規模的影響。

經營現金流 OCF，用經營活動現金流與總資產的比率表示，以此控製公司經營現金流水平的影響。

資產負債率 Lev，衡量公司的財務風險，控製公司負債水平的影響。

會計業績 ROA，採用總資產收益率來表示，控製公司業績的影響。

年度啞變量 Year 和行業啞變量 Industry，控製年度和行業的影響。

此外，為了控製極端值的影響，對模型中的連續變量都進行了 1% 水平的 Winsorize 處理。

4.4 實證結果及分析

4.4.1 描述性統計分析

表 4.2 為各變量的描述性統計分析結果。公司財務年報披露在當天到後一天的累積超常收益率 CAR，均值為 -0.007,6，中位數為 -0.009,8，最大值為 0.107,3，最小值為 -0.098,5。這表明年報披露的市場反應總體而言偏向於消極。應計盈餘管理 DA，均值為 0.002,9，中位數為 0.003,3，最大值為 0.330,8，最小值為 -0.320,8。真實盈餘管理 RM，均值為 -0.033,3，中位數為 -0.037,4，最大值為 0.706,9，最小值為 -0.687,5。數據表明，中國上市公司普遍傾向於採用應計盈餘管理來調增利潤，而對真實盈餘管理採用偏向於負向的盈餘管理。帳面市值比率 BM，均值為 0.388,5，中位數為 0.335,0。市值規模的對數 Sizemv，均值為 21.695,4，中位數為 21.573,0。經營現金流與總資產的比率 OCF，均值為 0.057,4，中位數為 0.053,0。資產負債率 Lev，均值為 0.526,5，中位數為 0.500,3。公司業績總資產收益率 ROA，均值為 0.026,0，中位數為 0.035,2。

表 4.2　　　　　　　　　　描述性統計結果

	均值	最小值	中位數	最大值	標準差
CAR	-0.007,6	-0.098,5	-0.009,8	0.107,3	0.041,2
DA	0.002,9	-0.320,8	0.003,3	0.330,8	0.102,3
RM	-0.033,3	-0.687,5	-0.037,4	0.706,9	0.219,5
AbCFO	0.008,4	-0.276,2	0.009,7	0.276,4	0.091,1
AbProd	-0.016,0	-0.435,4	-0.017,8	0.478,1	0.130,6
AbDisx	0.008,6	-0.162,7	0.001,7	0.281,5	0.064,8
Big	0.250,4	0.000,0	0.000,0	1.000,0	0.451,8
BM	0.388,5	-0.562,3	0.335,0	1.255,6	0.286,3
Sizemv	21.695,4	19.714,3	21.573,0	24.923,9	1.038,1
OCF	0.057,4	-0.306,1	0.053,0	0.404,5	0.104,0
Lev	0.526,5	0.069,9	0.500,3	2.653,6	0.324,3
ROA	0.026,0	-0.521,7	0.035,2	0.225,5	0.096,3

4.4.2 迴歸分析結果

表 4.3 是應計盈餘管理與真實盈餘管理市場反應的迴歸結果。表中的 (1) 欄和 (3) 欄是基於模型 (4-6) 得到的迴歸結果。應計盈餘管理 DA 的迴歸系數顯著為負，表明應計盈餘管理引起市場投資者顯著的負面反應，綜合盈餘管理 RM 的迴歸系數統計上不顯著，表明真實盈餘管理並不能引起市場投資者有效的反應，也說明真實盈餘管理的隱蔽性強，不容易被識別，本章的假設 H1 得到支持。

表 4.3 的 (2) 欄、(4) 欄、(5) 欄是基於模型 (4-7) 得到的迴歸結果。應計盈餘管理 DA 與大型會計師事務所 Big 的交乘項 DA×Big 的迴歸系數顯著為正，表明大型會計師事務所的高質量審計能幫助市場投資者區分應計盈餘管理的信息含量。而真實盈餘管理 RM 與大型會計師事務所 Big 的交乘項 RM×Big 的迴歸系數在統計上不顯著，表明大型會計師事務所的高質量審計並不能幫助市場投資者區分真實盈餘管理的信息含量，也說明真實盈餘管理的隱蔽性強，不容易被識別，本章的假設 H2 得到支持。

表 4.3 的控製變量迴歸結果顯示，公司的成長性 BM、公司的市值規模 Sizemv 和會計業績 ROA 能引起市場投資者顯著的正面反應，表明成長性高、市值規模大、會計業績好的公司會得到市場投資者的積極支持。

表 4.3　應計盈餘管理與真實盈餘管理之市場反應的迴歸結果

	因變量：CAR				
	(1)	(2)	(3)	(4)	(5)
Intercept	-0.035,0	-0.035,3	-0.037,9	-0.038,0	-0.039,5
	(-3.44)***	(-3.37)***	(-3.61)***	(-3.53)***	(-3.66)***
DA	-0.017,5	-0.022,0			-0.020,8
	(-2.05)**	(-2.47)**			(-2.26)**
RM			0.002,86	0.003,94	0.005,04
			(1.31)	(1.59)	(2.00)**
Big		-0.000,038,6		-0.000,161	-0.000,371
		(-0.05)		(-0.19)	(-0.45)
DA×Big		0.017,1			0.019,4
		(2.08)**			(2.14)**
RM×Big				-0.003,38	-0.006,48
				(-0.92)	(-1.64)

表4.3(續)

	因變量：CAR				
	(1)	(2)	(3)	(4)	(5)
BM	0.006,27	0.006,38	0.006,46	0.006,47	0.006,21
	(3.86)***	(3.92)***	(3.95)***	(3.95)***	(3.76)***
Sizemv	0.001,23	0.001,24	0.001,36	0.001,36	0.001,44
	(2.73)***	(2.65)***	(2.92)***	(2.84)***	(3.00)***
OCF	−0.014,1	−0.014,0	0.003,31	0.003,42	−0.009,20
	(−1.72)*	(−1.71)*	(0.66)	(0.68)	(−1.03)
Lev	0.000,267	0.000,293	0.000,091,5	0.000,104	0.000,158
	(0.17)	(0.19)	(0.06)	(0.07)	(0.10)
ROA	0.021,6	0.021,8	0.008,06	0.007,95	0.019,7
	(2.57)**	(2.58)***	(1.50)	(1.47)	(2.28)**
Year	Yes	Yes	Yes	Yes	Yes
Industry	Yes	Yes	Yes	Yes	Yes
N	11,940	11,940	11,940	11,940	11,940
Adj. R^2	0.017	0.017	0.018	0.018	0.019
F	7.470***	7.180***	7.740***	7.346***	7.229***

註：

①CAR，為財務年報披露當日到後一天的累積超常受益率。所有連續變量進行了1%水平的Winsorize處理，下同。

②括號裡的為 t 值，經過了White異方差矯正，下同。

　　表4.4是真實盈餘管理三種具體行為的市場反應的迴歸結果。表中的(1)欄、(3)欄、(5)欄是基於模型(4-6)得到的迴歸結果，異常經營現金流AbCFO、異常生產成本AbProd和異常酌量性費用AbDisx的迴歸係數在統計上都不顯著，表明盈餘管理三種具體行為並不能引起市場投資者有效的反應，也說明真實盈餘管理的隱蔽性強，不容易被識別，進一步支持本章的假設H1。

　　表4.4的(2)欄、(4)欄、(6)欄是基於模型(4-7)得到的迴歸結果。異常經營現金流AbCFO、異常生產成本AbProd和異常酌量性費用AbDisx與大型會計師事務所Big的交乘項，AbCFO×Big、AbProd×Big、AbDisx×Big的迴歸係數在統計上都不顯著，表明大型會計師事務所並不能幫助市場投資者區分真實盈餘管理三種具體行為的信息含量，也說明真實盈餘的隱蔽性強，不容易被識別，本章的假設H2得到進一步支持。

表 4.4　　真實盈餘管理三種具體行為之市場反應的迴歸結果

	因變量：CAR					
	（1）	（2）	（3）	（4）	（5）	（6）
Intercept	−0.037,1	−0.037,3	−0.036,6	−0.036,8	−0.038,5	−0.038,8
	(−3.54)***	(−3.46)***	(−3.49)***	(−3.42)***	(−3.62)***	(−3.56)***
AbCFO	0.006,06	0.006,69				
	(0.69)	(0.72)				
AbProd			0.004,80	0.007,41		
			(1.51)	(1.99)**		
AbDisx					−0.005,12	−0.008,18
					(−0.86)	(−1.14)
Big		0.000,011,4		−0.000,192		−0.000,129
		(0.01)		(−0.23)		(−0.16)
AbCFO×Big		−0.001,95				
		(−0.22)				
AbProd×Big				−0.008,53		
				(−1.34)		
AbDisx×Big						0.010,2
						(0.84)
BM	0.006,71	0.006,71	0.006,39	0.006,40	0.006,66	0.006,66
	(4.11)***	(4.11)***	(3.89)***	(3.90)***	(4.08)***	(4.08)***
Sizemv	0.001,31	0.001,32	0.001,30	0.001,31	0.001,38	0.001,39
	(2.82)***	(2.74)***	(2.81)***	(2.74)***	(2.92)***	(2.86)***
OCF	−0.005,42	−0.005,48	0.001,39	0.001,35	0.000,020,2	0.000,019,2
	(−0.65)	(−0.66)	(0.33)	(0.32)	(0.00)	(−0.00)
Lev	0.000,478	0.000,477	0.000,071,2	0.000,110	0.000,305	0.000,295
	(0.31)	(0.30)	(0.05)	(0.07)	(0.20)	(0.19)
ROA	0.009,20	0.009,20	0.009,08	0.009,06	0.007,70	0.007,49
	(1.69)*	(1.69)*	(1.69)*	(1.68)*	(1.40)	(1.36)
Year	Yes	Yes	Yes	Yes	Yes	Yes
Industry	Yes	Yes	Yes	Yes	Yes	Yes
N	11,940	11,940	11,940	11,940	11,940	11,940
Adj. R^2	0.018	0.018	0.019	0.019	0.018	0.018
F	7.756***	7.339***	7.773***	7.419***	7.741***	7.328***

註：異常經營現金流 AbCFO、異常生產成本 AbProd 和異常酌量性費用 AbDisx，為真實盈餘管理的三種具體形式。

4.4.3 穩健性測試

為了考察結果的穩健性，我們做了如下的敏感性測試：

其一，根據夏立軍（2003）的建議，本章採用 Jones 模型估計應計盈餘管理。實證結果與前文的研究結論沒有實質性差異。

其二，參考 Chen 等（2011）的研究設計，採用前八大會計事務所定義為大型會計師事務所。檢驗結果，與前文的研究結論沒有實質性差異。

其三，在模型迴歸時進行了 Cluster 的參差矯正。實證結果與前文的研究結論沒有實質性差異。

4.5 本章小結

本章立足於中國證券市場上特殊的製度背景，研究應計盈餘管理與真實盈餘管理的市場反應及其審計的治理效應。

相比於美國等發達資本市場，中國證券市場是一個新興資本市場，市場投資者對應計盈餘管理和真實盈餘管理的反應，需要學術界關注和研究。相比於應計盈餘管理，真實盈餘管理對公司價值的影響更大，因而理論上預期其負面的市場反應更大。本章採用中國證券市場上 2001—2010 年上市公司的數據進行實證考察。經驗證據顯示，中國證券市場的投資者只對應計盈餘管理做出負面反應，沒有對真實盈餘管理有效反應。這可能因為，相比於應計盈餘管理，真實盈餘管理不容易察覺，因而投資者沒有做出有效的市場反應。

同時，本章也檢驗了大型會計師事務所的高審計質量是否有助於市場投資者區分應計盈餘管理與真實盈餘管理的信息含量，從而改善他們在證券市場上的投資決策。研究發現，大型會計師事務所只幫助投資者對應計盈餘管理的信息含量做有效區分，而對真實盈餘管理的信息含量不能明顯區分。這說明大型會計師事務所在應計盈餘管理上的抑制得到市場投資者的認可，做出正面的市場反應，也證實了大型會計師事務所的審計質量高。然而，由於真實盈餘管理相對於應計盈餘管理更不容易發現，大型會計師事務所可能無法有效幫助投資者區分真實盈餘管理的信息含量。

本章結論的啟示如下：

（1）市場投資者只對應計盈餘管理做出負面反應，沒有對真實盈餘管理有效反應，說明在中國證券市場上，市場投資者具備一定的理性價值分析和投

資能力，但是有待進一步提高，特別是加強證券市場上機構投資者的培育和提升市場投資環境的基礎建設質量，對形成一個有效的資本市場和完善證券市場的資源配置功能極其重要。

（2）大型會計師事務所具有高審計質量，可以幫助投資者對應計盈餘管理的信息含量做有效區分，表明在中國證券市場上會計師事務所做大做強的重要性和必要性，也為當前中國政府推動事務所合併做大做強的宏偉政策提供了進一步的經驗數據支持。

5 監管者識別盈餘管理

本章立足於中國特殊的股權再融資管制環境，考察監管者對上市公司盈餘管理的識別能力及其變化情況。在經濟轉型過程中，中國的股權再融資管制環境具有不斷變遷的特徵。管制環境的變遷，可能會影響到監管者對盈餘管理的識別能力及其程度。本章的經驗研究顯示，監管者對上市公司盈餘管理具有一定的識別能力，並且會受到管制環境變遷的影響，存在管制效應和演進效應。具體而言，在審核配股資格過程中，監管者能識別線下真實盈餘管理，但是，在管制環境變遷後，由於線下真實盈餘管理被納入管制範圍，監管者不再對其進行關注，而是關注應計盈餘管理，並能識別。在線上真實盈餘管理方面，由於其隱蔽性強，監管者並沒有表現出顯著的識別能力。本章拓展和細化了盈餘管理的監管研究，提供了豐富的經驗證據，對中國證券市場的健康發展具有重要的現實意義和啟示。

本章的結構安排如下：第一部分為引言，第二部分為製度背景、理論分析和研究假設，第三部分為研究設計和數據樣本，第四部分為實證結果及分析，第五部分為研究結論和啟示。

5.1 引言

公司經理人為了私人利益進行盈餘管理，會帶來不利的經濟後果，因而對盈餘管理的監管尤為重要（Healy & Wahlen, 1999）。監管者能否識別上市公司的盈餘管理，一直以來都是資本市場的重要關注話題（Bushman & Smith, 2001; Kothari, 2001）。然而，由於在國外市場很難找到一個良好的經驗場景進行實證檢驗，國外的研究對這一話題的探討無法提供直接的經驗證據。由

此，本章根據中國特有的配股管制變遷環境①，將盈餘管理細分為應計盈餘管理（Accrual Earnings Management）、線上真實盈餘管理（Real Earnings Management Above the Line）和線下真實盈餘管理（Real Earnings Management Below the Line），考察監管者對盈餘管理的識別能力及其變化，彌補該領域研究的不足。

在中國證券市場，Chen 和 Yuan（2004）及 Haw 等（2005）研究發現，中國特有的配股管制環境可以提供一個良好的經驗場景。他們以 1996—1998 年研究窗口考察發現，監管者能識別盈餘管理，僅體現在對線下真實盈餘管理的識別，並存在自我學習的演進效應。

然而，隨著中國配股管制環境的變遷，由於演進效應和管制效應的雙重影響，監管者對盈餘管理的識別可能發生變化。具體而言，自我學習的演進效應是否表現為監管者從對線下真實盈餘管理的識別延伸到應計盈餘管理和線上真實盈餘管理？管制環境的變遷引發的管制效應是否會改變監管者對盈餘管理的識別情形？② 對上述問題的思考和解答，需要學術界深入的研究，對中國會計理論研究和資本市場的健康發展具有重要的意義。

本章選取 2001 年中國配股管制環境變化的前後三年即 1998—2003 年作為研究窗口，承襲和拓展 Chen 和 Yuan（2004）及 Haw 等（2005）的研究，考察管制效應和演進效應是否影響監管者識別盈餘管理的能力和變化。

具體而言，主要研究以下三個方面：

其一，2001 年中國的配股管制環境發生變遷，開始將線下真實盈餘管理納入管制範圍。③ 管制效應的存在，使得線下真實盈餘管理不能作為配股申請者進行盈餘管理的有效手段，監管者審核配股條件時也就可能不再對其進行關注，而轉向對其他盈餘管理方式進行核查，如應計盈餘管理和線上真實盈餘管理。

其二，儘管應計盈餘管理相比於線下真實盈餘管理不易被監管者識別（Haw，等，2005），但是，隨著時間的推移，自我學習的演進效應會提升監管者的識別能力（Chen & Yuan，2004），這是否意味著管制環境變遷後監管者有

---

① 在中國，上市公司需申請並得到證監會核准通過後才能進行配股融資。到目前為止，中國的配股管制經歷了幾次重大的變遷，從 1993 年第一部明確關於配股的法規開始，在 1994 年、1996 年、1999 年、2001 年、2006 年都分別對以前的配股管制政策進行了重大修訂。

② 演進效應，指實踐中不斷地自我學習和累積經驗，提高自身能力。管制效應，指管制環境變遷導致的行為變化。

③ 具體參見 2001 年 3 月 15 日證監會 43 號文件《關於做好上市公司新股發行工作的通知》。根據 Haw 等（2005）和 Szczesny 等（2008）的研究，通過資產處置等線下項目來操縱利潤的行為被界定為線下真實盈餘管理，將非經常性損益等同於線下真實盈餘管理。

能力對應計盈餘管理進行識別？

其三，線上真實盈餘管理具有隱蔽性，比應計盈餘管理更不易被監管者識別（Graham，等，2005；Cohen，等，2008）。線上真實盈餘管理，通常表現為通過改變和策劃公司生產經營、投資和融資活動的時間和內容來管理盈餘，因而隱蔽性強（Zang，2012）。由於演進效應的存在，監管者識別能力會有所提升，這是否意味著管制環境變遷後監管者對線上真實盈餘管理也能進行識別？

本章研究發現，監管者對上市公司盈餘管理具有一定的識別能力，並且會受到管制環境變遷的影響，存在管制效應和演進效應。具體而言，在審核公司的配股資格過程中，監管者能識別線下真實盈餘管理，但是，在管制環境變遷後，由於線下真實盈餘管理被納入管制範圍，監管者不再對其進行關注，而是關注應計盈餘管理，並能識別。在線上真實盈餘管理方面，由於其隱蔽性強，監管者並沒有表現出顯著的識別能力。

本章的貢獻表現如下：

（1）將監管者對盈餘管理識別的研究，從線下真實盈餘管理拓展到應計盈餘管理和線上真實盈餘管理的考察上，印證了演進效應的存在，推進了該領域的研究。

（2）根據中國特有的製度背景，考察管制環境變化對監管者識別盈餘管理能力的影響，證實了管制效應的存在，提供這一研究的製度思考。

（3）對比研究應計盈餘管理、線上真實盈餘管理和線下真實盈餘管理被監管者識別的情形，證實了線上真實盈餘管理不容易被識別的隱蔽性，豐富了盈餘管理的研究。

5.2　製度背景、理論分析和研究假設

盈餘管理是公司經理人在財務報告過程中的一種機會主義表現，其中一個重要的前提是會計信息的使用者不能或不願意去識別公司的盈餘管理行為，因而，公司經理人可以通過盈餘管理實現個人的利益願望（Schipper，1989）。然而，大量的西方實證研究表明，市場投資者對公司的盈餘管理可以進行識別，如 Subramanyam（1996）、Ali 等（2008）、Battalio 等（2012）的研究。① 在中

---

①　儘管市場投資者可以識別公司的盈餘管理，進而帶來相應的懲罰和成本，但是，只要公司經理人通過盈餘管理獲得的利益大於其付出的成本，盈餘管理就會發生（Watts & Zimmerman，1986）。因此，盈餘管理之所以在公司經營管理活動中盛行，根本原因是盈餘管理的利益高於其成本。

國證券市場上，也得到類似的結論（如：陳漢文，鄭鑫成，2004；於李勝，王豔豔，2007；鄧川，2011）。

相反，監管者能否識別上市公司的盈餘管理，在西方市場上始終沒有找到一個合適的場景進行實證檢驗。解除這一困境的是 Chen 和 Yuan（2004）及 Haw 等（2005）的研究。他們關注於中國證券市場特有的配股管制環境，原因在於中國監管者決策結果的可直接觀察性；他們選擇 1996—1998 年作為研究窗口，考察發現中國證監會的監管者能識別配股申請公司的盈餘管理，並存在自我學習的演進效應，不過只體現在線下真實盈餘管理上。①

一般而言，由於受到時間、能力的限制及出於對成本收益的權衡，監管者不能也不願意去識別公司的盈餘管理行為。然而，在中國證券市場特有的配股管制環境下，監管者有動機去識別盈餘管理，一方面來自中國證監會「保護投資者利益」的責任使然，另一方面來自媒體和投資者等外在環境的監督壓力。基於多方因素的權衡和比較，中國證監會的監管者表現出對易於察覺的線下真實盈餘管理能有效識別（Chen & Yuan，2004）。

隨著中國證券市場的發展，配股管制的環境在變遷，監管者對盈餘管理的識別可能出現變化，從而出現管制效應。2001 年，中國證監會頒布新的配股管制政策，就明確把線下真實盈餘管理納入監管範圍，在對配股申請公司業績的要求上，以扣除非經常性損益②之後的淨利潤與扣除之前的淨利潤兩者中的低者作為計算依據。由此以來，管制環境的變遷，讓監管者對線下真實盈餘管理的識別可能出現一些變化，引發所謂管制效應。一方面，管制環境變遷後，證監會可能會加大對線下真實盈餘管理的監管，進一步強化對線下真實盈餘管理的識別能力。另一方面，新的管制環境使得線下真實盈餘管理不能作為盈餘管理的有效手段，配股申請公司也就不再採用線下真實盈餘管理進行盈餘管理。相應地，監管者審核配股條件時也就可能不再對其進行關注，而轉向對其他盈餘管理方式進行核查，如應計盈餘管理和線上真實盈餘管理。這是一個有待檢驗的經驗問題，因而提出假設 H1。

假設 H1：在審核配股資格過程中，監管者能識別線下真實盈餘管理，管制環境變遷後，監管者不再對其有效識別。

---

① Chen 和 Yuan（2004）及 Haw 等（2005）研究的內在邏輯是：基於會計業績的管制會促使公司盈餘管理，而公司盈餘管理會降低資源配置效率；監管者識別盈餘管理，讓資源配置給經營管理好的公司，從而提高資源配置效率，促進資本市場的健康發展。因此，監管者有動機和責任去識別盈餘管理。

② 如前所述，本書將非經常性損益等同於線下真實盈餘管理。

相比於線下真實盈餘管理，應計盈餘管理不容易被察覺，並且，經驗證據表明，在中國早期的配股管制期間，應計盈餘管理不能被監管者識別（Chen & Yuan，2004；Haw，等，2005）。這可能意味著，管制環境變遷後，應計盈餘管理可能仍然不能被監管者識別。但是，隨著時間的推移，自我學習的演進效應會提升監管者的識別能力（Chen & Yuan，2004）。這可能意味著，管制環境變遷後，應計盈餘管理可能被監管者識別。這是一個有待檢驗的經驗問題，因而提出假設 H2。

假設 H2：管制環境變遷後，應計盈餘管理能被監管者識別。

在中國證券市場上，不但有線下真實盈餘管理和應計盈餘管理，還有線上真實盈餘管理（Szczesny，等，2008；劉啓亮，等，2011）。不同於線下真實盈餘管理，線上真實盈餘管理比應計盈餘管理更具有隱蔽性，不易被監管者識別（Graham，等，2005；Cohen，等，2008）。

應計盈餘管理，指通過選擇或改變會計處理方法與會計估計來管理應計盈餘。線上真實盈餘管理，通過改變和構造公司生產經營、投資和融資活動的時間和內容來管理真實盈餘，因而隱蔽性強（Zang，2012）。已有的經驗證據表明，2001 年配股管制環境變遷前，應計盈餘管理不能被監管者識別。因此可推測，線上真實盈餘管理在管制環境變遷前也不能被監管者識別，並且還可能預示著，管制環境變遷後，線上真實盈餘管理也可能不會被監管者識別。然而，誠如上述，監管者的識別能力存在著一定的演進效應。這可能表明，管制環境變遷後，線上真實盈餘管理可能會被監管者識別。這是一個有待檢驗的經驗問題，因而提出假設 H3。

假設 H3：管制環境變遷後，線上真實盈餘管理能被監管者識別。

5.3 研究設計和數據樣本

5.3.1 盈餘管理的計量

1. 線下真實盈餘管理

借鑑 Chen 和 Yuan（2004）及 Haw 等（2005）的研究，用經行業調整的非經營性利潤率衡量線下真實盈餘管理，具體如下：

$$ENOI = NOI - NOI\_ind \tag{5-1}$$

ENOI 為經行業調整的非經營性利潤率，為了與下面兩種盈餘管理的計算一致，用上年的總資產進行標準化。NOI 為用上年的總資產進行標準化的非經

營性利潤率，NOI_ind 為非經營性利潤率行業的中位數。

2. 應計盈餘管理

採用 Jones 模型（Jones，1991）來估計操縱性應計，以此表徵應計盈餘管理。

$$\frac{TA_{i,t}}{A_{i,t-1}} = a_0 \left(\frac{1}{A_{i,t-1}}\right) + a_1 \left(\frac{\Delta REV_{i,t}}{A_{i,t-1}}\right) + a_2 \left(\frac{PPE_{i,t}}{A_{i,t-1}}\right) + \varepsilon_{i,t} \quad (5-2)$$

參考 DeChow 等（1995）的做法，對模型（5-2）分年度分行業進行橫截面迴歸，並且，要求每個行業的樣本數不少於 10 個，如果少於 10 個，則將其歸屬於相近的行業。$TA_{i,t}$ 是公司總應計利潤，為經營利潤減去經營活動現金流之差；$\Delta REV_{i,t}$ 為公司主營業務收入的變化額；$PPE_{i,t}$ 是公司固定資產帳面價值；$A_{i,t-1}$ 是公司的總資產。用模型（5-2）迴歸得到的迴歸系數計算正常性應計 $NDA_{i,t}$，從而計算操縱性應計 $DA_{i,t} = TA_{i,t} - NDA_{i,t}$。

3. 線上真實盈餘管理

參照 Roychowdhury（2006）和 Cohen 等（2008）的模型來估計線上真實盈餘管理，包括三個方面：異常經營現金流 AbCFO、異常生產成本 AbProd 和異常酌量性費用（如研發、銷售及管理費用）AbDisx。①

其一，異常經營現金流 AbCFO。異常經營現金流 AbCFO，指公司經營活動產生的現金流的異常部分。公司通過促銷增加銷量從而抬高公司利潤，會導致異常經營現金流 AbCFO 偏低。公司為了抬高會計利潤，通過價格折扣和寬鬆的信用條款等促銷方式來增加銷量形成超常銷售，產生「薄利多銷」的帳上利潤放大效應。但是，促銷形成的超常銷售，會降低單位產品的現金流量，而且，在既定的銷售收入現金實現水平下，還會增加公司的銷售應收款，增大公司壞帳產生的財務風險，同時，降低公司當期現金流。並且，超常銷售實際上已經超過公司正常銷售水平，會增加公司相關的銷售費用，吞噬公司的現金流。然而，只要產品銷售能帶來正的邊際利潤，超常銷售還是會抬高公司的會計利潤。因而結果是，促銷形成的超常銷售抬高了公司當年利潤，但單位產品現金流量的降低和銷售費用的上升卻導致異常經營現金流 AbCFO 偏低。

其二，異常生產成本 AbProd。公司通過超常產量抬高公司利潤，會讓異常生產成本 AbProd 偏高。異常生產成本 AbProd，被定義為銷售成本與當年存貨變動額之和的異常部分，換言之，生產成本為銷售成本與當年存貨變動額之

---

① 異常經營現金流 AbCFO、異常生產成本 AbProd 和異常酌量性費用 AbDisx，都用上一年的總資產進行標準化。

和。公司為了抬高會計利潤，通過超量生產來攤低單位成品承擔的固定成本，但是，超量生產實際上已經超過公司正常生產水平，會增加單位產品的邊際生產成本。然而，只要單位固定成本下降的幅度高於單位邊際生產成本上升的幅度，單位銷售成本就會出現下降，從而達到提高公司業績的目的。但是，超量生產會導致產品的大量積壓，增加公司的存貨成本。結果是，在既定的銷量水平下，超量生產雖然通過降低單位銷售成本抬高了公司業績，反而由於邊際生產成本的上升和存貨成本的增加，出現生產成本偏高，即在會計上表現為銷售成本與當年增加的存貨成本之和的提升，這也導致異常生產成本 AbProd 偏高。

其三，異常酌量性費用 AbDisx。異常酌量性費用 AbDisx，指公司研發、銷售及管理費用等酌量性費用的異常部分。公司通過削減費用抬高利潤，會讓異常酌量性費用 AbDisx 偏低。公司為了抬高會計利潤，通過削減研發、廣告、維修和培訓等銷售和管理費用，造成公司當期的酌量性費用偏低，讓公司異常酌量性費用偏低。

（1）異常經營現金流 AbCFO

$$\frac{CFO_{jt}}{A_{j,t-1}} = a_1 \frac{1}{A_{j,t-1}} + a_2 \frac{Sales_{jt}}{A_{j,t-1}} + a_3 \frac{\Delta Sales_{jt}}{A_{j,t-1}} + \varepsilon_{jt} \quad (5-3)$$

首先，按模型（5-3）分年度分行業進行橫截面迴歸，要求每個行業的樣本數不少於10個，如果少於10個，則將其歸屬於相近的行業，下同。CFO_{jt} 是公司的經營現金流，$Sales_{jt}$ 是公司的銷售額，$\Delta Sales_{jt}$ 是公司銷售變化額。其次，通過迴歸得到的系數估計出每個樣本公司的正常經營現金流。最後，可算出異常經營現金流 AbCFO 為實際經營現金流與正常經營現金流的差值。

（2）異常生產成本 AbProd

$$\frac{Prod_{jt}}{A_{j,t-1}} = a_1 \frac{1}{A_{j,t-1}} + a_2 \frac{Sales_{jt}}{A_{j,t-1}} + a_3 \frac{\Delta Sales_{jt}}{A_{j,t-1}} + a_4 \frac{\Delta Sales_{j,t-1}}{A_{j,t-1}} + \varepsilon_{jt} \quad (5-4)$$

用模型（5-4）進行分年度分行業橫截面迴歸得到估計參數並據此計算各個樣本公司的正常生產成本，異常生產成本 AbProd 為實際生產成本與正常生產成本之差。$Prod_{jt}$ 是公司的生產成本，為銷售成本與存貨變動額之和；$Sales_{jt}$ 是公司當期的銷售額；$\Delta Sales_{jt}$ 是公司當期的銷售變化額；$\Delta Sales_{j,t-1}$ 是公司上期的銷售變化額。

（3）異常酌量性費用 AbDisx

$$\frac{Disx_{jt}}{A_{j,t-1}} = a_1 \frac{1}{A_{j,t-1}} + a_2 \frac{Sales_{j,t-1}}{A_{j,t-1}} + \varepsilon_{jt} \quad (5-5)$$

依照模型（5-5）分年度分行業橫截面迴歸得到估計參數並據此計算各個

樣本公司的正常酌量性費用。異常酌量性費用 AbDisx 為實際酌量性費用與正常酌量性費用之差。$Disx_{j,t}$ 是公司的酌量性費用，為研發、銷售及管理費用之和，考慮到中國財務報表把研發費用合併到了管理費用的情況，本書用銷售和管理費用替代；$Sales_{j,t-1}$ 是公司上期的銷售額。

以上三個指標——異常經營現金流 AbCFO、異常生產成本 AbProd 和異常酌量性費用 AbDisx，體現了線上真實盈餘管理的三種具體行為。公司向上操縱利潤，可能採用線上真實盈餘管理的一種行為或多種行為：低異常經營現金流 AbCFO，高異常生產成本 AbProd，抑或低異常酌量性費用 AbDisx。為了系統考量線上真實盈餘管理的三種具體行為，仿照 Badertscher（2011）和 Zang（2012）的做法，將三個指標聚集成一個綜合指標，綜合線上真實盈餘管理 RM = -AbCFO+AbProd-AbDisx。綜合線上真實盈餘管理指標 RM，表示其值越高，公司通過線上真實盈餘管理向上操縱的利潤越大。

5.3.2 監管者識別盈餘管理的迴歸模型

為了檢驗本章的研究假設，參照 Haw 等（2005）的研究模型，構建如下迴歸模型進行檢驗：

$$EM = \alpha_0 + \alpha_1 Approve + \sum \alpha_i Control_i + \varepsilon \qquad (5-6)$$

因變量：EM，為盈餘管理變量，具體採用線下真實盈餘管理 ENOI、應計盈餘管理 DA、線上真實盈餘管理 RM 表示。由於證監會將公司配股申請前三年的會計業績作為其配股條件的考量內容[①]，因而，我們將公司配股申請前三年的盈餘管理的均值作為盈餘管理被監管者納入監管範圍的平均程度。

自變量：Approve，啞變量，如果公司配股申請被監管者核准通過，取值為 1，否則取值為 0。依照 Chen 和 Yuan（2004）及 Haw 等（2005）研究的邏輯思路，監管者能否識別公司的盈餘管理，體現為盈餘管理能否影響監管者考量公司配股條件的核准決策行為，因此，如果監管者能有效識別盈餘管理，則盈餘管理與公司配股申請被核准通過 Approve 顯著負相關。如此，Approve 的迴歸係數反應了監管者識別盈餘管理的程度。

控制變量 Control，包括如下變量：

非標審計意見 Mao，如果公司年報被出具非標準審計意見，取值為 1，否

[①] 如 2001 年配股管制要求，配股申請公司前三個會計年度加權平均淨資產收益率平均不低於 6%。理論上講，基於會計業績的管制契約，會促使公司經理人進行盈餘管理以滿足個人利益（Watts & Zimmerman, 1990）。已有實證研究發現，中國上市公司配股申請前三年存在盈餘管理，如張祥建、徐晉（2005）和陸正飛、魏濤（2006）的研究。

則為0，用來控製審計意見的影響。

流動比率CR，衡量公司的經營風險，用來控製公司經營風險的影響。

資產負債率Lev，衡量公司的財務風險，用來控製公司財務風險的影響。

總資產收益率ROA，衡量公司業績，用來控製公司業績的影響。

公司成長性Growth，採用銷售收入增長率來表示，用來控製公司成長性的影響。

公司規模Size，採用公司總資產的自然對數表示，用來控製公司規模的影響。

此外，為了控製模型中連續變量極端值的影響，本書對迴歸模型中的連續變量都進行了1%水平的Winsorize處理。

5.3.3 樣本選取和數據來源

本章通過上市公司的董事會決議報告、股東大會決議報告和年報①手工收集1998—2003年度進行配股申請的上市公司作為本章的研究樣本，這樣便於考察2001年配股管制環境變遷前後的情況。選取研究樣本的依據如下：在觀察期間，公司董事會決議報告及股東大會決議報告和年報披露了配股議案和事項的，被視為該上市公司進行了配股申請，並作為本研究的初選樣本；由於金融行業的特殊性，從研究樣本中剔除金融類公司。最終得到研究樣本532個，把配股申請獲得核准通過的研究樣本歸為通過組，其他樣本歸為拒絕組，研究樣本在觀察期間的分布情況見表5.1。其他數據來自CSMAR數據庫。

從表5.1可以發現，在配股管制變遷前三年有532家上市公司申請了配股融資，其中有452家公司的配股申請獲得證監會審核通過，審核通過率為85.0%。在變遷後的2001—2003年，有251家上市公司提交了配股申請，其中有95家公司的配股申請獲得證監會審核通過，審核通過率為37.8%。可見，由於2001年配股管制趨嚴，變遷後進行配股申請的公司數少於變遷前的公司數。並且，證監會對配股申請的審核通過率，在變遷後要低於在變遷前的審核通過率。出現這樣的結果，可能與監管者的監管能力和管制環境趨嚴有關。

---

① 根據中國證監會的規定，公司配股申請的議案和事項需要在董事會公告、股東大會公告、年報裡披露。

表 5.1　　　　　　　　　　研究樣本的分布情況

配股管制時期	年度	通過組	拒絕組	合計
變遷前	1998	125	26	151
	1999	140	25	165
	2000	187	29	216
	小計	452	80	532
變遷後	2001	43	52	95
	2002	20	46	66
	2003	32	58	90
	小計	95	156	251
	總計	547	236	783

註：根據 2001 年的配股管制政策，把本章的研究窗口分為變遷前和變遷後管制時期。

5.4　實證結果及分析

5.4.1　描述性統計分析

表 5.2 是各變量在配股管制環境變遷前後的描述性統計分析結果。線下真實盈餘管理 ENOI、應計盈餘管理 DA，在變遷前三年的均值分別為 0.012,1、0.026,3，高於變遷後的均值 0.007,9、0.014,8，並在統計上顯著。線上真實盈餘管理 RM 也表現出相似的情形，在變遷前三年的均值為-0.005,4，高於變遷後的均值-0.023,7，通過了 t 檢驗，但沒有通過秩檢驗。單變量分析表明，在變遷前，配股申請公司採用了更多的線下真實盈餘管理和應計盈餘管理。變遷前的配股申請被監管者核准通過 Approve 高於變遷後，在統計上顯著，表明配股申請在變遷前被核准通過的可能性更高。

在控制變量中，流動比率 CR、總資產收益率 ROA，變遷前顯著高於變遷後，其中總資產收益率，在變遷前均值為 0.079,5，在變遷後下降到 0.059,5，這可能與 2001 年配股管制變遷有關。[①] 公司成長性 Growth 和公司規模 Size，變遷前顯著低於變遷後。

[①]　在 2001 年配股管制變遷前，配股申請公司的會計業績要求為最近三年的淨資產收益率平均在 10% 以上，變遷後，降低為最近三個會計年度加權平均淨資產收益率平均不低於 6%。

表 5.2　　　　　管制環境變遷前後的描述性統計分析

	變遷前 均值	變遷後 均值	均值檢驗 t	秩檢驗 z
ENOI	0.012,1	0.007,9	3.25***	2.34**
DA	0.026,3	0.014,8	2.19**	1.94*
RM	−0.005,4	−0.023,7	1.70*	1.51
Approve	0.849,6	0.378,5	13.71***	13.4***
Mao	0.107,1	0.095,6	0.50	0.49
CR	2.134,2	1.869,2	2.73***	1.69*
Lev	0.394,2	0.403,5	−0.87	−0.39
ROA	0.079,5	0.059,5	9.10***	9.38***
Growth	0.297,5	0.293,7	0.13	−2.72***
Size	20.423,7	20.808,5	−6.90***	−7.21***

註：
①秩檢驗為 Wilcoxon 秩檢驗。
②「*」「**」和「***」分別表示在 10%、5%和 1%水平下統計顯著(雙尾檢驗)，下同。

5.4.2　迴歸結果分析

1. 相關性分析

表 5.3 是因變量盈餘管理與自變量監管者核准通過的相關性分析結果。Pearson 相關性分析結果與 Spearman 的分析一致，這裡只報告了 Pearson 相關性的分析結果。線下真實盈餘管理 ENOI、應計盈餘管理 DA、線上真實盈餘管理 RM 與監管者核准通過 Approve 負相關，在統計上不顯著，表明監管者審核配股條件時可能關注了上市公司盈餘管理，但需要進一步檢驗。此外，應計盈餘管理 DA 分別與線下真實盈餘管理 ENOI 和線上真實盈餘管理 RM 顯著正相關，表明應計盈餘管理對線下真實盈餘管理和線上真實盈餘管理具有一定的依賴性。

表 5.3　　　　　因變量與自變量的相關性分析

	ENOI	DA	RM	Approve
ENOI	1			
DA	0.121,9***	1		
RM	−0.012,4	0.197,8***	1	
Approve	−0.027,9	−0.000,9	−0.024	1

註：相關性分析來自 Pearson 相關性分析結果。

2. 迴歸分析

表 5.4 是監管者識別盈餘管理的多元迴歸結果。從線下真實盈餘管理 ENOI 的迴歸結果看，監管者核准通過 Approve 的迴歸係數，變遷前顯著為負，變遷後統計上不顯著，表明監管者在變遷前能識別線下真實盈餘管理，而在變遷後不能識別。但是，這並不能說明監管者的識別能力在變遷後出現下降，可能是由於 2001 年配股管制變遷將線下真實盈餘管理納入監管範圍，使得線下真實盈餘管理不能作為盈餘管理的有效手段，監管者審核配股資格時也可能不再對其進行關注，存在管制效應，本章的假設 H1 得到支持。

表 5.4　　　　　　　　監管者識別盈餘管理的迴歸結果

	ENOI 變遷前	ENOI 變遷後	DA 變遷前	DA 變遷後	RM 變遷前	RM 變遷後
Approve	−0.006,69	−0.000,404	0.007,16	−0.019,2	0.001,65	−0.025,4
	(−2.05)**	(−0.21)	(0.69)	(−2.55)**	(0.09)	(−1.53)
Mao	0.008,23	0.003,94	0.037,4	0.027,9	−0.002,41	0.026,3
	(2.12)**	(1.14)	(3.01)***	(1.87)*	(−0.12)	(0.91)
CR	−0.000,897	−0.000,473	0.010,6	−0.000,070,4	0.013,4	0.003,91
	(−1.50)	(−0.44)	(3.17)***	(−0.01)	(2.73)***	(0.31)
Lev	−0.009,65	0.017,3	0.050,8	−0.014,9	0.170	0.215
	(−1.14)	(1.85)*	(1.46)	(−0.30)	(2.51)**	(2.04)**
ROA	0.047,7	0.108	0.069,2	0.100	−0.878	0.423
	(1.05)	(1.67)*	(0.46)	(0.57)	(−2.70)***	(1.21)
Growth	0.002,79	0.002,36	−0.018,6	−0.015,4	−0.002,07	0.020,6
	(1.09)	(0.72)	(−3.04)***	(−1.28)	(−0.15)	(0.61)
Size	−0.002,29	−0.001,36	0.011,6	−0.000,508	−0.026,8	−0.019,2
	(−1.85)*	(−1.07)	(2.12)**	(−0.09)	(−3.02)***	(−1.55)
Constant	0.064,9	0.022,7	−0.264	0.034,7	0.515	0.257
	(2.54)**	(0.84)	(−2.33)**	(0.30)	(2.83)***	(0.99)
N	532	251	532	251	532	251
Adj. R^2	0.043	0.028	0.053	0.028	0.050	0.031
F	3.125***	1.442	5.035***	1.960*	4.908***	2.039**

註：

① 連續變量進行了 1% 水平的 Winsorize 處理，下同。

② 括號裡的為 t 值，經過了 White 異方差矯正，下同。

从表 5.4 应计盈余管理 DA 的回归结果看，监管者核准通过 Approve 的回归系数，变迁前为负，统计上不显著，变迁后统计上显著为负，表明监管者在变迁前不能识别应计盈余管理，而在变迁后能识别。这说明，监管者的识别能力存在演进效应，随着时间的推移，监管者能识别应计盈余管理，本章的假设 H2 得到支持。

从表 5.4 线上真实盈余管理 RM 的回归结果看，监管者核准通过 Approve 的回归系数，变迁前和变迁后在统计上都不显著，表明监管者在变迁前和变迁后两个时期都不能识别线上真实盈余管理。这说明，线上真实盈余管理具有比应计盈余管理更大的隐蔽性，不容易被识别，即使监管者的识别能力在管制环境变迁后由于演进效应有所提高，也不能识别，本章的假设 H3 没有得到支持。

表 5.4 中的控制变量回归结果显示，非标审计意见 Mao，在线下真实盈余管理 ENOI 和应计盈余管理 DA 回归中都显著为正，表明非标审计意见可以对其进行揭示。流动比率 CR，变迁前在应计盈余管理 DA 和线上真实盈余管理 RM 的回归中都显著为正，表明具有正相关关系。资产负债率 Lev，在线上真实盈余管理 RM 的回归中显著为正，表明负债高的公司，采用线上真实盈余管理更多。总资产收益率 ROA，变迁前在线上真实盈余管理 RM 的回归中显著为负，表明业绩低的公司，采用线上真实盈余管理更多。公司成长性 Growth，变迁前在应计盈余管理 DA 的回归中显著为负，表明两者具有负相关关系。公司规模 Size，变迁前在应计盈余管理 DA 的回归中显著为正，而在线下真实盈余管理 ENOI 和线上真实盈余管理 RM 的回归中都显著为负。

5.4.3 进一步检验

1. 线下真实盈余管理的细分研究

根据 Haw 等（2005）的研究，线下真实盈余管理可以细分为来自投资活动和其他线下项目产生的收益管理。由此，我们采用经行业调整的投资收益率 IVS 和其他线下项目的收益率 OTH，表示线下真实盈余管理的细分内容，以此来检验哪类线下真实盈余管理活动容易被监管者识别。

表 5.5 是监管者识别线下真实盈余管理细分内容的回归结果。在经行业调整的投资收益率 IVS 回归结果中，监管者核准通过 Approve 的回归系数，变迁前和变迁后都为负，但在统计上都不显著，表明来自投资活动的线下真实盈余管理不能被监管者识别。

表 5.5　　　監管者識別線下真實盈餘管理細分內容的迴歸結果

	IVS 變遷前	IVS 變遷後	OTH 變遷前	OTH 變遷後
Approve	−0.002,06	−0.001,50	−0.004,64	0.001,10
	(−0.95)	(−0.95)	(−1.73)*	(1.30)
Mao	0.005,30	0.001,33	0.002,94	0.002,61
	(1.62)	(0.47)	(1.66)*	(1.35)
CR	−0.000,810	−0.001,53	−0.000,086,3	0.001,05
	(−1.86)*	(−1.84)*	(−0.30)	(1.81)*
Lev	−0.013,7	0.009,36	0.004,04	0.007,96
	(−2.09)**	(1.40)	(0.84)	(1.53)
ROA	−0.005,62	0.099,1	0.053,3	0.009,26
	(−0.18)	(1.86)*	(1.86)*	(0.46)
Growth	0.003,93	−0.000,579	−0.001,14	0.002,94
	(1.58)	(−0.19)	(−1.43)	(1.98)**
Size	−0.001,12	0.000,258	−0.001,17	−0.001,62
	(−1.08)	(0.24)	(−1.69)*	(−2.88)***
Constant	0.036,7	−0.006,78	0.028,2	0.029,5
	(1.74)*	(−0.29)	(1.95)*	(2.61)***
N	532	251	532	251
Adj. R^2	0.028	0.025	0.029	0.074
F	1.983**	1.477	2.856***	3.098***

註：IVS 為經行業調整的投資收益率，OTH 為經行業調整的其他線下項目的利潤率。根據 2006 年以前的舊會計準則，線下項目活動的非經營性利潤率包括投資活動產生的收益率和其他線下項目的利潤率，因此，經行業調整的投資收益率 IVS 和經行業調整的其他線下項目的利潤率 OTH，可表示為線下真實盈餘管理的細分內容。

在表 5.5 經行業調整的其他線下項目的收益率 OTH 迴歸結果中，監管者核准通過 Approve 的迴歸係數，變遷前顯著為負，變遷後統計上不顯著，說明監管者在變遷前能識別來自其他線下項目的線下真實盈餘管理，而在變遷後不能識別。

上述經驗數據表明，在配股管制變遷前，來自其他線下項目的線下真實盈餘管理 OTH 比來自投資活動的線下真實盈餘管理 IVS 更容易被監管者識別，但在變遷後，兩者都不能被監管者識別。

2. 線上真實盈餘管理的細分研究

本章的綜合線上真實盈餘管理指標 RM 是異常經營現金流 AbCFO、異常生產成本 AbProd 和異常酌量性費用 AbDisx 三種具體真實盈餘管理行為的集成。因此，為了進一步考察線上真實盈餘管理的細分內容被監管者識別的情況，本章把異常經營現金流 AbCFO、異常生產成本 AbProd 和異常酌量性費用 AbDisx 放入模型進行迴歸，結果見表 5.6。

表 5.6　監管者識別線上真實盈餘管理細分內容的迴歸結果

	AbCFO 變遷前	AbCFO 變遷後	AbProd 變遷前	AbProd 變遷後	AbDisx 變遷前	AbDisx 變遷後
Approve	0.000,020,1	0.011,5	0.001,39	−0.008,51	−0.000,279	0.005,38
	(0.00)	(1.54)	(0.14)	(−1.01)	(−0.05)	(1.05)
Mao	−0.010,8	−0.017,0	−0.011,9	0.013,4	0.001,30	0.004,06
	(−0.91)	(−1.25)	(−1.20)	(0.78)	(0.24)	(0.54)
CR	−0.008,09	−0.002,52	0.002,28	−0.000,774	−0.003,07	−0.002,17
	(−2.26)**	(−0.52)	(0.85)	(−0.12)	(−2.37)**	(−0.66)
Lev	−0.086,4	−0.099,3	0.066,5	0.091,5	−0.017,2	−0.024,5
	(−2.18)**	(−2.09)**	(1.56)	(1.72)*	(−0.84)	(−0.86)
ROA	0.561	−0.002,01	−0.457	0.152	−0.140	−0.270
	(3.30)***	(−0.01)	(−2.20)**	(0.89)	(−2.17)**	(−2.43)**
Growth	−0.003,76	−0.013,4	−0.000,214	0.020,9	0.005,62	0.013,7
	(−0.43)	(−0.91)	(−0.03)	(1.20)	(1.66)*	(1.19)
Size	0.007,76	0.008,30	−0.011,4	0.001,15	0.007,60	0.012,0
	(1.53)	(1.38)	(−2.30)**	(0.18)	(3.03)***	(3.46)***
Constant	−0.146	−0.116	0.233	−0.087,9	−0.136	−0.229
	(−1.39)	(−0.95)	(2.37)**	(−0.63)	(−2.52)**	(−3.04)***
N	532	251	532	251	532	251
Adj. R^2	0.059	0.047	0.031	0.025	0.036	0.060
F	5.645***	2.313**	3.213***	1.802*	6.114***	4.449***

註：異常經營現金流 AbCFO、異常生產成本 AbProd、異常酌量性費用 AbDisx，為線上真實盈餘管理的細分內容。

表 5.6 的結果顯示，線上真實盈餘管理的細分內容，異常經營現金流 AbCFO、異常生產成本 AbProd 和異常酌量性費用 AbDisx，在變遷前後監管者核准通過 Approve 的迴歸係數在統計上都不顯著，說明監管者在變遷前後都不能

識別異常經營現金流、異常生產成本和異常酌量性費用這三種線上真實盈餘管理的細分內容。

表 5.6 的經驗結果，進一步表明本章的假設 H3 沒有得到支持，監管者在變遷前後都不能識別線上真實盈餘管理，即使監管者的識別能力在管制環境變遷後有所提高。

5.4.4 穩健性測試

為了考察結果的穩健性，我們做了如下檢驗：

其一，採用修正的 Jones 模型（DeChow，等，1995）對應計盈餘管理進行模型迴歸。檢驗結果與前文的研究結論沒有實質性差異。

其二，參照 Haw 等（2005）和 Szczesny 等（2008）的做法，採用非經營性利潤率直接放入模型中迴歸。實證結果與前文的研究結論沒有實質性差異。

其三，採用 Chen 和 Yuan（2004）監管者識別盈餘管理的研究模型進行檢驗。檢驗結果與前文的研究結論沒有實質性差異。

其四，為了控製橫截面的自相關性，參照 Gow 等（2010）和 Petersen（2009）的建議進行了 Cluster 參差矯正。檢驗結果與前文的研究結論沒有實質性差異。

5.5 本章小結

監管者識別盈餘管理的研究，在國外市場不能找到一個適合的經驗場景進行實證檢驗。儘管一些學者基於中國市場特有的配股管制環境進行實證考察，然而經驗結論顯得比較單薄，有待深入和細緻的考察。本章結合中國配股管制環境的變遷，將盈餘管理細分為線下真實盈餘管理、應計盈餘管理和線上真實盈餘管理，考察管制效應和演進效應是否影響監管者識別盈餘管理的能力及其變化，以此提供豐富的經驗證據，拓展該領域的研究。

本章採用線下真實盈餘管理被納入管制範圍的配股管制環境變遷前後兩個時期的數據，即 2001 年配股管制政策頒布前後三年的數據，深入考察管制效應和演進效應是否影響監管者識別盈餘管理的能力及其變化情況。本章的經驗數據表明，監管者對上市公司盈餘管理具有一定的識別能力，並且會受到管制環境變遷的影響，存在管制效應和演進效應。具體而言，在審核配股資格過程中，在管制環境變遷前，監管者能有效識別線下真實盈餘管理，但是，在管制

環境變遷後，由於線下真實盈餘管理被納入管制範圍，監管者不再對其進行關注，而是關注應計盈餘管理，並能顯著識別。在線上真實盈餘管理方面，由於其隱蔽性強，監管者並沒有表現出顯著的識別能力。

本章的啟示如下：

（1）監管者不但能識別線下真實盈餘管理，而且能識別應計盈餘管理，表明監管者識別盈餘管理的能力存在演進效應，加大監管者識別能力的培養和提高顯得非常必要。

（2）管制環境的變遷會影響到監管者識別盈餘管理的具體方式，因而，管制效應的存在表明市場需要合理使用政府管制的宏觀力量和微觀力量，這是中國證券市場改革必須關注的一個重點。

（3）線上真實盈餘管理由於隱蔽性強還不能被識別，加強對線上真實盈餘管理的外部監管和內部治理，對中國證券市場健康發展具有重要的意義。

6 盈餘管理與審計意見監管有用性

　　本章基於中國特有的配股管制環境，考察審計意見對盈餘管理的反應、審計意見監管有用性受盈餘管理的影響及其經濟後果。由於中國的配股管制處在不斷的變遷過程中，特別是 2001 年的配股管制將審計意見納入管制內容，意味著審計意見正式作為證監會對公司配股申請進行審核的一個基本條件，這一製度變遷可能會影響到審計意見在配股融資中的治理功能。因此，本章將這一配股管制的變遷納入分析，以此區分並比較在審計意見納入管制和未納入管制兩個時期審計意見對盈餘管理的治理功能和產生的經濟後果。

　　從本章的經驗數據發現，非經營性盈餘管理和應計盈餘管理，在審計意見納入管制時期和未納入管制時期都被審計意見反應，並且反應的程度有上升的趨勢，這表明中國證券市場上的審計意見的治理功能在逐漸提高。但是，真實盈餘管理在變遷前和變遷後兩個時期都沒有被審計意見反應，印證了真實盈餘管理具有較強的隱蔽性。進一步發現，審計意見的監管有用性僅在管制變遷前具有統計上的顯著性，並且會受到非經營性盈餘管理的影響，表現為非經營性盈餘管理削弱了審計意見的監管有用性，但這僅體現在非國有企業，這表明監管者和審計意見在盈餘管理的治理上具有替代關係。最後，在對經濟後果的考察上，審計意見與配股後的經營業績具有相關性，即非標準審計意見與配股後的經營業績顯著負相關，但只在變遷後的國有企業得到體現，這表明中國的配股管制具有有效性。並且，審計意見與配股後的經營業績的相關性會受到真實盈餘管理的影響，表現為真實盈餘管理降低了審計意見與配股後的經營業績的相關性，但只在國有企業得到體現。導致這一情形的原因在於，真實盈餘管理隱蔽性強，審計意見不能對其進行有效反應。

　　本章的研究結果表明，審計意見對盈餘管理具有一定的治理效應，由於真

實盈餘管理具有隱蔽性，審計意見並不能對其有效反應。同時，審計意見的監管有用性僅在管制變遷前具有統計上的顯著性，並且會受到盈餘管理的影響，但僅受到非經營性盈餘管理的影響，並且只體現在非國有企業。審計意見的治理作用會在國有企業的配股業績上得到體現，但這會受到真實盈餘管理的影響。

本章的結構安排如下：第一部分為引言，第二部分為理論分析與研究假設，第三部分為研究設計和數據樣本，第四部分為實證結果及分析，第五部分為研究結論及啟示。

6.1　引言

盈餘管理一直以來都是備受理論界和實務界關注的焦點話題（Schipper, 1989; DeFond, 2010; Francis, 2011）。如同對公司股東和經理人的決策有用性一樣，審計意見對監管者同樣也具有決策有用性，即監管有用性（王良成，等，2011）。然而，審計意見的監管有用性是否受到盈餘管理的影響，至今仍未得到仔細考察。

由此，本章立足於中國特殊的配股管制環境，考察審計意見監管有用性受盈餘管理的影響及其經濟後果。這對推動和深化審計理論的研究有著極其重要的理論意義和現實意義。

審計意見的決策有用性，體現著審計意見的治理作用和信息功能，是維繫證券市場健康發展的重要微觀基礎（Ball, 2001; Wallace, 2004; Francis, 2011）。這對新興市場國家尤為重要，其原因在於：相比於發達市場國家，新興市場國家的投資者保護環境差，更需要審計意見的治理作用和信息功能來支撐和推動市場的運行和發展（Fan & Wong, 2005; Choi & Wong, 2007; Gul, 等，2009）。因此，加強新興市場國家的審計意見決策有用性的研究，有著極其重要的意義。

審計意見決策有用性的高低，關鍵在於審計意見是否很好地對公司的會計信息質量進行鑒證和反應，而會計信息質量最容易受到盈餘管理的影響。關於盈餘管理是否通過影響會計信息質量來影響審計意見的簽發，現有研究存在較多爭論。並且，現有的文獻多從應計盈餘管理研究審計意見的治理作用，而鮮有文獻從非經營性盈餘管理和真實盈餘管理考察審計意見的治理作用，更缺乏文獻從非經營性盈餘管理、應計盈餘管理與真實盈餘管理系統考察審計意見監

管有用性受盈餘管理的影響及其經濟後果。

因此，本章著眼於中國的製度特徵，研究非經營性盈餘管理、應計盈餘管理與真實盈餘管理對審計意見監管有用性的影響及其經濟後果，為該領域的研究增添新的知識，為中國及其他新興市場國家證券市場的建設提供科學依據，有著極其重要的理論價值和現實意義。

中國的資本市場具有轉型經濟的特徵，製度變遷比較快。在對上市公司配股管制上，也是如此。明確強調將審計意見納入配股管制的製度變遷，是 2001 年中國證監會頒布的配股政策。① 在這之前，審計意見還沒有明確納入配股管制的內容，而在 2001 年管制變遷之後，審計意見正式作為證監會對上市公司配股申請進行審核的一個基本條件。因此，將這一管制變遷納入分析，考察審計意見受盈餘管理的影響及其經濟後果是否在不同的管制環境具有差異。不可否認，這將為深入理解管制與審計的治理作用提供新的視角和經驗知識，具有重要的理論意義和現實意義。

由此，本章選擇 2001 年配股管制變遷前後三年的數據，考察應計盈餘管理與真實盈餘管理對審計意見監管有用性的影響及其經濟後果。而在這之前，需要明確一個理論假定，即非經營性盈餘管理、應計盈餘管理與真實盈餘管理是否被審計意見揭示和反應。

本章的經驗數據顯示，非經營性盈餘管理和應計盈餘管理，在審計意見納入管制時期和未納入管制時期都被審計意見反應，並且反應的程度有上升的趨勢，這表明中國證券市場上的審計意見的治理功能在逐漸提高。但是，真實盈餘管理在變遷前和變遷後兩個時期都沒有被審計意見反應，印證了真實盈餘管理具有較強的隱蔽性。進一步發現，審計意見的監管有用性僅在管制變遷前具有統計上的顯著性，並且會受到非經營性盈餘管理的影響，表現為非經營性盈餘管理削弱了審計意見的監管有用性，但這僅體現在非國有企業，這表明監管者和審計意見在盈餘管理的治理上具有替代關係。最後，在對經濟後果的考察上，審計意見與配股後的經營業績具有相關性，即非標準審計意見與配股後的經營業績顯著負相關，但只在變遷後的國有企業得到體現，這表明中國的配股管制具有有效性。並且，審計意見與配股後的經營業績的相關性會受到真實盈餘管理的影響，表現為真實盈餘管理降低了審計意見與配股後的經營業績的相關性，但只在國有企業得到體現。導致這一情形的原因在於，真實盈餘管理隱蔽性強，審計意見不能對其進行有效反應。

---

① 具體參見 2001 年證監會 1 號文件《上市公司新股發行管理辦法》。

本章可能的貢獻如下：

（1）本項目從非經營性盈餘管理、應計盈餘管理與真實盈餘管理三個方面，系統考察盈餘管理對審計意見的影響，進而考察對審計意見監管有用性的影響，具有理論上的原創性，極大豐富了會計和審計理論方面的研究。

（2）從會計業績考察應計盈餘管理與真實盈餘管理對審計意見監管有用性的影響產生的經濟後果，對比其差異，探討其深刻的製度原因和理論基礎，推進審計工作對會計信息質量和資本市場建設的治理效應方面的研究。

（3）將管制變遷納入分析框架，考察審計意見受盈餘管理的影響及其經濟後果是否在不同的管制環境具有差異，並分析其差異產生的原因，為深入理解管制與審計的治理作用提供新的視角和經驗知識。

6.2 理論分析與研究假設

審計意見的監管有用性彰顯著審計的治理作用和信息功能，對證券市場的健康發展具有重要的支撐作用。尤其對新興市場來說，審計意見的監管有用性更為重要。因為新興市場監管比較盛行，監管者是證券市場建設的參與方，監管者是否發揮有效的治理作用，將會對證券市場的健康發展產生重大影響（Frye & Shleifer, 1997; Glaeser, 等, 2001; Pistor & Xu, 2005）。

顯然，審計意見的監管有用性是否得到有效發揮，關鍵在於審計意見是否很好地對公司的會計信息質量進行鑒證和反應，而會計信息質量最容易受到盈餘管理的影響。因此，在考察盈餘管理對審計意見監管有用性的影響之前，需要明確審計意見是否對公司的盈餘管理進行反應。

然而，關於盈餘管理是否通過影響會計信息質量來影響審計意見的簽發，現有研究存在較多爭論。比如，Francis 和 Krishnan（1999）、Bartov 等（2001）、Ajona 等（2008）認為，儘管盈餘管理會降低會計報表的信息質量，但是審計意見會對盈餘管理進行反應而產生治理作用。然而，Bradshaw 等（2001）及 Rosner（2003）對此質疑，Butler 等（2004）提供的美國的經驗證據顯示，被出具非標準審計意見的公司，其盈餘管理並不高於被出具標準審計意見的公司，表明盈餘管理不能被審計意見有效反應而具有傳導效應。

在中國市場上的研究，同樣集中在對應計盈餘管理與審計意見關係的考察，並且也存在爭議。Chen 等（2001）研究中國的證券市場發現，審計意見對退市和配股公司的應計盈餘管理行為具有治理作用。然而，王躍堂、陳世敏

（2001）和夏立軍、楊海斌（2002）的研究並不完全支持這一觀點。後續的研究也存在爭議。如章永奎和劉峰（2002）、徐浩萍（2004）、李春濤等（2006）的研究認為，審計意見能夠揭示應計盈餘管理而具有治理作用。但是，李東平等（2001）、薄仙慧和吳聯生（2011）的研究不支持這一觀點。

那麼，到底審計意見能否對盈餘管理進行有效反應呢？這是需要進一步進行經驗檢驗的問題。

更重要的是，盈餘管理分為應計盈餘管理和真實盈餘管理兩個方面（Schipper，1989；Healy & Wahlen，1999）。而且，中國的上市公司還可以通過非經營性項目進行盈餘管理，即非經營性盈餘管理（Chen & Yuan，2004；Haw，等，2005）。根據 Roychowdhury（2006）的定義，應計盈餘管理，是在財務報告過程中採取改變會計方法和會計估計來管理盈餘，只影響公司的應計利潤而不影響公司的現金流，而真實盈餘管理，是採取偏離公司正常的業務活動來管理盈餘，影響公司的現金流從而損害了公司長期價值。

就這三種盈餘管理是否容易被識別和發現的程度而言，真實盈餘管理的隱蔽性最強，應計盈餘管理次之，非經營性盈餘管理的隱蔽性最弱（Haw，等，2005；Graham，等，2005）。因此，這三種盈餘管理被審計意見反應的情形可能會有所差異。一種可能的情形是，非經營性盈餘管理和應計盈餘管理能被審計意見反應，而由於真實盈餘管理的隱蔽性強，可能不能被審計意見反應。由此，提出本章的假設 H1。

假設 H1：非經營性盈餘管理和應計盈餘管理能被審計意見反應，而真實盈餘管理不能被審計意見反應。

2001 年中國證監會頒布的配股政策，明確強調將審計意見納入配股管制的內容。這一管制變遷，意味著審計意見正式作為證監會對上市公司配股申請進行審核的一個基本條件，也可能意味著審計意見的治理功能會受到影響。因此，本章將 2001 年的配股管制變遷納入分析，比較在不同管制環境下審計意見對盈餘管理的反應情況。

審計意見的監管有用性，指監管者依據審計意見的信息含量用於決策的使用程度。儘管王良成等（2011）指出了審計意見監管有用性的經驗存在，發現監管者在審核上市公司股權再融資（Seasoned Equity Offerings，SEO）資格時，會依據審計意見的信息含量用於決策，但是，盈餘管理是否影響審計意見的監管有用性，在理論和實證上仍是需要考察的問題。特別地，非經營性盈餘管理、應計盈餘管理與真實盈餘管理三種盈餘管理對審計意見監管有用性的影響是否有差異，更需要進一步的探討。

在理論上而言，盈餘管理對審計意見監管有用性的影響，可能存在以下兩種情況：

一種情況是，盈餘管理能夠被審計意見反應，審計意見的監管有用性可能不會受到影響。但是也有可能提升審計意見的監管有用性，因為此時審計意見的信息功能可能更大，從而讓審計意見更具有決策有用性，即監管者與審計意見之間在盈餘管理的治理上存在互補效應。同時，也有可能降低審計意見的監管有用性，因為，既然盈餘管理已被審計意見反應，監管者可能更關注沒有被審計意見反應的盈餘管理，即監管者與審計意見之間在盈餘管理的治理上存在替代效應，從而削弱了審計意見的監管有用性。

另外一種情況是，盈餘管理不能被審計意見反應，審計意見的監管有用性可能會受到影響而出現下降。

因此，盈餘管理對審計意見監管有用性的影響是一個經驗問題。並且，盈餘管理有三種具體方式，即非經營性盈餘管理、應計盈餘管理與真實盈餘管理。它們對審計意見監管有用性的影響可能會有所差異。因為盈餘管理具有一定的隱蔽性，而在隱蔽性的表現上，三種盈餘管理的隱蔽性又有所不同：真實盈餘管理的隱蔽性最強，應計盈餘管理次之，非經營性盈餘管理的隱蔽性最弱。因此，三種盈餘管理是否都會對審計意見監管有用性產生影響，以及影響的程度是否一致，這是一個需要進行經驗檢驗的問題。鑒於上述分析，在此提出假設H2。

假設H2：非經營性盈餘管理、應計盈餘管理與真實盈餘管理，都會影響審計意見的監管有用性。

國有企業的「預算軟約束」和「政治庇護」，導致國有企業的公司治理水平不高（Shleifer & Vishny，1994；林毅夫，等，2004）。這可能會影響審計意見在國有企業的治理功能，進而影響到審計意見的監管有用性。Chen等（2011）發現，中國國有企業先天的治理缺陷，會削弱獨立審計的治理功能和產生的經濟價值。因此，審計意見在國有企業的監管有用性可能會被削弱，同時，也會衝擊到盈餘管理對審計意見監管有用性的影響。由此，本章對國有企業和非國有企業進行對比分析，考察審計意見監管有用性在兩者中的差異以及受盈餘管理影響的差異。

審計意見監管有用性的經濟後果，昭示著審計的治理功能在優化資源配置效率中的作用。如果審計意見體現了監管有用性，審計意見對公司的未來經營業績就具有預測作用。也就是說，審計意見與公司未來的經營業績具有相關性，即非標準審計意見與公司未來的經營業績顯著負相關。同時，盈餘管理對

審計意見與公司未來經營業績的相關性可能會產生影響。

如前所述，由於盈餘管理對審計意見監管有用性的影響，可能是提升或削弱審計意見的監管有用性，甚至可能不會對審計意見監管有用性產生影響，因此，盈餘管理對審計意見與公司未來經營業績的相關性產生的影響，同樣可能是提升或削弱兩者的相關性，也可能是不影響兩者的相關性。由於這是一個經驗問題，本章提出假設 H3。

假設 H3：審計意見與公司未來的經營業績具有相關性，這種相關性會受到盈餘管理的影響。

同時，本章也考察了國有企業和非國有企業在不同管制時期的審計意見與公司未來的經營業績的相關性，發現這種相關性會受到盈餘管理的影響。

6.3 研究設計和數據樣本

6.3.1 盈餘管理的計量

1. 非經營性盈餘管理

借鑑 Chen 和 Yuan（2004）及 Haw 等（2005）的研究，用經行業調整的非經營性利潤率衡量非經營性盈餘管理（也稱為線下真實盈餘管理），具體如下：

$$ENOI = NOI - NOI\_ind \tag{6-1}$$

ENOI 為經行業調整的非經營性利潤率，為了與下面兩種盈餘管理的計算一致，用上年的總資產進行標準化。NOI 為用上年的總資產進行標準化的非經營性利潤率，NOI_ind 為非經營性利潤率行業的中位數。

2. 應計盈餘管理

採用 Jones 模型（Jones，1991）來估計操縱性應計，以此表徵應計盈餘管理。

$$\frac{TA_{i,t}}{A_{i,t-1}} = a_0\left(\frac{1}{A_{i,t-1}}\right) + a_1\left(\frac{\Delta REV_{i,t}}{A_{i,t-1}}\right) + a_2\left(\frac{PPE_{i,t}}{A_{i,t-1}}\right) + \varepsilon_{i,t} \tag{6-2}$$

參考 DeChow 等（1995）的做法，對模型（6-2）分年度分行業進行橫截面迴歸，並且，要求每個行業的樣本數不少於 10 個，如果少於 10 個，則將其歸屬於相近的行業。$TA_{i,t}$ 是公司總應計利潤，為經營利潤減去經營活動現金流之差；$\Delta REV_{i,t}$ 為公司主營業務收入的變化額；$PPE_{i,t}$ 是公司固定資產帳面價值；$A_{i,t-1}$ 是公司的總資產。用模型（6-2）迴歸得到的迴歸系數計算正常性應計 $NDA_{i,t}$，從而計算操縱性應計 $DA_{i,t} = TA_{i,t} - NDA_{i,t}$。

3. 線上真實盈餘管理

參照 Roychowdhury（2006）和 Cohen 等（2008）的模型來估計線上真實盈餘管理，包括三個方面：異常經營現金流 AbCFO、異常生產成本 AbProd 和異常酌量性費用（如研發、銷售及管理費用）AbDisx。[①]

其一，異常經營現金流 AbCFO。異常經營現金流 AbCFO，指公司經營活動產生的現金流的異常部分。公司通過促銷增加銷量進而抬高公司利潤，會導致異常經營現金流 AbCFO 偏低。公司為了抬高會計利潤，通過價格折扣和寬鬆的信用條款等促銷方式來增加銷量從而形成超常銷售，產生「薄利多銷」的帳上利潤放大效應。但是，促銷形成的超常銷售，會降低單位產品的現金流量，而且，在既定的銷售收入現金實現水平下，還會增加公司的銷售應收款，增大公司壞帳產生的財務風險，同時，降低公司當期現金流。並且，超常銷售實際上已經超過公司正常銷售水平，會增加公司相關的銷售費用，吞噬公司的現金流。然而，只要產品銷售能帶來正的邊際利潤，超常銷售還是會抬高公司的會計利潤。因而結果是，促銷形成的超常銷售，抬高了公司當年利潤，卻因單位產品現金流量的降低和銷售費用的上升，出現異常經營現金流 AbCFO 偏低。

其二，異常生產成本 AbProd。異常生產成本 AbProd，被定義為銷售成本與當年存貨變動額之和的異常部分，換言之，生產成本為銷售成本與當年存貨變動額之和。公司通過超常產量抬高公司利潤，會讓異常生產成本 AbProd 偏高。公司為了抬高會計利潤，通過超量生產來攤低單位產品承擔的固定成本，但是，超量生產實際上已經超過公司正常生產水平，會增加單位產品的邊際生產成本，然而，只要單位固定成本下降的幅度高於單位邊際生產成本上升的幅度，單位銷售成本上就會出現下降，從而達到提高公司業績的目的。但是，超量生產會導致產品的大量積壓，增加公司的存貨成本。結果是，在既定的銷量水平下，超量生產雖然通過降低單位銷售成本抬高了公司業績，反而由於邊際生產成本的上升和存貨成本的增加，出現生產成本偏高，即在會計上表現為銷售成本與當年增加的存貨成本之和的提升，也導致異常生產成本 AbProd 偏高。

其三，異常酌量性費用 AbDisx。異常酌量性費用 AbDisx，指公司研發、銷售及管理費用等酌量性費用的異常部分。公司通過削減費用抬高利潤，會讓異常酌量性費用 AbDisx 偏低。公司為了抬高會計利潤，通過削減研發、廣告、維修和培訓等銷售和管理費用，造成公司當期的酌量性費用偏低，讓公司異常

[①] 異常經營現金流 AbCFO、異常生產成本 AbProd 和異常酌量性費用 AbDisx，都用上一年的總資產進行標準化。

酬量性費用偏低。

（1）異常經營現金流 AbCFO

$$\frac{CFO_{jt}}{A_{j,\,t-1}} = a_1 \frac{1}{A_{j,\,t-1}} + a_2 \frac{Sales_{jt}}{A_{j,\,t-1}} + a_3 \frac{\Delta Sales_{jt}}{A_{j,\,t-1}} + \varepsilon_{jt} \qquad (6-3)$$

首先，按模型（6-3）分年度分行業進行橫截面迴歸，要求每個行業的樣本數不少於 10 個，如果少於 10 個，則將其歸屬於相近的行業，下同。CFO_{jt} 是公司的經營現金流，$Sales_{jt}$ 是公司的銷售額，$\Delta Sales_{jt}$ 是公司銷售變化額。其次，通過迴歸得到的系數估計出每個樣本公司的正常經營現金流。最後，可算出異常經營現金流 AbCFO 為實際經營現金流與正常經營現金流的差值。

（2）異常生產成本 AbProd

$$\frac{Prod_{jt}}{A_{j,\,t-1}} = a_1 \frac{1}{A_{j,\,t-1}} + a_2 \frac{Sales_{jt}}{A_{j,\,t-1}} + a_3 \frac{\Delta Sales_{jt}}{A_{j,\,t-1}} + a_4 \frac{\Delta Sales_{j,\,t-1}}{A_{j,\,t-1}} + \varepsilon_{jt} \qquad (6-4)$$

用模型（6-4）進行分年度分行業橫截面迴歸得到估計參數來計算各個樣本公司的正常生產成本，異常生產成本 AbProd 為實際生產成本與正常生產成本之差。$Prod_{jt}$ 是公司的生產成本，為銷售成本與存貨變動額之和；$Sales_{jt}$ 是公司當期的銷售額；$\Delta Sales_{jt}$ 是公司當期的銷售變化額；$\Delta Sales_{j,t-1}$ 是公司上期的銷售變化額。

（3）異常酬量性費用 AbDisx

$$\frac{Disx_{jt}}{A_{j,\,t-1}} = a_1 \frac{1}{A_{j,\,t-1}} + a_2 \frac{Sales_{j,\,t-1}}{A_{j,\,t-1}} + \varepsilon_{jt} \qquad (6-5)$$

依照模型（6-5）分年度分行業橫截面迴歸得到估計參數並據此計算各個樣本公司的正常酬量性費用。異常酬量性費用 AbDisx 為實際酬量性費用與正常酬量性費用之差。$Disx_{jt}$ 是公司的酬量性費用，為研發、銷售及管理費用之和，考慮到中國財務報表把研發費用合併到了管理費用的情況，本章用銷售和管理費用替代；$Sales_{j,t-1}$ 是公司上期的銷售額。

以上三個指標，即異常經營現金流 AbCFO、異常生產成本 AbProd 和異常酬量性費用 AbDisx，體現了線上真實盈餘管理的三種具體行為。公司向上操縱利潤，可能採用線上真實盈餘管理的一種行為或多種行為：低異常經營現金流 AbCFO，高異常生產成本 AbProd，抑或低異常酬量性費用 AbDisx。為了系統考量線上真實盈餘管理的三種具體行為，仿照 Badertscher（2011）和 Zang（2012）的做法，將三個指標聚集成一個綜合指標，綜合線上真實盈餘管理 RM = −AbCFO+AbProd−AbDisx。綜合線上真實盈餘管理指標 RM，表示其值越高，公司通過線上真實盈餘管理向上操縱的利潤越大。

6.3.2 迴歸模型

1. 假設 H1 的檢驗模型

為了考察審計意見對盈餘管理的反應，本書參照 DeFond 等（2000）及 Chan 和 Wu（2010）的模型，構建如下檢驗模型：

$$Mao = \alpha + \beta_1 EM + \sum \gamma_i Control_i + \varepsilon \qquad (6-6)$$

因變量：審計意見 Mao，為虛擬變量，如果公司被出具非標準審計意見，取值為 1，否則為 0。

解釋變量：盈餘管理 EM，具體以非經營性盈餘管理 ENOI、應計盈餘管理 DA 和真實盈餘管理 RM 來衡量。

控制變量 Control，包括如下變量：

會計師事務所規模 Big，如果公司聘請的會計師事務所為前十大會計師事務所，取值為 1，否則為 0，會計師事務所規模以其客戶公司總資產之和計算，放入該變量，是為了控制大規模會計師事務所和小規模會計師事務所在發表審計意見上的差異。

總資產週轉率 Aturn，流動比率 CR，用以控制公司營運風險對審計意見的影響。

應收帳款占總資產的比率 Rec，存貨占總資產的比例 Inv，資產負債率 Lev，用以控制公司的財務風險對審計意見的影響。

總資產收益率 ROA，總資產的自然對數 Size，用以控制公司的業績和資產規模對審計意見的影響。

同時，為了控制連續變量中的極端值的影響，本章對模型中的所有連續變量均進行 1% 水平的 Winsorize 處理。

2. 假設 H2 的檢驗模型

為了考察盈餘管理對審計意見監管有用性的影響，參照 Chen 和 Yuan（2004）的研究方法，構建如下檢驗模型：

$$Approve = \alpha + \beta_1 Mao + \beta_2 EM + \beta_3 EM \times Mao + \sum \gamma_i Control_i + \varepsilon \qquad (6-7)$$

因變量：Approve，虛擬變量，如果上市公司的配股申請被證監會審核通過，取值為 1，否則取值為 0。

解釋變量：審計意見 Mao，如果配股申請前三年被出具非標審計意見，取值為 1，否則為 0。

盈餘管理 EM，具體以非經營性盈餘管理 ENOI、應計盈餘管理 DA 和真實

盈餘管理 RM 來衡量，採用的是配股申請前三年的平均值。

交乘項 EM×Mao，為盈餘管理 EM 與審計意見 Mao 的交乘項，考察盈餘管理對審計意見監管有用性的邊際影響。

控制變量 Control，包括如下變量：

行業保護 Protect，虛擬變量，如果公司屬於農業、能源、原材料、基礎設施、高科技等國家重點保護性行業，取值為 1，否則為 0，是為了控制行業保護政策的影響。

流動比率 CR，資產負債率 Lev，這兩個指標表示樣本公司對權益融資的需求程度，是為了控制公司權益融資的需求程度的影響。

公司業績 ROA，為公司配股申請前三年總資產收益率的平均值，用來控制公司業績的影響。

公司成長性 Growth，用主營業務收入增長率來衡量，公司規模 Size，取其自然對數，以此控制公司成長性和規模的影響。

需要說明的是，考慮到證監會對配股申請的審核，故以公司最近年度的信息為依據進行決策，特別是審計意見 Mao、盈餘管理 EM、公司業績 ROA，證監會要求以其配股申請前最近三年的數據進行審核。因此，迴歸模型中的控制變量流動比率 CR、資產負債率 Lev、公司業績 ROA、公司成長性 Growth、公司規模 Size，均以配股申請前最近三年的均值度量。

同時，為了控制連續變量中的極端值的影響，本章對模型中的所有連續變量均進行 1% 水平的 Winsorize 處理。

3. 假設 H3 的檢驗模型

為了檢驗審計意見監管有用性的經濟後果以及受盈餘管理的影響，照 Chen 和 Yuan（2004）的研究方法，構建如下檢驗模型：

$$IARoa = \alpha + \beta_1 Mao + \beta_2 EM + \beta_3 EM \times Mao + \sum \gamma_i Control_i + \varepsilon \quad (6-8)$$

因變量：IARoa，公司配股後業績，採用公司配股後三年的經行業調整的總資產營業利潤率的平均值衡量。

解釋變量：審計意見 Mao，如果配股申請前三年被出具非標審計意見，取值為 1，否則為 0。

盈餘管理 EM，具體以非經營性盈餘管理 ENOI、應計盈餘管理 DA 和真實盈餘管理 RM 來衡量，採用的是配股申請前三年的平均值。

交乘項 EM×Mao，為盈餘管理 EM 與審計意見 Mao 的交乘項，考察盈餘管理對審計意見監管有用性的邊際影響。

控制變量 Control，包括如下變量：

行業保護 Protect，虛擬變量，如果公司屬於農業、能源、原材料、基礎設施、高科技等國家重點保護性行業，取值為 1，否則為 0，是為了控制行業保護政策的影響。

公司成長性 Growth，用主營業務收入增長率來衡量，採取配股申請前一年的數值，控制公司成長性的影響。

資產負債率 Lev，採用負債與總資產的比率，採取配股申請前一年的數值，控制公司財務風險的影響。

公司規模 Size，取其自然對數，採取配股申請前一年的數值，控制公司成長性和規模的影響。

公司業績 ROA，為公司配股申請前一年總資產收益率，控制公司配股前的業績的影響。

此外，為了控制連續變量中的極端值的影響，本章對模型中的所有連續變量均進行 1%水平的 Winsorize 處理。

6.3.3 數據樣本

本章通過上市公司的董事會決議報告、股東大會決議報告和年報①手工收集 1998—2003 年度進行配股申請的上市公司作為本章的研究樣本，這樣便於考察 2001 年配股管制環境變遷前後的情況。選取研究樣本的依據如下：在觀察期間，公司董事會決議報告及股東大會決議報告和年報披露了配股議案和事項的，被視為該上市公司進行了配股申請，並作為本研究的初選樣本；由於金融行業的特殊性，從研究樣本中剔除金融類公司。最後，得到研究樣本 532 個，把配股申請獲得核准通過的研究樣本歸為通過組，其他的樣本歸為拒絕組，研究樣本在觀察期間的分布情況見表 6.1。其他數據來自 CSMAR 數據庫。

表 6.1　　　　　　　　　研究樣本的分布情況

配股管制時期	年度	通過組	拒絕組	合計
變遷前	1998	125	26	151
	1999	140	25	165
	2000	187	29	216
	小計	452	80	532

---

① 根據中國證監會的規定，公司配股申請的議案和事項需要在董事會公告、股東大會公告、年報裡披露。

表6.1(續)

配股管制時期	年 度	通過組	拒絕組	合 計
變遷後	2001	43	52	95
	2002	20	46	66
	2003	32	58	90
	小計	95	156	251
	總計	547	236	783

註：根據2001年的配股管制政策，把本部分的研究窗口分為變遷前和變遷後管制時期。

從表6.1可以發現，在配股管制變遷前三年有532家上市公司申請了配股融資，其中有452家公司的配股申請獲得證監會審核通過，審核通過率為85.0%。在變遷後的2001—2003年，有251家上市公司提交了配股申請，其中有95家公司的配股申請獲得證監會審核通過，審核通過率為37.8%。可見，由於2001年配股管制趨嚴，變遷後進行配股申請的公司數少於變遷前的公司數。並且，證監會對配股申請的審核通過率，在變遷後要低於在變遷前的審核通過率。導致這樣的結果，可能與監管者的監管能力和管制環境趨嚴有關。

6.4 實證結果及分析

6.4.1 假設H1的檢驗

1. 描述性統計分析

表6.2是迴歸模型（6-6）中各變量的描述性統計分析結果。可以發現，2001年的配股管制變遷前的審計意見Mao，在配股申請前三年簽發非標準審計意見的概率的均值為0.083,2，高於2001年變遷後的非標準審計意見概率的均值0.048,3，並在統計上顯著，表明2001年將審計意見納入管制對上市公司有一定的威懾作用，導致變遷後的非標準審計意見的概率顯著下降。非經營性盈餘管理ENOI，在變遷前的均值為0.010,3，高於變遷後的均值0.007,2，在均值檢驗上統計顯著。同樣，應計盈餘管理DA，在變遷前的均值為0.037,7，高於變遷後的均值0.019,4，在均值檢驗和Wilcoxon秩檢驗上統計顯著。數據表明，變遷前非經營性盈餘管理和應計盈餘管理，都要高於變遷後。而真實盈餘管理RM，在變遷前和變遷後沒有顯著差異。應收帳款的比率Rec，在變遷前的均值為0.224，統計上顯著高於變遷後的均值0.163,8。公司業績ROA，

在變遷前的均值為 0.073,5，統計上顯著高於變遷後的均值 0.058,7。但是，公司規模 Size，在變遷前的均值低於變遷後的均值。

表 6.2　　　　　　　　　描述性統計分析結果

	變遷前 均值	變遷後 均值	t	z
Mao	0.083,2	0.048,3	2.59***	2.51**
ENOI	0.010,3	0.007,2	2.55**	1.10
DA	0.037,7	0.019,4	3.13***	2.41**
RM	−0.018,2	−0.029,2	1.06	1.25
Big	0.338,2	0.329,3	0.34	0.34
Aturn	0.602,1	0.563,9	1.68*	1.13
Cr	1.793,3	1.754,2	0.55	0.27
Rec	0.224	0.163,8	9.56***	9.15***
Inv	0.147,9	0.142,1	0.89	0.70
Lev	0.422,1	0.416	0.74	1.21
ROA	0.073,5	0.058,7	8.00***	9.30***
Size	20.526,1	20.861,3	−7.94***	−8.33***

註：

① t 值是均值檢驗得到的統計值，z 值是 Wilcoxon 秩檢驗得到統計值。

②「*」「**」和「***」分別表示在 10%、5% 和 1% 水平下統計顯著（雙尾檢驗），下同。

2. 迴歸分析

表 6.3 報告了迴歸模型（6-6）審計意見與盈餘管理的迴歸結果。可以發現，非經營性盈餘管理 ENOI 對審計意見 Mao 的迴歸系數，在 2001 年管制變遷前和變遷後都在統計上顯著為正，並且變遷後的迴歸系數偏大。結果表明，非經營性盈餘管理在 2001 年管制變遷前和變遷後都被審計意見進行了反應，並且在變遷後有上升的趨勢。類似地，應計盈餘管理 DA 對審計意見 Mao 的迴歸系數，在 2001 年管制變遷前和變遷後都在統計上顯著為正，並且變遷後的迴歸系數偏大。這意味著，應計盈餘管理在 2001 年管制變遷前和變遷後都被審計意見進行了反應，並且在變遷後有上升的趨勢。真實盈餘管理 RM 對審計意見 Mao 的迴歸系數，在 2001 年管制變遷前和變遷後都不在統計上顯著，表明真實盈餘管理在 2001 年管制變遷前和變遷後都沒有被審計意見反應，從而印證了真實盈餘的隱蔽性較強。迴歸結果支持了本章的研究假設 H1，即非經營性盈餘管理和應計盈餘管理被審計意見反應，而真實盈餘管理不能被審計意

見反應。

在控製變量方面,大型規模會計師事務所 Big,在對審計意見的影響上,與小型規模會計師事務所沒有顯著差異。總資產週轉率 Aturn 的迴歸係數為負,但僅在變遷前在統計上顯著,表明公司的經營風險會影響到審計意見的簽發。應收帳款比率 Rec 的迴歸係數,在變遷前和變遷後都在統計上顯著為正,表明公司的財務風險會影響到審計意見的簽發。公司的存貨比例 Inv 的迴歸係數為負,但僅在變遷前在統計上顯著,表明公司的存貨管理風險會影響到審計意見的簽發。公司業績 ROA 的迴歸係數為負,但僅在變遷前在統計上顯著,表明公司的業績會影響到審計意見的簽發。而其他控製變量的迴歸結果表明,流動比率 CR、資產負債率 Lev、公司規模 Size 沒有明顯對審計意見的簽發產生顯著影響。

表 6.3　　　　　　　　審計意見與盈餘管理的迴歸結果

	因變量:Mao					
	變遷前	變遷後	變遷前	變遷後	變遷前	變遷後
ENOI	14.991,3	18.515,4				
	(3.11)***	(1.93)*				
DA			4.195,8	4.484,1		
			(3.59)***	(1.89)*		
RM					0.910,0	0.526,1
					(1.60)	(0.89)
Big	0.254,1	-0.103,3	0.341,9	-0.039,7	0.008,5	-0.022,1
	(0.89)	(-0.24)	(1.17)	(-0.09)	(0.05)	(-0.11)
Aturn	-1.237,0	-0.339,0	-1.336,6	-0.358,0	-0.734,9	-0.170,3
	(-2.13)**	(-0.53)	(-2.25)**	(-0.59)	(-2.33)**	(-0.52)
CR	-0.013,8	0.218,7	-0.133,9	0.143,0	-0.030,4	0.087,9
	(-0.15)	(1.72)*	(-1.26)	(1.19)	(-0.58)	(1.36)
Rec	2.136,9	3.524,6	0.876,2	2.800,8	1.639,8	1.636,8
	(1.83)*	(2.13)**	(0.75)	(1.86)*	(2.55)**	(1.94)*
Inv	-2.603,3	2.355,6	-3.175,4	1.629,5	-1.673,3	0.698,7
	(-1.75)*	(1.20)	(-2.38)**	(0.82)	(-2.00)**	(0.77)
Lev	-1.845,2	3.257,1	-1.790,6	3.597,2	-1.253,9	0.900,2
	(-1.40)	(1.09)	(-1.38)	(1.25)	(-1.81)*	(0.81)
ROA	-21.671,5	-10.327,6	-19.593,0	-4.855,7	-10.529,4	-5.168,2
	(-2.69)***	(-0.91)	(-2.25)**	(-0.54)	(-2.44)**	(-1.03)

表6.3(續)

	因變量：Mao					
	變遷前	變遷後	變遷前	變遷後	變遷前	變遷後
Size	-0.147,9	-0.368,1	-0.286,1	-0.377,4	-0.009,3	-0.062,8
	(-0.77)	(-1.10)	(-1.40)	(-1.16)	(-0.08)	(-0.45)
Constant	3.021,4	2.443,1	6.252,0	2.575,7	0.357,9	-0.882,6
	(0.73)	(0.40)	(1.44)	(0.43)	(0.15)	(-0.32)
N	745	580	745	580	492	525
pseudo R^2	0.107	0.078	0.117	0.076	0.116	0.057
Chi^2	32.879,4***	11.758,4	39.274,8***	18.573,4**	33.168,0***	10.072,7

註：

①因變量審計意見 Mao，如果為非標準審計意見，取值為1，否則為0；解釋變量，ENOI 為非經營性盈餘管理，DA 為應計盈餘管理，RM 為真實盈餘管理。

②「變遷前」為 2001 年配股管制變遷之前，「變遷後」為 2001 年配股管制變遷之後。

③括號裡的為 t 值，經過了 White 異方差矯正。「*」「**」和「***」分別表示在 10%、5% 和 1% 水平下統計顯著，下同。

6.4.2 假設 H2 的檢驗

1. 描述性統計分析

表 6.4 是迴歸模型（6-7）中各變量的描述性統計分析結果。可以發現，2001 年配股管制變遷前，上市公司的配股申請通過率 Approve 的均值為 0.849,6，顯著高於 2001 年變遷後的 Approve 的均值 0.378,5，這可能與配股管制趨嚴有關。審計意見 Mao，在配股申請前三年被出示過非標準審計意見的概率，在變遷前後沒有顯著差異。非經營性盈餘管理 ENOI，在配股申請前三年的均值，儘管在變遷前後都為正，但是在變遷前後有顯著差異，變遷前的非經營性管理顯著高於變遷後。同樣，應計盈餘管理 DA，在配股申請前三年的均值，儘管在變遷前後都為正，但是在變遷前後有顯著差異，變遷前的應計盈餘管理顯著高於變遷後。這表明，儘管在變遷前後配股申請公司都通過非經營性盈餘管理和應計盈餘管理來調增公司業績，但是由於管制加強的原因，非經營性盈餘管理 ENOI 和應計盈餘管理 DA，在變遷後出現了顯著的下降。真實盈餘管理 RM，在配股申請前三年的均值，在變遷前後有顯著差異，並且，在變遷前後都為負數。這表明，配股申請公司在變遷前後沒有採用真實盈餘管理來調增利潤。

配股申請前三年公司的流動比率 CR，變遷前顯著高於變遷後。配股申請

前三年的公司業績 ROA, 變遷前顯著高於變遷後, 這主要是由配股管制對業績要求降低的原因引起的。配股申請前三年的公司規模 Size 均值, 變遷前低於變遷後。公司成長性 Growth, Wilcoxon 秩檢驗的統計值顯示, 變遷前顯著低於變遷後。

表 6.4　　　　　　　　　描述性統計分析結果

	變遷前 均值	變遷後 均值	t	z
Approve	0.849,6	0.378,5	13.71***	13.4***
Mao	0.107,1	0.095,6	0.5	0.49
ENOI	0.012,1	0.007,9	3.25***	2.34**
DA	0.026,3	0.014,8	2.19**	1.94*
RM	−0.005,4	−0.023,7	1.7*	1.51
Protect	0.468	0.482,1	−0.37	−0.37
CR	2.134,2	1.869,2	2.73***	1.69*
Lev	0.394,2	0.403,5	−0.87	−0.39
ROA	0.079,5	0.059,5	9.09***	9.38***
Growth	0.297,5	0.293,6	0.13	−2.72***
Size	20.423,7	20.808,5	−6.9***	−7.21***

註:
① t 值是均值檢驗得到的統計值, z 值是 Wilcoxon 秩檢驗得到的統計值。
②「*」「**」和「***」分別表示在 10%、5% 和 1% 水平下統計顯著（雙尾檢驗）, 下同。

2. 迴歸分析

（1）非經營性盈餘管理與審計意見監管有用性

表 6.5 是非經營性盈餘管理與審計意見監管有用性的迴歸結果。可以發現, 審計意見 Mao 對證監會審核通過 Approve 的迴歸係數, 僅在變遷前顯著為負, 表明審計意見僅在變遷前具有監管有用性, 即審計意見顯著影響證監會對配股申請的審核結果, 非標準審計意見顯著降低了公司的配股申請被證監會審核通過的可能性。在變遷後, 審計意見 Mao 對證監會審核通過 Approve 的迴歸係數, 在統計上不顯著, 這可能由於審計意見被納入管制, 監管者在管制變遷後對審計意見不合格者要求其進行調整, 使得非標意見被調整後向標準意見趨同, 導致兩者沒有實質性差異, 因而在統計上對監管者的審核決策沒有表現出顯著差異。

非經營性盈餘管理 ENOI 對審核通過 Approve 的迴歸係數, 在變遷前在統

計上顯著為負，表明非經營性盈餘管理不利於公司的配股申請被證監會審核通過。但是，非經營性盈餘管理 ENOI 與審計意見 Mao 的交乘項 ENOI×Mao，其迴歸系數在統計上不顯著，表明非經營性盈餘管理對審計意見的監管有用性沒有產生顯著影響，即非經營性盈餘管理沒有提升也沒有降低審計意見的監管有用性。

在控制變量方面，公司業績 ROA 的迴歸系數顯著為正，表明業績好的公司其配股申請通過證監會審核的可能性更高。公司規模 Size 的迴歸系數顯著為正，表明規模大的公司有利於其配股申請獲得證監會的審核通過。

表 6.5　非經營性盈餘管理與審計意見監管有用性的迴歸結果

	變遷前 (1)	變遷前 (2)	變遷前 (3)	變遷後 (1)	變遷後 (2)	變遷後 (3)
Mao	−0.581,9 (−3.11)***	−0.503,9 (−2.65)***	−0.540,2 (−2.32)**	−0.246,4 (−0.84)	−0.241,5 (−0.83)	−0.287,4 (−0.80)
ENOI		−7.791,0 (−2.43)**	−8.198,2 (−2.26)**		−1.294,6 (−0.22)	−1.791,7 (−0.29)
ENOI×Mao			1.783,4 (0.25)			3.964,0 (0.22)
Protect	0.061,8 (0.45)	0.038,3 (0.28)	0.039,9 (0.29)	−0.017,3 (−0.10)	−0.018,2 (−0.11)	−0.018,5 (−0.11)
CR	−0.046,6 (−1.07)	−0.054,3 (−1.22)	−0.054,1 (−1.22)	−0.038,3 (−0.34)	−0.038,3 (−0.34)	−0.039,1 (−0.35)
Lev	0.079,6 (0.10)	0.041,6 (0.05)	0.046,1 (0.06)	−0.651,8 (−0.69)	−0.627,3 (−0.66)	−0.645,8 (−0.68)
ROA	8.163,3 (2.26)**	9.302,2 (2.40)**	9.291,7 (2.41)**	7.251,9 (1.74)*	7.393,9 (1.71)*	7.452,9 (1.71)*
Growth	0.293,5 (1.45)	0.325,5 (1.61)	0.326,6 (1.62)	−0.418,1 (−1.49)	−0.415,3 (−1.48)	−0.418,9 (−1.49)
Size	0.266,2 (2.73)***	0.246,1 (2.48)**	0.247,4 (2.50)**	0.235,8 (1.91)*	0.234,3 (1.89)*	0.237,1 (1.91)*
Constant	−4.959,3 (−2.42)**	−4.502,9 (−2.17)**	−4.526,5 (−2.19)**	−5.172,3 (−1.99)**	−5.149,5 (−1.98)**	−5.198,8 (−1.99)**
N	532	532	532	251	251	251

表6.5(續)

	因變量：Approve					
	變遷前			變遷後		
	(1)	(2)	(3)	(1)	(2)	(3)
Pseudo R^2	0.064	0.078	0.078	0.036	0.036	0.036
Chi^2	27.736,2***	33.090,6***	33.234,0***	10.481,8	10.356,0	10.449,9

註：

①因變量 Approve，虛擬變量，如果公司的配股申請被證監會審核通過，取值為1，否則為0。解釋變量 Mao，虛擬變量，如果公司配股申請前三年被出具非標準審計意見，取值為1，否則為0；ENOI 為非經營性盈餘管理，採用公司配股申請前三年的均值衡量。

②「變遷前」為 2001 年配股管制變遷之前，「變遷後」為 2001 年配股管制變遷之後。

③括號裡的為 z 值，經過了 White 異方差矯正。「*」「**」和「***」分別表示在10%、5%和1%水平下統計顯著，下同。

表 6.6 是國有企業樣本的非經營性盈餘管理與審計意見監管有用性的迴歸結果。可以發現，在國有企業樣本的迴歸結果裡，審計意見 Mao 對證監會審核通過 Approve 的迴歸係數，在管制變遷前和變遷後兩個時期，在統計上都不顯著。這表明審計意見在國有企業裡不具有監管有用性。

非經營性盈餘管理 ENOI 與審計意見 Mao 的交乘項 ENOI×Mao，迴歸係數也在統計上不顯著。這表明在國有企業裡，盈餘管理對審計意見監管有用性沒有顯著影響。

表 6.6 非經營性盈餘管理與審計意見監管有用性的迴歸結果：國有企業

	因變量：Approve					
	變遷前			變遷後		
	(1)	(2)	(3)	(1)	(2)	(3)
Mao	−0.354,8	−0.320,3	−0.157,0	−0.553,7	−0.547,5	−0.799,5
	(−1.60)	(−1.45)	(−0.49)	(−1.55)	(−1.51)	(−1.79)*
ENOI		−7.313,3	−6.342,0		−4.404,0	−7.366,1
		(−1.89)*	(−1.56)		(−0.65)	(−1.07)
ENOI×Mao			−10.281,9			20.184,8
			(−0.79)			(0.96)
Protect	0.082,8	0.072,0	0.070,5	−0.023,6	−0.023,6	−0.024,8
	(0.54)	(0.47)	(0.46)	(−0.12)	(−0.12)	(−0.13)
CR	−0.046,9	−0.051,7	−0.054,8	−0.115,3	−0.114,2	−0.122,4
	(−1.00)	(−1.08)	(−1.14)	(−0.76)	(−0.75)	(−0.79)

表6.6(續)

	因變量：Approve					
	變遷前			變遷後		
	（1）	（2）	（3）	（1）	（2）	（3）
Lev	0.286,7	0.223,7	0.171,8	−0.050,1	0.081,3	−0.002,2
	(0.34)	(0.26)	(0.20)	(−0.04)	(0.07)	(−0.00)
ROA	8.504,8	8.964,9	8.965,8	16.075,7	17.019,6	17.966,7
	(2.06)**	(2.10)**	(2.11)**	(3.04)***	(3.02)***	(3.19)***
Growth	0.456,6	0.482,8	0.476,5	−0.298,2	−0.288,9	−0.322,7
	(1.67)*	(1.83)*	(1.81)*	(−0.86)	(−0.84)	(−0.92)
Size	0.249,6	0.233,4	0.226,0	0.262,1	0.256,7	0.276,3
	(2.34)**	(2.15)**	(2.09)**	(1.74)*	(1.70)*	(1.81)*
Constant	−4.764,6	−4.349,2	−4.180,6	−6.308,9	−6.272,7	−6.656,3
	(−2.11)**	(−1.91)*	(−1.83)*	(−1.98)**	(−1.96)**	(−2.07)**
N	448	448	448	199	199	199
Pseudo R^2	0.054	0.064	0.066	0.061	0.063	0.067
Chi^2	19.368,6***	21.472,0***	22.942,3***	15.726,4**	15.270,3*	17.160,7**

註：
①迴歸樣本是國有企業樣本。因變量 Approve，虛擬變量，如果公司的配股申請被證監會審核通過，取值為1，否則為0。解釋變量 Mao，虛擬變量，如果公司配股申請前三年被出具非標準審計意見，取值為1，否則為0；ENOI 為非經營性盈餘管理，採用公司配股申請前三年的均值衡量。
②「變遷前」為2001年配股管制變遷之前，「變遷後」為2001年配股管制變遷之後。
③括號裡的為 z 值，經過了 White 異方差矯正。「*」「**」和「***」分別表示在10%、5%和1%水平下統計顯著，下同。

　　表6.7是非國有企業樣本的非經營性盈餘管理與審計意見監管有用性的迴歸結果。可以發現，在非國有企業樣本的迴歸結果裡，審計意見 Mao 對證監會審核通過 Approve 的迴歸系數，僅在變遷前在統計上顯著，並且迴歸系數為負。這表明非國有企業的審計意見具有監管有用性，非標審計意見會降低非國有企業配股申請獲得證監會審核通過的可能性。

　　非經營性盈餘管理 ENOI 與審計意見 Mao 的交乘項 ENOI×Mao，迴歸系數在變遷前統計上顯著為正。這表明在非國有企業裡，非經營性盈餘管理對審計意見監管有用性產生顯著影響，表現為非經營性盈餘管理降低了審計意見的監管有用性。儘管在變遷後，交乘項 ENOI×Mao 的迴歸系數在統計上顯著，但由於在變遷後審計意見不具有監管有用性，因而也不存在審計意見監管有用性是否受盈餘管理的影響。

表 6.7　非經營性盈餘管理與審計意見監管有用性的迴歸結果：非國有企業

	因變量：Approve					
	變遷前			變遷後		
	（1）	（2）	（3）	（1）	（2）	（3）
Mao	-1.299,5	-1.136,0	-1.863,4	0.543,2	0.560,3	4.707,7
	(-3.21)***	(-2.48)**	(-3.37)***	(0.79)	(0.82)	(2.45)**
ENOI		-5.726,6	-14.311,1		-2.008,2	4.125,3
		(-0.84)	(-2.07)**		(-0.14)	(0.29)
ENOI×Mao			21.348,5			-229.928,9
			(2.19)**			(-3.16)***
Protect	0.037,2	-0.027,7	0.078,2	-0.050,4	-0.057,9	-0.051,4
	(0.11)	(-0.08)	(0.22)	(-0.12)	(-0.14)	(-0.12)
CR	0.002,6	-0.016,5	-0.042,3	0.113,8	0.112,4	0.095,8
	(0.02)	(-0.10)	(-0.23)	(0.68)	(0.67)	(0.57)
Lev	0.375,2	0.161,5	0.432,4	-1.861,3	-1.872,7	-2.283,8
	(0.17)	(0.07)	(0.18)	(-1.00)	(-1.01)	(-1.20)
ROA	9.712,6	11.020,5	13.162,4	-0.937,8	-0.856,6	-1.662,4
	(1.19)	(1.22)	(1.54)	(-0.16)	(-0.15)	(-0.28)
Growth	0.000,8	0.045,0	0.092,1	-0.423,5	-0.406,2	-0.479,6
	(0.00)	(0.23)	(0.49)	(-0.82)	(-0.76)	(-0.84)
Size	0.401,1	0.378,7	0.481,7	0.074,8	0.074,9	0.064,6
	(1.62)	(1.44)	(1.83)*	(0.32)	(0.32)	(0.27)
Constant	-7.934,2	-7.346,7	-9.539,9	-1.357,5	-1.347,8	-0.918,4
	(-1.64)	(-1.45)	(-1.94)*	(-0.28)	(-0.28)	(-0.19)
N	84	84	84	52	52	52
Pseudo R^2	0.176	0.190	0.234	0.077	0.077	0.121
Chi^2	14.789,0**	16.822,6**	20.376,7**	6.730,8	7.014,1	18.825,8**

註：

①迴歸樣本是非國有企業樣本。因變量 Approve，虛擬變量，如果公司的配股申請被證監會審核通過，取值為1，否則為0。解釋變量 Mao，虛擬變量，如果公司配股申請前三年被出具非標準審計意見，取值為1，否則為0；ENOI 為非經營性盈餘管理，採用公司配股申請前三年的均值衡量。

②「變遷前」為 2001 年配股管制變遷之前，「變遷後」為 2001 年配股管制變遷之後。

③括號裡的為 z 值，經過了 White 異方差矯正。「*」「**」和「***」分別表示在10%、5%和1%水平下統計顯著，下同。

(2) 應計盈餘管理與審計意見監管有用性

表 6.8 是應計盈餘管理與審計意見監管有用性的迴歸結果。可以發現，應計盈餘管理 DA 與審計意見 Mao 的交乘項 DA×Mao 的迴歸係數，在變遷前和變遷後兩個時期，在統計上都不顯著。這表明應計盈餘管理對審計意見的監管有用性沒有產生顯著影響，即應計盈餘管理既沒有提升也沒有降低審計意見的監管有用性。

表 6.8　　應計盈餘管理與審計意見監管有用性的迴歸結果

	因變量：Approve					
	變遷前			變遷後		
	(1)	(2)	(3)	(1)	(2)	(3)
Mao	−0.581,9	−0.600,3	−0.570,3	−0.246,4	−0.132,4	−0.175,4
	(−3.11)***	(−3.16)***	(−2.59)***	(−0.84)	(−0.45)	(−0.51)
DA		0.510,6	0.605,7		−3.882,1	−4.038,2
		(0.61)	(0.65)		(−2.59)***	(−2.53)**
DA×Mao			−0.590,4			1.183,8
			(−0.27)			(0.26)
Protect	0.061,8	0.059,3	0.059,0	−0.017,3	−0.000,6	0.001,4
	(0.45)	(0.43)	(0.43)	(−0.10)	(−0.00)	(0.01)
CR	−0.046,6	−0.051,8	−0.052,3	−0.038,3	−0.044,1	−0.040,9
	(−1.07)	(−1.18)	(−1.19)	(−0.34)	(−0.39)	(−0.36)
Lev	0.079,6	0.064,0	0.059,3	−0.651,8	−0.774,0	−0.723,3
	(0.10)	(0.08)	(0.08)	(−0.69)	(−0.78)	(−0.74)
ROA	8.163,3	8.118,6	8.125,8	7.251,9	7.558,8	7.542,5
	(2.26)**	(2.25)**	(2.24)**	(1.74)*	(1.70)*	(1.69)*
Growth	0.293,5	0.305,5	0.309,5	−0.418,1	−0.483,9	−0.490,6
	(1.45)	(1.49)	(1.49)	(−1.49)	(−1.67)*	(−1.69)*
Size	0.266,2	0.257,2	0.256,7	0.235,8	0.235,0	0.229,5
	(2.73)***	(2.69)***	(2.68)***	(1.91)*	(1.87)*	(1.82)*
Constant	−4.959,3	−4.769,5	−4.758,1	−5.172,3	−5.061,1	−4.969,2
	(−2.42)**	(−2.37)**	(−2.36)**	(−1.99)**	(−1.92)*	(−1.88)*
N	532	532	532	251	251	251
Pseudo R^2	0.064	0.064	0.065	0.036	0.056	0.056

表6.8(續)

	因變量：Approve					
	變遷前			變遷後		
	(1)	(2)	(3)	(1)	(2)	(3)
Chi^2	27.736,2***	27.698,2***	27.636,1***	10.481,8	15.455,7*	15.522,1*

註：
①因變量 Approve，虛擬變量，如果公司的配股申請被證監會審核通過，取值為1，否則為0。解釋變量 Mao，虛擬變量，如果公司配股申請前三年被出具非標準審計意見，取值為1，否則為0；DA 為應計盈餘管理，採用公司配股申請前三年的均值衡量。

②「變遷前」為 2001 年配股管制變遷之前，「變遷後」為 2001 年配股管制變遷之後。

③括號裡的為 z 值，經過了 White 異方差矯正。「*」「**」和「***」分別表示在10%、5%和1%水平下統計顯著，下同。

表 6.9 是國有企業樣本的應計盈餘管理與審計意見監管有用性的迴歸結果。可以發現，在國有企業樣本的迴歸結果裡，應計盈餘管理 DA 與審計意見 Mao 的交乘項 DA×Mao 的迴歸系數，在變遷前和變遷後兩個時期，在統計上都不顯著。這表明國有企業的應計盈餘管理對審計意見的監管有用性沒有產生顯著影響，即國有企業的應計盈餘管理既沒有提升也沒有降低審計意見的監管有用性。

表 6.9　應計盈餘管理與審計意見監管有用性的迴歸結果：國有企業

	因變量：Approve					
	變遷前			變遷後		
	(1)	(2)	(3)	(1)	(2)	(3)
Mao	−0.354,8	−0.369,0	−0.295,4	−0.553,7	−0.428,6	−0.395,3
	(−1.60)	(−1.65)*	(−1.11)	(−1.55)	(−1.19)	(−0.99)
DA		0.464,8	0.673,1		−3.993,0	−3.835,8
		(0.48)	(0.64)		(−2.16)**	(−1.94)*
DA×Mao			−1.528,2			−1.070,6
			(−0.56)			(−0.20)
Protect	0.082,8	0.081,0	0.078,9	−0.023,6	0.019,3	0.017,0
	(0.54)	(0.53)	(0.52)	(−0.12)	(0.10)	(0.09)
CR	−0.046,9	−0.051,6	−0.053,0	−0.115,3	−0.164,7	−0.167,2
	(−1.00)	(−1.09)	(−1.12)	(−0.76)	(−1.11)	(−1.13)
Lev	0.286,7	0.286,6	0.273,6	−0.050,1	−0.436,9	−0.473,6
	(0.34)	(0.34)	(0.33)	(−0.04)	(−0.37)	(−0.40)

表6.9(續)

	因變量：Approve						
	變遷前			變遷後		
	(1)	(2)	(3)	(1)	(2)	(3)
ROA	8.504,8	8.544,6	8.590,3	16.075,7	16.884,5	16.993,6
	(2.06)**	(2.07)**	(2.07)**	(3.04)***	(3.18)***	(3.19)***
Growth	0.456,6	0.472,6	0.478,4	−0.298,2	−0.434,0	−0.422,7
	(1.67)*	(1.72)*	(1.73)*	(−0.86)	(−1.19)	(−1.15)
Size	0.249,6	0.240,5	0.239,8	0.262,1	0.279,3	0.284,9
	(2.34)**	(2.29)**	(2.28)**	(1.74)*	(1.79)*	(1.84)*
Constant	−4.764,6	−4.585,1	−4.569,6	−6.308,9	−6.423,6	−6.532,2
	(−2.11)**	(−2.05)**	(−2.04)**	(−1.98)**	(−1.95)*	(−1.99)**
N	448	448	448	199	199	199
Pseudo R^2	0.054	0.055	0.056	0.061	0.080	0.080
Chi^2	19.368,6***	19.316,2**	19.432,8**	15.726,4**	22.570,2***	22.848,6***

註：
①迴歸樣本是國有企業樣本。因變量 Approve，虛擬變量，如果公司的配股申請被證監會審核通過，取值為1，否則為0。解釋變量 Mao，虛擬變量，如果公司配股申請前三年被出具非標準審計意見，取值為1，否則為0；DA 為應計盈餘管理，採用公司配股申請前三年的均值衡量。
②「變遷前」為2001年配股管制變遷之前，「變遷後」為2001年配股管制變遷之後。
③括號裡的為 z 值，經過了 White 異方差矯正。「*」「**」和「***」分別表示在10%、5%和1%水平下統計顯著，下同。

表6.10是非國有企業樣本的應計盈餘管理與審計意見監管有用性的迴歸結果。可以發現，在非國有企業樣本的迴歸結果裡，應計盈餘管理 DA 與審計意見 Mao 的交乘項 DA×Mao 的迴歸系數，在變遷前和變遷後兩個時期，在統計上都不顯著。這表明非國有企業的應計盈餘管理對審計意見的監管有用性沒有產生顯著影響，即非國有企業的應計盈餘管理既沒有提升也沒有降低審計意見的監管有用性。

表6.10　應計盈餘管理與審計意見監管有用性的迴歸結果：非國有企業

	因變量：Approve						
	變遷前			變遷後		
	(1)	(2)	(3)	(1)	(2)	(3)
Mao	−1.299,5	−1.407,9	−1.695,2	0.543,2	0.646,4	0.578,4
	(−3.21)***	(−3.43)***	(−3.64)***	(0.79)	(1.02)	(0.75)

表6.10(續)

	因變量：Approve					
	變遷前			變遷後		
	（1）	（2）	（3）	（1）	（2）	（3）
DA		1.957,7	0.786,7		-6.174,0	-6.343,7
		(1.12)	(0.40)		(-1.79)*	(-1.68)*
DA×Mao			4.469,1			1.409,4
			(1.15)			(0.14)
Protect	0.037,2	0.028,8	0.025,8	-0.050,4	-0.256,3	-0.253,7
	(0.11)	(0.08)	(0.07)	(-0.12)	(-0.55)	(-0.54)
CR	0.002,6	-0.011,1	-0.003,4	0.113,8	0.221,2	0.224,4
	(0.02)	(-0.07)	(-0.02)	(0.68)	(1.23)	(1.23)
Lev	0.375,2	0.248,2	0.432,8	-1.861,3	-0.795,6	-0.711,8
	(0.17)	(0.11)	(0.20)	(-1.00)	(-0.39)	(-0.33)
ROA	9.712,6	9.373,2	10.342,2	-0.937,8	0.233,9	0.316,8
	(1.19)	(1.24)	(1.35)	(-0.16)	(0.04)	(0.05)
Growth	0.000,8	0.015,1	-0.011,1	-0.423,5	-0.535,2	-0.530,9
	(0.00)	(0.08)	(-0.06)	(-0.82)	(-0.96)	(-0.96)
Size	0.401,1	0.390,4	0.405,9	0.074,8	0.032,1	0.025,2
	(1.62)	(1.58)	(1.66)*	(0.32)	(0.14)	(0.11)
Constant	-7.934,2	-7.654,3	-8.100,3	-1.357,5	-0.880,1	-0.777,3
	(-1.64)	(-1.59)	(-1.71)*	(-0.28)	(-0.20)	(-0.17)
N	84	84	84	52	52	52
Pseudo R^2	0.176	0.187	0.197	0.077	0.126	0.127
Chi^2	14.789,0**	15.945,2**	19.128,1**	6.730,8	10.727,7	10.764,7

註：

①迴歸樣本是非國有企業樣本。因變量Approve，虛擬變量，如果公司的配股申請被證監會審核通過，取值為1，否則為0。解釋變量Mao，虛擬變量，如果公司配股申請前三年被出具非標準審計意見，取值為1，否則為0；DA為應計盈餘管理，採用公司配股申請前三年的均值衡量。

②「變遷前」為2001年配股管制變遷之前，「變遷後」為2001年配股管制變遷之後。

③括號裡的為z值，經過了White異方差矯正。「*」「**」和「***」分別表示在10%、5%和1%水平下統計顯著，下同。

（3）真實盈餘管理與審計意見監管有用性

表6.11是真實盈餘管理與審計意見監管有用性的迴歸結果。可以發現，真實盈餘管理RM與審計意見Mao的交乘項RM×Mao的迴歸係數，在變遷前和

變遷後兩個時期，在統計上都不顯著。這表明真實盈餘管理對審計意見的監管有用性沒有產生顯著影響，即真實盈餘管理既沒有提升也沒有降低審計意見的監管有用性。

表 6.11　真實盈餘管理與審計意見監管有用性的迴歸結果

	因變量：Approve					
	變遷前			變遷後		
	（1）	（2）	（3）	（1）	（2）	（3）
Mao	−0.581,9	−0.582,0	−0.581,7	−0.246,4	−0.220,8	−0.221,7
	（−3.11）***	（−3.11）***	（−3.11）***	（−0.84）	（−0.75）	（−0.75）
RM		−0.014,0	−0.033,2		−1.008,7	−0.901,7
		（−0.03）	（−0.07）		（−1.53）	（−1.31）
RM×Mao			0.171,2			−1.138,2
			（0.13）			（−0.50）
Protect	0.061,8	0.061,7	0.061,3	−0.017,3	−0.003,2	−0.008,9
	（0.45）	（0.45）	（0.44）	（−0.10）	（−0.02）	（−0.05）
CR	−0.046,6	−0.046,4	−0.046,4	−0.038,3	−0.035,1	−0.041,6
	（−1.07）	（−1.06）	（−1.06）	（−0.34）	（−0.31）	（−0.37）
Lev	0.079,6	0.081,7	0.085,7	−0.651,8	−0.452,3	−0.516,9
	（0.10）	（0.11）	（0.11）	（−0.69）	（−0.47）	（−0.53）
ROA	8.163,3	8.152,2	8.145,7	7.251,9	7.533,6	7.641,8
	（2.26）**	（2.24）**	（2.24）**	（1.74）*	（1.78）*	（1.79）*
Growth	0.293,5	0.293,5	0.291,4	−0.418,1	−0.410,0	−0.385,9
	（1.45）	（1.44）	（1.43）	（−1.49）	（−1.46）	（−1.35）
Size	0.266,2	0.265,9	0.266,1	0.235,8	0.214,6	0.218,6
	（2.73）***	（2.70）***	（2.71）***	（1.91）*	（1.73）*	（1.76）*
Constant	−4.959,3	−4.953,5	−4.957,8	−5.172,3	−4.873,5	−4.926,1
	（−2.42）**	（−2.40）**	（−2.40）**	（−1.99）**	（−1.88）*	（−1.90）*
N	532	532	532	251	251	251
Pseudo R^2	0.064	0.064	0.064	0.036	0.043	0.044
Chi^2	27.736,2***	27.741,4***	27.767,8***	10.481,8	12.876,6	13.255,3

註：
① 因變量 Approve，虛擬變量，如果公司的配股申請被證監會審核通過，取值為 1，否則為 0。解釋變量 Mao，虛擬變量，如果公司配股申請前三年被出具非標準審計意見，取值為 1，否則為 0；RM 為真實盈餘管理，採用公司配股申請前三年的均值衡量。
②「變遷前」為 2001 年配股管制變遷之前，「變遷後」為 2001 年配股管制變遷之後。
③ 括號裡的為 z 值，經過了 White 異方差矯正。「*」「**」和「***」分別表示在 10%、5% 和 1% 水平下統計顯著，下同。

表 6.12 是國有企業的真實盈餘管理與審計意見監管有用性的迴歸結果。可以發現，在國有企業樣本的迴歸結果裡，真實盈餘管理 RM 與審計意見 Mao 的交乘項 RM×Mao 的迴歸係數，在變遷前統計上不顯著，在變遷後統計上顯著，但由於在變遷後審計意見不具有監管有用性，因而也不存在審計意見監管有用性是否受真實盈餘管理的影響。所以，經驗結果表明，國有企業的真實盈餘管理對審計意見的監管有用性沒有產生顯著影響，即國有企業的真實盈餘管理既沒有提升也沒有降低審計意見的監管有用性。

表 6.12　真實盈餘管理與審計意見監管有用性的迴歸結果：國有企業

	因變量：Approve					
	變遷前			變遷後		
	（1）	（2）	（3）	（1）	（2）	（3）
Mao	−0.354,8	−0.362,1	−0.340,5	−0.553,7	−0.544,7	−0.659,9
	(−1.60)	(−1.63)	(−1.52)	(−1.55)	(−1.54)	(−1.81)*
RM		−0.253,7	−0.354,4		−0.566,4	−0.022,1
		(−0.52)	(−0.69)		(−0.78)	(−0.03)
RM×Mao			0.965,0			−4.898,5
			(0.64)			(−1.77)*
Protect	0.082,8	0.083,2	0.082,0	−0.023,6	−0.014,1	−0.036,7
	(0.54)	(0.55)	(0.54)	(−0.12)	(−0.07)	(−0.19)
CR	−0.046,9	−0.043,2	−0.042,8	−0.115,3	−0.111,1	−0.156,3
	(−1.00)	(−0.91)	(−0.91)	(−0.76)	(−0.73)	(−1.00)
Lev	0.286,7	0.332,3	0.374,1	−0.050,1	0.052,8	−0.185,0
	(0.34)	(0.40)	(0.45)	(−0.04)	(0.05)	(−0.15)
ROA	8.504,8	8.363,1	8.398,6	16.075,7	16.164,1	18.116,7
	(2.06)**	(2.01)**	(2.02)**	(3.04)***	(3.08)***	(3.29)***
Growth	0.456,6	0.459,6	0.450,4	−0.298,2	−0.310,5	−0.133,7
	(1.67)*	(1.66)*	(1.64)	(−0.86)	(−0.89)	(−0.37)
Size	0.249,6	0.245,6	0.246,9	0.262,1	0.251,7	0.274,4
	(2.34)**	(2.29)**	(2.29)**	(1.74)*	(1.66)*	(1.80)*
Constant	−4.764,6	−4.698,4	−4.741,0	−6.308,9	−6.163,6	−6.590,2
	(−2.11)**	(−2.07)**	(−2.08)**	(−1.98)**	(−1.94)*	(−2.07)**
N	448	448	448	199	199	199

表6.12(續)

	因變量：Approve					
	變遷前			變遷後		
	(1)	(2)	(3)	(1)	(2)	(3)
Pseudo R^2	0.054	0.055	0.056	0.061	0.064	0.076
Chi^2	19.368,6 ***	19.575,7 **	19.816,7 **	15.726,4 **	16.994,1 **	20.893,2 **

註：
①迴歸樣本是國有企業樣本。因變量 Approve，虛擬變量，如果公司的配股申請被證監會審核通過，取值為1，否則為0。解釋變量 Mao，虛擬變量，如果公司配股申請前三年被出具非標準審計意見，取值為1，否則為0；RM 為真實盈餘管理，採用公司配股申請前三年的均值衡量。
②「變遷前」為 2001 年配股管制變遷之前，「變遷後」為 2001 年配股管制變遷之後。
③括號裡的為 z 值，經過了 White 異方差矯正。「*」「**」和「***」分別表示在10%、5%和1%水平下統計顯著，下同。

表 6.13 是非國有企業的真實盈餘管理與審計意見監管有用性的迴歸結果。可以發現，在非國有企業樣本的迴歸結果裡，真實盈餘管理 RM 與審計意見 Mao 的交乘項 RM×Mao 的迴歸系數，在變遷前統計上不顯著，在變遷後統計上顯著，但由於在變遷後審計意見不具有監管有用性，因而也不存在審計意見監管有用性是否受真實盈餘管理的影響。所以，經驗結果表明，非國有企業的真實盈餘管理對審計意見的監管有用性沒有產生顯著影響，即非國有企業的真實盈餘管理既沒有提升也沒有降低審計意見的監管有用性。

表 6.13　真實盈餘管理與審計意見監管有用性的迴歸結果：非國有企業

	因變量：Approve					
	變遷前			變遷後		
	(1)	(2)	(3)	(1)	(2)	(3)
Mao	-1.299,5	-1.498,7	-1.731,3	0.543,2	0.836,6	-0.492,8
	(-3.21) ***	(-3.58) ***	(-3.79) ***	(0.79)	(1.20)	(-0.48)
RM		1.519,3	1.240,4		-3.093,9	-3.550,9
		(1.45)	(1.16)		(-1.90) *	(-2.10) **
RM×Mao			3.364,4			25.398,4
			(1.12)			(2.65) ***
Protect	0.037,2	0.033,4	0.024,8	-0.050,4	-0.062,1	0.050,1
	(0.11)	(0.09)	(0.07)	(-0.12)	(-0.14)	(0.11)
CR	0.002,6	0.013,0	0.018,8	0.113,8	0.102,7	0.062,2
	(0.02)	(0.09)	(0.12)	(0.68)	(0.61)	(0.37)

表6.13(續)

	因變量：Approve					
	變遷前			變遷後		
	（1）	（2）	（3）	（1）	（2）	（3）
Lev	0.375,2	0.555,8	0.715,8	−1.861,3	−1.214,6	−1.688,8
	(0.17)	(0.24)	(0.31)	(−1.00)	(−0.61)	(−0.85)
ROA	9.712,6	11.319,8	11.598,0	−0.937,8	0.512,9	−0.407,5
	(1.19)	(1.29)	(1.37)	(−0.16)	(0.09)	(−0.07)
Growth	0.000,8	−0.000,6	−0.020,0	−0.423,5	−0.292,3	−0.165,4
	(0.00)	(−0.00)	(−0.11)	(−0.82)	(−0.51)	(−0.28)
Size	0.401,1	0.502,5	0.515,9	0.074,8	0.015,7	−0.069,2
	(1.62)	(2.03)**	(2.10)**	(0.32)	(0.07)	(−0.28)
Constant	−7.934,2	−10.136,5	−10.503,3	−1.357,5	−0.618,8	1.329,6
	(−1.64)	(−2.08)**	(−2.17)**	(−0.28)	(−0.13)	(0.27)
N	84	84	84	52	52	52
Pseudo R^2	0.176	0.199	0.208	0.077	0.132	0.169
Chi^2	14.789,0**	20.050,4**	22.902,4***	6.730,8	11.656,7	20.024,8**

註：
①迴歸樣本是非國有企業樣本。因變量 Approve，虛擬變量，如果公司的配股申請被證監會審核通過，取值為1，否則為0。解釋變量 Mao，虛擬變量，如果公司配股申請前三年被出具非標準審計意見，取值為1，否則為0；RM 為真實盈餘管理，採用公司配股申請前三年的均值衡量。
②「變遷前」為2001年配股管制變遷之前，「變遷後」為2001年配股管制變遷之後。
③括號裡的為 z 值，經過了 White 異方差矯正。「*」「**」和「***」分別表示在10%、5%和1%水平下統計顯著，下同。

　　綜合對本章研究假設 H2 的檢驗結果可知，非國有企業的非經營性盈餘管理對審計意見的監管有用性有顯著影響，表現為非經營性盈餘管理降低了審計意見的監管有用性，而應計盈餘管理和真實盈餘管理對審計意見的監管有用性不產生影響，本章的假設 H2 得到部分支持。

　　需要說明的是，之所以非經營性盈餘管理降低了審計意見的監管有用性，可能是監管者和審計意見對盈餘管理的治理存在替代關係，從而削弱了審計意見的監管有用性。這種替代關係表現為：既然審計意見反應了盈餘管理，監管者可能更關注沒有被審計意見反應的盈餘管理，導致審計意見的監管有用性在盈餘管理的影響下有所下降。

6.4.3 假設 H3 的檢驗

1. 描述性統計分析

表 6.14 是迴歸模型 (6-8) 中各變量的描述性統計分析結果。可以發現，2001 年配股管制變遷前，上市公司配股後的經營業績 IARoa 為 -0.008,8，低於 2001 年配股管制變遷後的上市公司配股業績 0.004,0，並在均值檢驗和 Wilcoxon 秩檢驗上統計顯著。數據表明，配股管制變遷後公司的配股業績更好，這可能與中國的配股管制變遷有效有關。成功進行配股的公司，其配股前三年被出示過非標審計意見的情形 Mao，在變遷前和變遷後沒有顯著差異。配股公司配股申請前的非經營性盈餘管理 ENOI，變遷前顯著高於變遷後。同樣，配股公司配股申請前的應計盈餘管理 DA 和真實盈餘管理 RM，變遷前顯著高於變遷後。這表明，管制變遷後的配股公司的盈餘管理相對管制變遷前出現了下降，這可能與配股管制趨嚴有關，也說明了中國的配股管制具有一定的有效性。配股公司在配股前的公司規模 Size，變遷前顯著低於變遷後。這表明管制變遷後，證監會更看重公司的規模對配股申請審核的影響。配股公司在配股前的業績 ROA，變遷前顯著高於變遷後。這是與中國的配股管制變遷有關，2001 年配股管制的變遷對配股申請的業績要求降低，從原來的配股申請近三年的 Roe 平均 10% 降低到 6%。

表 6.14　　　　　　　　　描述性統計分析結果

	變遷前 均值	變遷後 均值	t	z
IARoa	-0.008,8	0.004,0	-2.20**	-1.79*
Mao	0.086,3	0.073,7	0.42	0.40
ENOI	0.011,0	0.007,6	1.93*	1.46
DA	0.026,6	0.003,4	3.13***	2.62***
RM	-0.007,4	-0.043,6	2.27**	1.98**
Protect	0.473,5	0.505,3	-0.56	-0.56
Growth	0.325,8	0.271,9	0.91	-1.30
Lev	0.402,1	0.420,5	-1.18	-0.91
Size	20.592,1	21.054,1	-5.69***	-5.63***
ROA	0.078,7	0.059,7	5.94***	5.05***

註：
① IARoa，為配股後三年經行業調整的總資產營業利潤率的均值。
② t 值是均值檢驗得到的統計值，z 值是 Wilcoxon 秩檢驗得到統計值。
③「*」「**」和「***」分別表示在 10%、5% 和 1% 水平下統計顯著(雙尾檢驗)，下同。

2. 迴歸分析

(1) 非經營性盈餘管理與審計意見監管有用性的經濟後果

表 6.15 是非經營性盈餘管理與審計意見監管有用性經濟後果的迴歸結果。可以發現,審計意見 Mao 對公司配股後的經營業績 IARoa 的迴歸系數,在變遷前和變遷後兩個時期都為負,但僅在變遷後統計上顯著。這表明審計意見與公司配股後的經營業績具有相關性,即配股申請前非標準審計意見與公司配股後經營業績負相關,體現了審計意見的治理功能和信息作用。而之所以審計意見與公司配股後的經營業績的相關性在變遷後統計上顯著,可能與中國配股管制變遷的有效性有關,也可能是 2001 年的管制變遷將審計意見納入管制內容有關,強化了審計意見的治理效應和經濟後果。

非經營性盈餘管理 ENOI 對公司配股後的經營業績 IARoa 的迴歸系數,在變遷前和變遷後兩個時期在統計上都不顯著,表明非經營性盈餘管理對公司配股後的經營業績沒有顯著影響。同時,非經營性盈餘管理 ENOI 與審計意見 Mao 的交乘項 ENOI×Mao,其迴歸系數在變遷前和變遷後兩個時期在統計上都不顯著。這表明非經營性盈餘管理對審計意見與公司配股後的經營業績的相關性沒有產生顯著影響,即非經營性盈餘管理沒有提升也沒有降低審計意見與公司配股後的經營業績的相關性。

在控制變量方面,行業保護 Protect 的迴歸系數,在變遷前顯著為正,表明受行業保護的公司,其配股後的經營業績更好,但僅在變遷前得到體現。資產負債率 Lev 的迴歸系數,在變遷後顯著為正,表明資產負債率高的公司其配股後的經營業績更好,但僅在變遷後體現。公司規模 Size 的迴歸系數為正,僅在變遷後統計上顯著,表明規模大的公司,其配股後的經營業績更好,但僅在變遷後體現。公司配股前的業績 ROA,迴歸系數在變遷前和變遷後兩個時期在統計上都顯著為正,表明公司配股前的業績越好,其配股後的經營業績也越好。

表 6.15　非經營性盈餘管理與審計意見監管有用性的經濟結果

	因變量:IARoa					
	變遷前			變遷後		
	(1)	(2)	(3)	(1)	(2)	(3)
Mao	−0.001,2	−0.002,0	−0.003,4	−0.024,8	−0.024,6	−0.021,5
	(−0.14)	(−0.24)	(−0.35)	(−1.88)*	(−1.79)*	(−1.08)
ENOI		0.103,7	0.086,9		−0.046,2	−0.014,4
		(0.67)	(0.47)		(−0.16)	(−0.05)

表6.15(續)

	因變量：IARoa					
	變遷前			變遷後		
	(1)	(2)	(3)	(1)	(2)	(3)
ENOI×Mao			0.087,2			−0.298,0
			(0.30)			(−0.39)
Protect	0.013,1	0.013,1	0.013,2	−0.012,3	−0.012,3	−0.012,3
	(2.18)**	(2.18)**	(2.20)**	(−1.39)	(−1.35)	(−1.34)
Growth	0.001,1	0.000,8	0.000,8	−0.033,5	−0.033,0	−0.032,9
	(0.59)	(0.43)	(0.43)	(−1.49)	(−1.40)	(−1.39)
Lev	−0.035,7	−0.036,7	−0.036,3	0.066,7	0.067,5	0.070,6
	(−0.94)	(−0.95)	(−0.93)	(1.83)*	(1.85)*	(1.83)*
Size	0.004,0	0.004,2	0.004,2	0.010,7	0.010,7	0.010,4
	(1.05)	(1.10)	(1.09)	(2.02)**	(2.02)**	(1.87)*
ROA	0.273,0	0.266,9	0.267,9	1.072,9	1.079,3	1.083,5
	(2.83)***	(2.72)***	(2.69)***	(6.36)***	(6.06)***	(6.07)***
Constant	−0.104,0	−0.108,8	−0.108,6	−0.296,4	−0.297,4	−0.291,6
	(−1.33)	(−1.39)	(−1.39)	(−2.61)**	(−2.62)**	(−2.49)**
N	452	452	452	95	95	95
Adj. R^2	0.041	0.039	0.037	0.256	0.248	0.240
F	4.224,1***	3.701,9***	3.270,7***	9.399,0***	8.290,5***	9.221,6***

註：

①因變量 IARoa，公司配股後的經營業績，採用公司配股後三年經行業調整的總資產營業利潤率的均值衡量。解釋變量 Mao，虛擬變量，如果公司配股申請前三年被出具非標準審計意見，取值為1，否則為0；ENOI 為非經營性盈餘管理，採用公司配股申請前三年的均值衡量。

②「變遷前」為2001年配股管制變遷之前，「變遷後」為2001年配股管制變遷之後。

③括號裡的為 t 值，經過了 White 異方差矯正。「*」「**」和「***」分別表示在10%、5%和1%水平下統計顯著，下同。

表6.16是國有企業樣本的非經營性盈餘管理與審計意見監管有用性經濟後果的迴歸結果。可以發現，在國有企業樣本的迴歸結果裡，審計意見 Mao 對公司配股後的經營業績 IARoa 的迴歸系數，在變遷前和變遷後兩個時期都為負，但僅在變遷後統計上顯著。這表明國有企業的審計意見與配股後的經營業績具有相關性，即國有企業配股申請前非標準審計意見與配股後經營業績負相關，體現了審計意見的治理功能和信息作用。而之所以國有企業的審計意見與

公司配股後的經營業績的相關性在變遷後統計上顯著，可能與中國配股管制變遷的有效性有關，也可能是 2001 年的管制變遷將審計意見納入管制內容有關，並且，國有企業受政府直接控制，配股管制的有效性可能在國有企業裡得到加強，從而強化了國有企業的審計意見的治理效應和經濟後果。

非經營性盈餘管理 ENOI 與審計意見 Mao 的交乘項 ENOI×Mao，迴歸系數在變遷前和變遷後兩個時期在統計上都不顯著。這表明在國有企業裡，非經營性盈餘管理對審計意見與公司配股後的經營業績的相關性沒有產生顯著影響，即國有企業的非經營性盈餘管理沒有提升也沒有降低審計意見與公司配股後的經營業績的相關性。

表 6.16　非經營性盈餘管理與審計意見監管有用性的經濟結果：國有企業

	因變量：IARoa					
	變遷前			變遷後		
	(1)	(2)	(3)	(1)	(2)	(3)
Mao	−0.001,9	−0.002,4	−0.011,8	−0.042,5	−0.041,4	−0.047,1
	(−0.19)	(−0.24)	(−0.89)	(−2.63)**	(−2.41)**	(−1.75)*
ENOI		0.153,8	0.118,1		−0.152,2	−0.188,3
		(0.78)	(0.57)		(−0.49)	(−0.56)
ENOI×Mao			0.760,3			0.412,0
			(1.43)			(0.43)
Protect	0.012,4	0.012,3	0.012,3	−0.007,1	−0.006,9	−0.006,6
	(1.82)*	(1.81)*	(1.81)*	(−0.92)	(−0.87)	(−0.82)
Growth	0.014,7	0.015,5	0.015,6	−0.005,0	−0.003,6	−0.003,7
	(1.55)	(1.61)	(1.61)	(−0.38)	(−0.27)	(−0.27)
Lev	−0.039,8	−0.041,8	−0.040,7	0.038,6	0.041,5	0.037,1
	(−0.93)	(−0.96)	(−0.93)	(1.53)	(1.60)	(1.33)
Size	0.005,7	0.006,0	0.006,2	0.003,3	0.003,1	0.003,6
	(1.25)	(1.30)	(1.33)	(0.61)	(0.57)	(0.64)
ROA	0.274,3	0.260,9	0.263,5	0.924,9	0.946,2	0.939,6
	(2.42)**	(2.22)**	(2.23)**	(6.65)***	(5.98)***	(5.90)***
Constant	−0.142,2	−0.148,9	−0.151,9	−0.123,5	−0.120,7	−0.129,6
	(−1.51)	(−1.57)	(−1.59)	(−1.09)	(−1.07)	(−1.11)
N	384	384	384	78	78	78

表6.16(續)

	因變量：IARoa					
	變遷前			變遷後		
	(1)	(2)	(3)	(1)	(2)	(3)
Adj. R^2	0.044	0.043	0.042	0.304	0.297	0.289
F	3.527,1***	3.147,0***	2.977,8***	8.271,1***	6.595,5***	6.342,8***

註：
①迴歸樣本是國有企業樣本。因變量 IARoa，公司配股後的經營業績，採用公司配股後三年經行業調整的總資產營業利潤率的均值衡量。解釋變量 Mao，虛擬變量，如果公司配股申請前三年被出具非標準審計意見，取值為 1，否則為 0；ENOI 為非經營性盈餘管理，採用公司配股申請前三年的均值衡量。

②「變遷前」為 2001 年配股管制變遷之前，「變遷後」為 2001 年配股管制變遷之後。

③括號裡的為 t 值，經過了 White 異方差矯正。「*」「**」和「***」分別表示在 10%、5% 和 1% 水平下統計顯著，下同。

　　表 6.17 是非國有企業樣本的非經營性盈餘管理與審計意見監管有用性經濟後果的迴歸結果。可以發現，在非國有企業樣本的迴歸結果裡，審計意見 Mao 對公司配股後的經營業績 IARoa 的迴歸係數，在變遷前和變遷後兩個時期在統計上都不顯著。這表明非國有企業的審計意見與公司配股後的經營業績不具有相關性，意味著審計意見的治理功能和信息作用沒有在非國有企業裡得到體現。

　　非經營性盈餘管理 ENOI 與審計意見 Mao 的交乘項 ENOI×Mao，迴歸係數在變遷前和變遷後兩個時期統計上都不顯著。這表明在非國有企業裡，非經營性盈餘管理對審計意見與公司配股後的經營業績的相關性沒有產生顯著影響，即非國有企業的非經營性盈餘管理沒有提升也沒有降低審計意見與公司配股後的經營業績的相關性。

表 6.17　非經營性盈餘管理與審計意見監管有用性的經濟結果：非國有企業

	因變量：IARoa					
	變遷前			變遷後		
	(1)	(2)	(3)	(1)	(2)	(3)
Mao	0.012,0	0.012,3	0.021,9	−0.005,8	−0.004,7	−0.006,3
	(0.82)	(0.99)	(1.65)	(−0.09)	(−0.07)	(−0.13)
ENOI		−0.009,9	0.198,1		0.190,3	0.979,5
		(−0.05)	(0.73)		(0.14)	(0.67)
ENOI×Mao			−0.343,6			−4.712,7
			(−0.88)			(−1.50)

表6.17(續)

| | 因變量：IARoa ||||||
| | 變遷前 ||| 變遷後 |||
	(1)	(2)	(3)	(1)	(2)	(3)
Protect	0.012,8	0.012,7	0.011,2	0.016,7	0.016,8	0.029,1
	(1.36)	(1.34)	(1.18)	(0.55)	(0.54)	(0.83)
Growth	0.000,1	0.000,1	−0.000,4	−0.096,6	−0.098,4	−0.120,1
	(0.07)	(0.10)	(−0.40)	(−1.39)	(−1.32)	(−1.60)
Lev	−0.079,8	−0.079,9	−0.087,7	0.312,2	0.311,3	0.489,8
	(−1.65)	(−1.64)	(−1.69)*	(0.92)	(0.87)	(1.20)
Size	−0.001,2	−0.001,3	−0.000,9	0.035,1	0.033,4	0.027,9
	(−0.19)	(−0.19)	(−0.13)	(1.66)	(1.32)	(0.95)
ROA	−0.031,7	−0.032,4	−0.052,8	2.648,4	2.629,8	3.180,8
	(−0.19)	(−0.19)	(−0.30)	(1.80)	(1.68)	(1.82)
Constant	0.048,8	0.050,3	0.045,6	−0.996,0	−0.960,3	−0.949,1
	(0.38)	(0.37)	(0.33)	(−2.04)*	(−1.65)	(−1.40)
N	68	68	68	17	17	17
Adj. R^2	0.040	0.024	0.018	0.186	0.097	0.125
F	3.294,0***	2.860,3**	2.470,6**	0.985,9	0.815,5	1.28

註：

①迴歸樣本是非國有企業樣本。因變量 IARoa，公司配股後的經營業績，採用公司配股後三年經行業調整的總資產營業利潤率的均值衡量。解釋變量 Mao，虛擬變量，如果公司配股申請前三年被出具非標準審計意見，取值為 1，否則為 0；ENOI 為非經營性盈餘管理，採用公司配股申請前三年的均值衡量。

②「變遷前」為 2001 年配股管制變遷之前，「變遷後」為 2001 年配股管制變遷之後。

③括號裡的為 t 值，經過了 White 異方差矯正。「*」「**」和「***」分別表示在 10%、5% 和 1% 水平下統計顯著，下同。

(2) 應計盈餘管理與審計意見監管有用性的經濟後果

表 6.18 是應計盈餘管理與審計意見監管有用性經濟後果的迴歸結果。可以發現，應計盈餘管理 DA 對公司配股後的經營業績 IARoa 的迴歸系數，在變遷前統計上顯著為負。這表明公司配股前的應計盈餘管理水平越高，配股後的經營業績越差。

應計盈餘管理 DA 與審計意見 Mao 的交乘項 DA×Mao 的迴歸系數，在變遷前和變遷後兩個時期，在統計上都不顯著。這表明應計盈餘管理對審計意見與

公司配股後的經營業績的相關性沒有產生顯著影響，即應計盈餘管理沒有提升也沒有降低審計意見與公司配股後的經營業績的相關性。

表6.18　應計盈餘管理與審計意見監管有用性的經濟結果

	因變量：IARoa					
	變遷前			變遷後		
	（1）	（2）	（3）	（1）	（2）	（3）
Mao	−0.001,2	0.002,8	0.003,7	−0.024,8	−0.025,2	−0.029,4
	（−0.14）	（0.33）	（0.55）	（−1.88）*	（−1.83）*	（−2.23）**
DA		−0.112,5	−0.110,8		0.010,7	−0.000,4
		（−2.40）**	（−2.19）**		（0.16）	（−0.01）
DA×Mao			−0.017,6			0.119,2
			（−0.17）			（0.93）
Protect	0.013,1	0.013,1	0.013,1	−0.012,3	−0.012,4	−0.012,5
	（2.18）**	（2.19）**	（2.20）**	（−1.39）	（−1.39）	（−1.39）
Growth	0.001,1	0.000,4	0.000,5	−0.033,5	−0.033,5	−0.032,9
	（0.59）	（0.26）	（0.28）	（−1.49）	（−1.48）	（−1.46）
Lev	−0.035,7	−0.038,1	−0.038,3	0.066,7	0.067,9	0.074,6
	（−0.94）	（−0.99）	（−1.00）	（1.83）*	（1.84）*	（1.84）*
Size	0.004,0	0.004,9	0.004,9	0.010,7	0.010,6	0.009,7
	（1.05）	（1.29）	（1.28）	（2.02）**	（1.98）*	（1.67）*
ROA	0.273,0	0.271,1	0.270,3	1.072,9	1.078,9	1.087,4
	（2.83）***	（2.80）***	（2.80）***	（6.36）***	（6.19）***	（6.19）***
Constant	−0.104,0	−0.119,4	−0.119,1	−0.296,4	−0.295,1	−0.278,5
	（−1.33）	（−1.55）	（−1.54）	（−2.61）**	（−2.58）**	（−2.30）**
N	452	452	452	95	95	95
Adj. R^2	0.041	0.059	0.057	0.256	0.248	0.241
F	4.224,1***	3.701,9***	3.394,2***	9.399,0***	8.002,1***	8.243,7***

註：

①因變量IARoa，公司配股後的經營業績，採用公司配股後三年經行業調整的總資產營業利潤率的均值衡量。解釋變量Mao，虛擬變量，如果公司配股申請前三年被出具非標準審計意見，取值為1，否則為0；DA為應計盈餘管理，採用公司配股申請前三年的均值衡量。

②「變遷前」為2001年配股管制變遷之前，「變遷後」為2001年配股管制變遷之後。

③括號裡的為t值，經過了White異方差矯正。「*」「**」和「***」分別表示在10%、5%和1%水平下統計顯著，下同。

表 6.19 是國有企業樣本的應計盈餘管理與審計意見監管有用性經濟後果的迴歸結果。可以發現，在國有企業樣本的迴歸結果裡，應計盈餘管理 DA 對公司配股後的經營業績 IARoa 的迴歸係數，在變遷前統計上顯著為負。這表明國有企業配股前的應計盈餘管理水平越高，配股後的經營業績越差。

在國有企業樣本裡，應計盈餘管理 DA 與審計意見 Mao 的交乘項 DA×Mao 的迴歸係數，在變遷前和變遷後兩個時期，在統計上都不顯著。這表明國有企業的應計盈餘管理對審計意見與公司配股後的經營業績的相關性沒有產生顯著影響，即國有企業的應計盈餘管理沒有提升也沒有降低審計意見與公司配股後的經營業績的相關性。

表 6.19 應計盈餘管理與審計意見監管有用性的經濟結果：國有企業

	因變量：IARoa					
	變遷前			變遷後		
	(1)	(2)	(3)	(1)	(2)	(3)
Mao	-0.001,9	0.001,9	0.005,0	-0.042,5	-0.042,0	-0.046,0
	(-0.19)	(0.20)	(0.64)	(-2.63)**	(-2.51)**	(-2.90)***
DA		-0.126,2	-0.120,6		-0.014,3	-0.030,6
		(-2.30)**	(-2.06)**		(-0.21)	(-0.40)
DA×Mao			-0.065,1			0.141,9
			(-0.55)			(1.21)
Protect	0.012,4	0.011,8	0.011,9	-0.007,1	-0.007,0	-0.007,3
	(1.82)*	(1.77)*	(1.79)*	(-0.92)	(-0.91)	(-0.93)
Growth	0.014,7	0.011,7	0.012,0	-0.005,0	-0.005,0	-0.004,5
	(1.55)	(1.23)	(1.26)	(-0.38)	(-0.37)	(-0.33)
Lev	-0.039,8	-0.038,9	-0.039,7	0.038,6	0.037,2	0.046,2
	(-0.93)	(-0.92)	(-0.94)	(1.53)	(1.38)	(1.63)
Size	0.005,7	0.006,8	0.006,8	0.003,3	0.003,4	0.002,1
	(1.25)	(1.48)	(1.47)	(0.61)	(0.62)	(0.37)
ROA	0.274,3	0.288,1	0.285,3	0.924,9	0.914,7	0.921,7
	(2.42)**	(2.57)**	(2.55)**	(6.65)***	(6.11)***	(6.06)***
Constant	-0.142,2	-0.163,2	-0.162,5	-0.123,5	-0.125,5	-0.102,5
	(-1.51)	(-1.74)*	(-1.73)*	(-1.09)	(-1.08)	(-0.85)
N	384	384	384	78	78	78

表6.19(續)

	因變量：IARoa					
	變遷前			變遷後		
	(1)	(2)	(3)	(1)	(2)	(3)
Adj. R^2	0.044	0.063	0.061	0.304	0.294	0.289
F	3.527,1***	3.062,5***	2.803,9***	8.271,1***	6.972,8***	6.157,7***

註：
①迴歸樣本為國有企業樣本。因變量IARoa，公司配股後的經營業績，採用公司配股後三年經行業調整的總資產營業利潤率的均值衡量。解釋變量Mao，虛擬變量，如果公司配股申請前三年被出具非標準審計意見，取值為1，否則為0；DA為應計盈餘管理，採用公司配股申請前三年的均值衡量。
②「變遷前」為2001年配股管制變遷之前，「變遷後」為2001年配股管制變遷之後。
③括號裡的為 t 值，經過了White異方差矯正。「*」「**」和「***」分別表示在10%、5%和1%水平下統計顯著，下同。

　　表6.20是非國有企業樣本的應計盈餘管理與審計意見監管有用性經濟後果的迴歸結果。可以發現，在非國有企業樣本的迴歸結果裡，應計盈餘管理DA對公司配股後的經營業績IARoa的迴歸係數，在變遷前和變遷後兩個時期在統計上都不顯著。這表明非國有企業配股前的應計盈餘管理對配股後的經營業績沒有影響。

　　在非國有企業樣本裡，應計盈餘管理DA與審計意見Mao的交乘項DA×Mao的迴歸係數，在變遷前和變遷後兩個時期，在統計上都不顯著。這表明非國有企業的應計盈餘管理對審計意見與公司配股後的經營業績的相關性沒有產生顯著影響，即非國有企業的應計盈餘管理沒有提升也沒有降低審計意見與公司配股後的經營業績的相關性。

表6.20　應計盈餘管理與審計意見監管有用性的經濟結果：非國有企業

	因變量：IARoa					
	變遷前			變遷後		
	(1)	(2)	(3)	(1)	(2)	(3)
Mao	0.012,0	0.017,9	0.022,0	-0.005,8	-0.018,1	-1.897,8
	(0.82)	(1.32)	(1.78)*	(-0.09)	(-0.27)	(-1.57)
DA		-0.070,0	-0.065,1		0.181,0	0.236,2
		(-1.34)	(-1.11)		(0.80)	(0.94)
DA×Mao			-0.042,7			36.133,9
			(-0.28)			(1.59)

表6.20(續)

	因變量：IARoa					
	變遷前			變遷後		
	（1）	（2）	（3）	（1）	（2）	（3）
Protect	0.012,8	0.014,6	0.014,3	0.016,7	0.017,6	0.028,2
	(1.36)	(1.62)	(1.61)	(0.55)	(0.55)	(0.75)
Growth	0.000,1	-0.000,0	0.000,0	-0.096,6	-0.097,5	-0.110,5
	(0.07)	(-0.02)	(0.06)	(-1.39)	(-1.33)	(-1.46)
Lev	-0.079,8	-0.096,1	-0.097,2	0.312,2	0.354,9	0.527,2
	(-1.65)	(-2.14)**	(-2.10)**	(0.92)	(0.99)	(1.26)
Size	-0.001,2	-0.001,4	-0.001,5	0.035,1	0.031,8	0.032,1
	(-0.19)	(-0.24)	(-0.25)	(1.66)	(1.37)	(1.22)
ROA	-0.031,7	-0.088,7	-0.097,7	2.648,4	2.614,1	3.153,0
	(-0.19)	(-0.58)	(-0.59)	(1.80)	(1.63)	(1.66)
Constant	0.048,8	0.065,9	0.069,1	-0.996,0	-0.943,6	-1.047,1
	(0.38)	(0.53)	(0.55)	(-2.04)*	(-1.75)	(-1.59)
N	68	68	68	17	17	17
Adj. R^2	0.040	0.053	0.038	0.186	0.124	0.142
F	3.294,0***	3.943,4***	4.628,0***	0.985,9	1.449,3	1.33

註：

①迴歸樣本為非國有企業樣本。因變量 IARoa，公司配股後的經營業績，採用公司配股後三年經行業調整的總資產營業利潤率的均值衡量。解釋變量 Mao，虛擬變量，如果公司配股申請前三年被出具非標準審計意見，取值為1，否則為0；DA 為應計盈餘管理，採用公司配股申請前三年的均值衡量。

②「變遷前」為 2001 年配股管制變遷之前，「變遷後」為 2001 年配股管制變遷之後。

③括號裡的為 t 值，經過了 White 異方差矯正。「*」「**」和「***」分別表示在10%、5%和1%水平下統計顯著，下同。

(3) 真實盈餘管理與審計意見監管有用性的經濟後果

表 6.21 是真實盈餘管理與審計意見監管有用性經濟後果的迴歸結果。可以發現，真實盈餘管理 RM 對公司配股後的經營業績 IARoa 的迴歸系數，在變遷前統計上顯著為負。這表明公司配股前的真實盈餘管理水平越高，配股後的經營業績越差。

真實盈餘管理 RM 與審計意見 Mao 的交乘項 RM×Mao 的迴歸系數，在變遷後統計上顯著為正。這表明真實盈餘管理對審計意見與公司配股後的經營業績

的相關性會產生顯著影響，即真實盈餘管理降低了審計意見與公司配股後的經營業績的相關性。

表 6.21 　　真實盈餘管理與審計意見監管有用性的經濟結果

	\multicolumn{6}{c}{因變量：IARoa}
	\multicolumn{3}{c}{變遷前}	\multicolumn{3}{c}{變遷後}
	(1)	(2)	(3)	(1)	(2)	(3)
Mao	−0.001,2	−0.001,2	−0.001,1	−0.024,8	−0.025,6	−0.021,9
	(−0.14)	(−0.14)	(−0.13)	(−1.88)*	(−2.12)**	(−2.21)**
RM		−0.048,2	−0.049,4		0.039,1	0.025,8
		(−3.63)***	(−3.56)***		(1.38)	(0.83)
RM×Mao			0.018,5			0.155,3
			(0.43)			(1.75)*
Protect	0.013,1	0.013,9	0.013,8	−0.012,3	−0.014,0	−0.012,2
	(2.18)**	(2.31)**	(2.30)**	(−1.39)	(−1.47)	(−1.25)
Growth	0.001,1	0.000,9	0.000,8	−0.033,5	−0.031,5	−0.030,7
	(0.59)	(0.46)	(0.44)	(−1.49)	(−1.48)	(−1.41)
Lev	−0.035,7	−0.030,2	−0.029,9	0.066,7	0.061,2	0.071,4
	(−0.94)	(−0.79)	(−0.79)	(1.83)*	(1.77)*	(2.03)**
Size	0.004,0	0.002,4	0.002,4	0.010,7	0.011,8	0.009,5
	(1.05)	(0.62)	(0.62)	(2.02)**	(2.10)**	(1.52)
ROA	0.273,0	0.233,4	0.233,7	1.072,9	1.079,4	1.083,5
	(2.83)***	(2.50)**	(2.50)**	(6.36)***	(6.44)***	(6.43)***
Constant	−0.104,0	−0.070,8	−0.070,9	−0.296,4	−0.315,2	−0.273,0
	(−1.33)	(−0.91)	(−0.91)	(−2.61)**	(−2.64)***	(−2.08)**
N	452	452	452	95	95	95
Adj. R^2	0.041	0.052	0.050	0.256	0.260	0.264
F	4.224,1***	5.861,8***	5.149,1***	9.399,0***	8.756,9***	9.511,2***

註：

①因變量 IARoa，公司配股後的經營業績，採用公司配股後三年經行業調整的總資產營業利潤率的均值衡量。解釋變量 Mao，虛擬變量，如果公司配股申請前三年被出具非標準審計意見，取值為 1，否則為 0；RM 為真實盈餘管理，採用公司配股申請前三年的均值衡量。

②「變遷前」為 2001 年配股管制變遷之前，「變遷後」為 2001 年配股管制變遷之後。

③括號裡的為 t 值，經過了 White 異方差矯正。「*」「**」和「***」分別表示在 10%、5% 和 1% 水平下統計顯著，下同。

表 6.22 是國有企業的真實盈餘管理與審計意見監管有用性經濟後果的迴歸結果。可以發現，在國有企業樣本的迴歸結果裡，真實盈餘管理 RM 對公司配股後的經營業績 IARoa 的迴歸係數，在變遷前統計上顯著為負。這表明國有企業配股前的真實盈餘管理水平越高，配股後的經營業績越差。

真實盈餘管理 RM 與審計意見 Mao 的交乘項 RM×Mao 的迴歸係數，在變遷後統計上顯著為正。這表明國有企業的真實盈餘管理對審計意見與公司配股後的經營業績的相關性會產生顯著影響，即國有企業的真實盈餘管理降低了審計意見與公司配股後的經營業績的相關性。

表 6.22 真實盈餘管理與審計意見監管有用性的經濟結果：國有企業

	因變量：IARoa					
	變遷前			變遷後		
	（1）	（2）	（3）	（1）	（2）	（3）
Mao	-0.001,9	-0.003,2	-0.003,2	-0.042,5	-0.042,5	-0.029,0
	(-0.19)	(-0.33)	(-0.32)	(-2.63)**	(-2.64)**	(-2.33)**
RM		-0.060,8	-0.060,6		0.000,2	-0.017,3
		(-3.73)***	(-3.57)***		(0.01)	(-0.70)
RM×Mao			-0.002,7			0.223,8
			(-0.05)			(2.36)**
Protect	0.012,4	0.013,8	0.013,8	-0.007,1	-0.007,2	-0.005,6
	(1.82)*	(2.02)**	(2.02)**	(-0.92)	(-0.86)	(-0.68)
Growth	0.014,7	0.016,6	0.016,6	-0.005,0	-0.005,0	-0.004,4
	(1.55)	(1.79)*	(1.77)*	(-0.38)	(-0.38)	(-0.32)
Lev	-0.039,8	-0.033,1	-0.033,1	0.038,6	0.038,6	0.058,2
	(-0.93)	(-0.78)	(-0.77)	(1.53)	(1.50)	(2.05)**
Size	0.005,7	0.004,1	0.004,1	0.003,3	0.003,3	-0.000,5
	(1.25)	(0.89)	(0.89)	(0.61)	(0.59)	(-0.08)
ROA	0.274,3	0.216,4	0.216,3	0.924,9	0.924,9	0.928,9
	(2.42)**	(1.98)**	(1.97)**	(6.65)***	(6.52)***	(6.29)***
Constant	-0.142,2	-0.107,8	-0.107,8	-0.123,5	-0.123,6	-0.054,7
	(-1.51)	(-1.16)	(-1.16)	(-1.09)	(-1.05)	(-0.44)
N	384	384	384	78	78	78
Adj. R^2	0.044	0.058	0.056	0.304	0.294	0.314

表6.22(續)

	因變量：IARoa					
	變遷前			變遷後		
	(1)	(2)	(3)	(1)	(2)	(3)
F	3.527,1***	5.697,8***	4.999,2***	8.271,1***	7.548,8***	7.689,3***

註：

①迴歸樣本是國有企業樣本。因變量 IARoa，公司配股後的經營業績，採用公司配股後三年經行業調整的總資產營業利潤率的均值衡量。解釋變量 Mao，虛擬變量，如果公司配股申請前三年被出具非標準審計意見，取值為1，否則為0；RM 為真實盈餘管理，採用公司配股申請前三年的均值衡量。

②「變遷前」為2001年配股管制變遷之前，「變遷後」為2001年配股管制變遷之後。

③括號裡的為 t 值，經過了 White 異方差矯正。「*」「**」和「***」分別表示在10%、5%和1%水平下統計顯著，下同。

表6.23 是非國有企業的真實盈餘管理與審計意見監管有用性經濟後果的迴歸結果。可以發現，在非國有企業樣本的迴歸結果裡，真實盈餘管理 RM 對公司配股後的經營業績 IARoa 的迴歸系數，在變遷前和變遷後兩個時期，在統計上都不顯著。這表明非國有企業配股前的真實盈餘管理對配股後的經營業績沒有影響。

真實盈餘管理 RM 與審計意見 Mao 的交乘項 RM×Mao 的迴歸系數，在變遷前統計上不顯著，在變遷後統計上顯著為負。但由於在變遷後審計意見對配股後的經營業績沒有影響，因而也不存在審計意見與公司配股後經營業績的相關性是否受真實盈餘管理的影響。所以，數據表明非國有企業的真實盈餘管理對審計意見與公司配股後的經營業績的相關性不會產生顯著影響，即非國有企業的真實盈餘管理沒有提升也沒有降低審計意見與公司配股後的經營業績的相關性。

表6.23 真實盈餘管理與審計意見監管有用性的經濟結果：非國有企業

	因變量：IARoa					
	變遷前			變遷後		
	(1)	(2)	(3)	(1)	(2)	(3)
Mao	0.012,0	0.015,8	0.019,5	−0.005,8	−0.034,1	0.053,0
	(0.82)	(1.03)	(1.16)	(−0.09)	(−0.42)	(1.05)
RM		−0.025,6	−0.024,8		0.152,5	0.202,3
		(−1.24)	(−1.19)		(0.93)	(1.30)
RM×Mao			−0.039,1			−1.393,6
			(−0.61)			(−1.97)*

表6.23(續)

	因變量：IARoa					
	變遷前			變遷後		
	(1)	(2)	(3)	(1)	(2)	(3)
Protect	0.012,8	0.012,0	0.012,1	0.016,7	0.009,0	0.018,7
	(1.36)	(1.29)	(1.29)	(0.55)	(0.24)	(0.45)
Growth	0.000,1	-0.000,1	-0.000,1	-0.096,6	-0.085,1	-0.096,4
	(0.07)	(-0.14)	(-0.09)	(-1.39)	(-1.59)	(-1.94)*
Lev	-0.079,8	-0.081,1	-0.082,6	0.312,2	0.330,6	0.524,2
	(-1.65)	(-1.67)*	(-1.67)*	(0.92)	(0.98)	(1.48)
Size	-0.001,2	-0.003,0	-0.003,1	0.035,1	0.033,9	0.035,2
	(-0.19)	(-0.46)	(-0.47)	(1.66)	(1.61)	(1.41)
ROA	-0.031,7	-0.064,9	-0.072,9	2.648,4	2.624,2	3.263,3
	(-0.19)	(-0.37)	(-0.40)	(1.80)	(1.93)*	(2.10)*
Constant	0.048,8	0.089,3	0.093,1	-0.996,0	-0.965,3	-1.096,0
	(0.38)	(0.65)	(0.66)	(-2.04)*	(-2.00)*	(-1.81)
N	68	68	68	17	17	17
Adj. R^2	0.040	0.041	0.026	0.186	0.182	0.250
F	3.294,0***	2.863,6**	2.663,5**	0.985,9	1.029,0	1.67

註：

①迴歸樣本是非國有企業樣本。因變量 IARoa，公司配股後的經營業績，採用公司配股後三年經行業調整的總資產營業利潤率的均值衡量。解釋變量 Mao，虛擬變量，如果公司配股申請前三年被出具非標準審計意見，取值為1，否則為0；RM 為真實盈餘管理，採用公司配股申請前三年的均值衡量。

②「變遷前」為 2001 年配股管制變遷之前，「變遷後」為 2001 年配股管制變遷之後。

③括號裡的為 t 值，經過了 White 異方差矯正。「*」「**」和「***」分別表示在 10%、5% 和 1% 水平下統計顯著，下同。

综合對本章研究假設 H3 的檢驗結果可知，審計意見與公司配股後的經營業績具有相關性，即非標準審計意見與公司配股後的經營業績顯著負相關，但僅體現在變遷後的國有企業裡。並且，審計意見與公司配股後的經營業績的相關性，會受到真實盈餘管理的影響，即真實盈餘管理降低了審計意見與公司配股後的經營業績的相關性，但僅體現在變遷後的國有企業裡，而非經營性管理和應計盈餘管理對審計意見與公司配股後的經營業績的相關性沒有產生影響，本章的假設 H3 得到部分支持。

需要說明的是，之所以真實盈餘管理降低了審計意見與公司配股後的經營業績的相關性，可能是真實盈餘管理和審計意見對公司配股後的經營業績的影響存在替代關係，從而削弱了審計意見與公司配股後的經營業績的相關性。這種替代關係可能源於審計意見不能反應真實盈餘管理。

6.4.4 穩健性測試

為了進一步考察結果的穩健性，本章進行了如下穩健性分析。

其一，應計盈餘管理 DA，採用修正的 Jones（DeChow，等，1995）來估計衡量。放入迴歸模型重新檢驗本章的研究假設，迴歸結果顯示，本章的研究結論依然穩健。

其二，參照 Zang（2012）的方法，採用 RM＝-AbDisx+AbProd 來衡量真實盈餘管理，即真實盈餘為異常酌量性費用的相反數與異常生產成本之和。放入迴歸模型重新檢驗本章的研究假設，迴歸結果顯示，本章的研究結論依然穩健。

其三，公司配股後的經營業績，採用配股後三年經行業調整的總資產淨利潤率的均值衡量，以 IARoa1 表示。將之放入迴歸模型重新檢驗本章的研究假設，表 6.24 的迴歸結果顯示，本章的研究結論依然穩健。

表 6.24 是採用 IARoa1 衡量公司配股業績的非經營性盈餘管理與審計意見監管有用性經濟後果的迴歸結果。可以發現，審計意見 Mao 對公司配股後的經營業績 IARoa1 的迴歸係數，在變遷前和變遷後兩個時期都為負，但僅在變遷後統計上顯著。這表明審計意見與公司配股後的經營業績具有相關性，即配股申請前非標準審計意見與公司配股後經營業績負相關，體現了審計意見的治理功能和信息作用。而之所以審計意見與公司配股後的經營業績的相關性在變遷後統計上顯著，可能與中國配股管制變遷的有效性有關，也可能是 2001 年的管制變遷將審計意見納入管制內容有關，強化了審計意見的治理效應和經濟後果。

非經營性盈餘管理 ENOI 對公司配股後的經營業績 IARoa1 的迴歸係數，在變遷前和變遷後兩個時期在統計上都不顯著，表明非經營性盈餘管理對公司配股後的經營業績沒有顯著影響。同時，非經營性盈餘管理 ENOI 與審計意見 Mao 的交乘項 ENOI×Mao，其迴歸係數在變遷前和變遷後兩個時期在統計上都不顯著，表明非經營性盈餘管理對審計意見與公司配股後的經營業績的相關性沒有產生顯著影響，即非經營性盈餘管理沒有提升也沒有降低審計意見與公司配股後的經營業績的相關性。

表 6.24　非經營性盈餘管理與審計意見監管有用性的經濟結果

	因變量：IARoa1					
	變遷前			變遷後		
	（1）	（2）	（3）	（1）	（2）	（3）
Mao	0.001,5	−0.000,1	0.000,4	−0.019,4	−0.019,5	−0.018,6
	(0.18)	(−0.01)	(0.04)	(−1.69)*	(−1.61)	(−1.04)
ENOI		0.199,4	0.204,2		0.010,2	0.019,6
		(1.14)	(0.95)		(0.04)	(0.06)
ENOI×Mao			−0.024,9			−0.087,8
			(−0.09)			(−0.13)
Protect	0.013,1	0.013,2	0.013,1	−0.011,7	−0.011,8	−0.011,8
	(2.04)**	(2.04)**	(2.05)**	(−1.39)	(−1.36)	(−1.35)
Growth	0.001,5	0.001,0	0.001,0	−0.035,2	−0.035,3	−0.035,3
	(0.66)	(0.43)	(0.43)	(−1.50)	(−1.43)	(−1.42)
Lev	−0.047,8	−0.049,6	−0.049,7	0.046,2	0.046,0	0.046,9
	(−1.23)	(−1.26)	(−1.24)	(1.25)	(1.26)	(1.21)
Size	0.005,6	0.006,0	0.006,1	0.011,3	0.011,3	0.011,2
	(1.34)	(1.40)	(1.39)	(2.48)**	(2.48)**	(2.34)**
ROA	0.237,3	0.225,6	0.225,3	0.856,6	0.855,2	0.856,4
	(2.66)***	(2.50)**	(2.47)**	(5.35)***	(5.07)***	(5.05)***
Constant	−0.133,6	−0.142,8	−0.142,8	−0.291,5	−0.291,3	−0.289,5
	(−1.57)	(−1.63)	(−1.63)	(−2.91)***	(−2.91)***	(−2.81)***
N	452	452	452	95	95	95
Adj. R^2	0.032	0.032	0.030	0.208	0.199	0.190
F	3.759,2***	3.321,2***	2.997,4***	8.495,3***	7.616,9***	8.706,5***

註：

①因變量 IARoa1，公司配股後的經營業績，採用公司配股後三年經行業調整的總資產淨利潤率的均值衡量。解釋變量 Mao，虛擬變量，如果公司配股申請前三年被出具非標準審計意見，取值為 1，否則為 0；ENOI 為非經營性盈餘管理，採用公司配股申請前三年的均值衡量。

②「變遷前」為 2001 年配股管制變遷之前，「變遷後」為 2001 年配股管制變遷之後。

③括號裡的為 t 值，經過了 White 異方差矯正。「*」「**」和「***」分別表示在 10%、5%和 1%水平下統計顯著，下同。

表 6.25 是採用 IARoa1 衡量公司配股業績的國有企業樣本非經營性盈餘管理與審計意見監管有用性經濟後果的迴歸結果。可以發現，在國有企業樣本的迴歸結果裡，審計意見 Mao 對公司配股後的經營業績 IARoa1 的迴歸系數，在變

遷前和變遷後兩個時期都為負，但僅在變遷後統計上顯著。這表明國有企業的審計意見與配股後的經營業績具有相關性，即國有企業配股申請前非標準審計意見與配股後經營業績負相關，體現了審計意見的治理功能和信息作用。而之所以國有企業的審計意見與公司配股後的經營業績的相關性在變遷後統計上顯著，可能與中國配股管制變遷的有效性有關，也可能是 2001 年的管制變遷將審計意見納入管制內容有關，並且，國有企業受政府直接控制，配股管制的有效性可能在國有企業裡得到加強，從而強化了國有企業的審計意見的治理效應和經濟後果。

在國有企業樣本裡，非經營性盈餘管理 ENOI 與審計意見 Mao 的交乘項 ENOI×Mao，迴歸系數在變遷前和變遷後兩個時期在統計上都不顯著。這表明在國有企業裡，非經營性盈餘管理對審計意見與公司配股後的經營業績的相關性沒有產生顯著影響，即國有企業的非經營性盈餘管理沒有提升也沒有降低審計意見與公司配股後的經營業績的相關性。

表 6.25　非經營性盈餘管理與審計意見監管有用性的經濟結果：國有企業

	因變量：IARoa1					
	變遷前			變遷後		
	（1）	（2）	（3）	（1）	（2）	（3）
Mao	0.000,8	−0.000,1	−0.007,5	−0.034,0	−0.033,2	−0.042,2
	(0.08)	(−0.01)	(−0.55)	(−2.30)**	(−2.10)**	(−1.76)*
ENOI		0.273,1	0.245,1		−0.102,2	−0.159,3
		(1.15)	(1.00)		(−0.34)	(−0.48)
ENOI×Mao			0.595,0			0.651,1
			(1.08)			(0.77)
Protect	0.012,7	0.012,5	0.012,5	−0.005,4	−0.005,3	−0.004,8
	(1.77)*	(1.76)*	(1.76)*	(−0.80)	(−0.76)	(−0.69)
Growth	0.018,2	0.019,6	0.019,6	−0.002,8	−0.001,8	−0.002,0
	(1.75)*	(1.80)*	(1.81)*	(−0.23)	(−0.15)	(−0.16)
Lev	−0.052,7	−0.056,1	−0.055,3	0.015,9	0.017,8	0.010,9
	(−1.18)	(−1.22)	(−1.19)	(0.77)	(0.83)	(0.48)
Size	0.007,1	0.007,7	0.007,8	0.004,7	0.004,6	0.005,4
	(1.37)	(1.42)	(1.44)	(1.13)	(1.09)	(1.23)
ROA	0.221,2	0.197,5	0.199,5	0.681,5	0.695,8	0.685,5
	(2.10)**	(1.79)*	(1.80)*	(6.01)***	(5.20)***	(5.08)***
Constant	−0.166,3	−0.178,2	−0.180,5	−0.135,3	−0.133,5	−0.147,6
	(−1.58)	(−1.63)	(−1.66)*	(−1.50)	(−1.48)	(−1.58)

表6.25(續)

	因變量：IARoa1					
	變遷前			變遷後		
	(1)	(2)	(3)	(1)	(2)	(3)
N	384	384	384	78	78	78
Adj. R^2	0.034	0.036	0.034	0.244	0.235	0.231
F	2.982,4***	2.678,1**	2.553,8**	6.805,3***	5.537,2***	5.273,1***

註：
①迴歸樣本是國有企業樣本。因變量 IARoa1，公司配股後的經營業績，採用公司配股後三年經行業調整的總資產淨利潤率的均值衡量。解釋變量 Mao，虛擬變量，如果公司配股申請前三年被出具非標準審計意見，取值為 1，否則為 0；ENOI 為非經營性盈餘管理，採用公司配股申請前三年的均值衡量。
②「變遷前」為 2001 年配股管制變遷之前，「變遷後」為 2001 年配股管制變遷之後。
③括號裡的為 t 值，經過了 White 異方差矯正。「*」「**」和「***」分別表示在 10%、5% 和 1% 水平下統計顯著，下同。

表 6.26 是採用 IARoa1 衡量公司配股業績的非國有企業樣本的非經營性盈餘管理與審計意見監管有用性經濟後果的迴歸結果。可以發現，在非國有企業樣本的迴歸結果裡，審計意見 Mao 對公司配股後的經營業績 IARoa1 的迴歸系數，在變遷前和變遷後兩個時期在統計上都不顯著。這表明非國有企業的審計意見與公司配股後的經營業績不具有相關性，意味著審計意見的治理功能和信息作用沒有在非國有企業裡得到體現。

在非國有企業樣本裡，非經營性盈餘管理 ENOI 與審計意見 Mao 的交乘項 ENOI×Mao，迴歸系數在變遷前和變遷後兩個時期統計上都不顯著。這表明在非國有企業裡，非經營性盈餘管理對審計意見與公司配股後的經營業績的相關性沒有產生顯著影響，即非國有企業的非經營性盈餘管理沒有提升也沒有降低審計意見與公司配股後的經營業績的相關性。

表 6.26 非經營性盈餘管理與審計意見監管有用性的經濟結果：非國有企業

	因變量：IARoa1					
	變遷前			變遷後		
	(1)	(2)	(3)	(1)	(2)	(3)
Mao	0.013,4	0.010,5	0.024,4	−0.014,3	−0.012,1	−0.013,9
	(1.20)	(0.97)	(1.95)*	(−0.22)	(−0.17)	(−0.27)
ENOI		0.083,0	0.383,3		0.403,5	1.299,7
		(0.57)	(1.39)		(0.30)	(0.86)

表6.26(續)

| | 因變量：IARoa1 |||||||
| | 變遷前 ||| 變遷後 |||
	（1）	（2）	（3）	（1）	（2）	（3）
ENOI×Mao			-0.496,1			-5.351,1
			(-1.44)			(-1.56)
Protect	0.011,6	0.011,8	0.009,7	0.015,8	0.016,1	0.030,0
	(1.17)	(1.18)	(0.96)	(0.50)	(0.50)	(0.83)
Growth	-0.000,1	-0.000,4	-0.001,1	-0.109,0	-0.112,6	-0.137,3
	(-0.11)	(-0.43)	(-1.00)	(-1.46)	(-1.43)	(-1.73)
Lev	-0.092,0	-0.091,3	-0.102,5	0.331,7	0.329,9	0.532,5
	(-1.76)*	(-1.75)*	(-1.84)*	(0.93)	(0.88)	(1.24)
Size	0.003,2	0.003,7	0.004,3	0.033,1	0.029,5	0.023,3
	(0.48)	(0.53)	(0.60)	(1.61)	(1.20)	(0.80)
ROA	-0.026,3	-0.019,7	-0.049,0	2.642,9	2.603,6	3.229,2
	(-0.15)	(-0.11)	(-0.26)	(1.66)	(1.57)	(1.74)
Constant	-0.039,0	-0.051,5	-0.058,3	-0.959,2	-0.883,7	-0.870,9
	(-0.29)	(-0.35)	(-0.39)	(-1.92)*	(-1.52)	(-1.25)
N	68	68	68	17	17	17
Adj. R^2	0.047	0.033	0.037	0.172	0.087	0.144
F	3.130,7***	2.695,9**	2.086,1*	1.026,7	0.899,6	1.34

註：

①迴歸樣本是非國有企業樣本。因變量 IARoa1，公司配股後的經營業績，採用公司配股後三年經行業調整的總資產淨利潤率的均值衡量。解釋變量 Mao，虛擬變量，如果公司配股申請前三年被出具非標準審計意見，取值為 1，否則為 0；ENOI 為非經營性盈餘管理，採用公司配股申請前三年的均值衡量。

②「變遷前」為 2001 年配股管制變遷之前，「變遷後」為 2001 年配股管制變遷之後。

③括號裡的為 t 值，經過了 White 異方差矯正。「*」「**」和「***」分別表示在 10%、5% 和 1% 水平下統計顯著，下同。

表 6.27 是採用 IARoa1 衡量公司配股業績的應計盈餘管理與審計意見監管有用性經濟後果的迴歸結果。可以發現，應計盈餘管理 DA 對公司配股後的經營業績 IARoa1 的迴歸係數，在變遷前統計上顯著為負。這表明公司配股前的應計盈餘管理水平越高，配股後的經營業績越差。

應計盈餘管理 DA 與審計意見 Mao 的交乘項 DA×Mao 的迴歸係數，在變遷前和變遷後兩個時期，在統計上都不顯著。這表明應計盈餘管理對審計意見與

公司配股後的經營業績的相關性沒有產生顯著影響，即應計盈餘管理沒有提升也沒有降低審計意見與公司配股後的經營業績的相關性。

表 6.27　　應計盈餘管理與審計意見監管有用性的經濟結果

	因變量：IARoa1					
	變遷前			變遷後		
	（1）	（2）	（3）	（1）	（2）	（3）
Mao	0.001,5	0.006,1	0.005,4	-0.019,4	-0.019,7	-0.021,3
	(0.18)	(0.68)	(0.79)	(-1.69)*	(-1.64)	(-1.80)*
DA		-0.130,1	-0.131,2		0.006,5	0.002,3
		(-1.94)*	(-1.79)*		(0.11)	(0.03)
DA×Mao			0.011,8			0.045,0
			(0.11)			(0.40)
Protect	0.013,1	0.013,1	0.013,1	-0.011,7	-0.011,8	-0.011,8
	(2.04)**	(2.05)**	(2.06)**	(-1.39)	(-1.39)	(-1.38)
Growth	0.001,5	0.000,8	0.000,7	-0.035,2	-0.035,2	-0.035,0
	(0.66)	(0.39)	(0.38)	(-1.50)	(-1.49)	(-1.48)
Lev	-0.047,8	-0.050,5	-0.050,4	0.046,2	0.046,9	0.049,5
	(-1.23)	(-1.28)	(-1.28)	(1.25)	(1.28)	(1.23)
Size	0.005,6	0.006,7	0.006,7	0.011,3	0.011,3	0.010,9
	(1.34)	(1.52)	(1.51)	(2.48)**	(2.41)**	(2.19)**
ROA	0.237,3	0.235,1	0.235,6	0.856,6	0.860,2	0.863,5
	(2.66)***	(2.60)***	(2.61)***	(5.35)***	(5.32)***	(5.26)***
Constant	-0.133,6	-0.151,4	-0.151,6	-0.291,5	-0.290,7	-0.284,4
	(-1.57)	(-1.73)*	(-1.72)*	(-2.91)***	(-2.86)***	(-2.69)***
N	452	452	452	95	95	95
Adj. R^2	0.032	0.052	0.050	0.208	0.199	0.190
F	3.759,2***	3.350,2***	3.137,3***	8.495,3***	7.213,5***	7.999,5***

註：

①因變量 IARoa1，公司配股後的經營業績，採用公司配股後三年經行業調整的總資產淨利潤率的均值衡量。解釋變量 Mao，虛擬變量，如果公司配股申請前三年被出具非標準審計意見，取值為 1，否則為 0；DA 為應計盈餘管理，採用公司配股申請前三年的均值衡量。

②「變遷前」為 2001 年配股管制變遷之前，「變遷後」為 2001 年配股管制變遷之後。

③括號裡的為 t 值，經過了 White 異方差矯正。「*」「**」和「***」分別表示在 10%、5% 和 1% 水平下統計顯著，下同。

表 6.28 是採用 IARoa1 衡量公司配股業績的國有企業樣本的應計盈餘管理與審計意見監管有用性經濟後果的迴歸結果。可以發現，在國有企業樣本的迴歸結果裡，應計盈餘管理 DA 對公司配股後的經營業績 IARoa1 的迴歸系數，在變遷前統計上顯著為負。這表明國有企業配股前的應計盈餘管理水平越高，配股後的經營業績越差。

在國有企業樣本裡，應計盈餘管理 DA 與審計意見 Mao 的交乘項 DA×Mao 的迴歸系數，在變遷前和變遷後兩個時期，在統計上都不顯著。這表明國有企業的應計盈餘管理對審計意見與公司配股後的經營業績的相關性沒有產生顯著影響，即國有企業的應計盈餘管理沒有提升也沒有降低審計意見與公司配股後的經營業績的相關性。

表 6.28　應計盈餘管理與審計意見監管有用性的經濟結果：國有企業

	因變量：IARoa1					
	變遷前			變遷後		
	(1)	(2)	(3)	(1)	(2)	(3)
Mao	0.000,8	0.005,1	0.007,0	−0.034,0	−0.033,7	−0.035,1
	(0.08)	(0.49)	(0.88)	(−2.30)**	(−2.21)**	(−2.38)**
DA		−0.143,4	−0.139,9		−0.006,0	−0.011,6
		(−1.82)*	(−1.65)*		(−0.10)	(−0.17)
DA×Mao			−0.039,9			0.049,3
			(−0.31)			(0.47)
Protect	0.012,7	0.012,0	0.012,1	−0.005,4	−0.005,4	−0.005,5
	(1.77)*	(1.73)*	(1.75)*	(−0.80)	(−0.81)	(−0.81)
Growth	0.018,2	0.014,8	0.015,0	−0.002,8	−0.002,7	−0.002,5
	(1.75)*	(1.51)	(1.54)	(−0.23)	(−0.23)	(−0.21)
Lev	−0.052,7	−0.051,6	−0.052,1	0.015,9	0.015,3	0.018,4
	(−1.18)	(−1.17)	(−1.19)	(0.77)	(0.69)	(0.80)
Size	0.007,1	0.008,4	0.008,4	0.004,7	0.004,8	0.004,3
	(1.37)	(1.53)	(1.52)	(1.13)	(1.10)	(0.97)
ROA	0.221,2	0.236,9	0.235,2	0.681,5	0.677,3	0.679,7
	(2.10)**	(2.26)**	(2.25)**	(6.01)***	(5.53)***	(5.51)***
Constant	−0.166,3	−0.190,1	−0.189,7	−0.135,3	−0.136,2	−0.128,2
	(−1.58)	(−1.73)*	(−1.72)*	(−1.50)	(−1.47)	(−1.35)

表6.28(續)

	因變量：IARoa1					
	變遷前			變遷後		
	（1）	（2）	（3）	（1）	（2）	（3）
N	384	384	384	78	78	78
Adj. R^2	0.034	0.055	0.052	0.244	0.233	0.223
F	2.982,4***	2.622,7**	2.457,7**	6.805,3***	5.729,3***	4.991,6***

註：
①迴歸樣本是國有企業樣本。因變量 IARoa1，公司配股後的經營業績，採用公司配股後三年經行業調整的總資產淨利潤率的均值衡量。解釋變量 Mao，虛擬變量，如果公司配股申請前三年被出具非標準審計意見，取值為 1，否則為 0；DA 為應計盈餘管理，採用公司配股申請前三年的均值衡量。
②「變遷前」為 2001 年配股管制變遷之前，「變遷後」為 2001 年配股管制變遷之後。
③括號裡的為 t 值，經過了 White 異方差矯正。「*」「**」和「***」分別表示在 10%、5% 和 1% 水平下統計顯著，下同。

表 6.29 是採用 IARoa1 衡量公司配股業績的非國有企業樣本的應計盈餘管理與審計意見監管有用性經濟後果的迴歸結果。可以發現，在非國有企業樣本的迴歸結果裡，應計盈餘管理 DA 對公司配股後的經營業績 IARoa1 的迴歸系數，在變遷前和變遷後兩個時期在統計上都不顯著。這表明非國有企業配股前的應計盈餘管理對配股後的經營業績沒有影響。

在非國有企業樣本裡，應計盈餘管理 DA 與審計意見 Mao 的交乘項 DA×Mao 的迴歸系數，在變遷前和變遷後兩個時期，在統計上都不顯著。這表明非國有企業的應計盈餘管理對審計意見與公司配股後的經營業績的相關性沒有產生顯著影響，即非國有企業的應計盈餘管理沒有提升也沒有降低審計意見與公司配股後的經營業績的相關性。

表 6.29 應計盈餘管理與審計意見監管有用性的經濟結果：非國有企業

	因變量：IARoa1					
	變遷前			變遷後		
	（1）	（2）	（3）	（1）	（2）	（3）
Mao	0.013,4	0.020,5	0.020,3	−0.014,3	−0.018,9	−1.952,5
	(1.20)	(1.91)*	(1.72)*	(−0.22)	(−0.27)	(−1.50)
DA		−0.082,8	−0.082,9		0.068,2	0.125,0
		(−1.47)	(−1.27)		(0.29)	(0.49)
DA×Mao			0.001,3			37.170,0
			(0.01)			(1.52)

表6.29(續)

	因變量：IARoa1					
	變遷前			變遷後		
	（1）	（2）	（3）	（1）	（2）	（3）
Protect	0.011,6	0.013,8	0.013,8	0.015,8	0.016,1	0.027,0
	(1.17)	(1.47)	(1.48)	(0.50)	(0.48)	(0.69)
Growth	−0.000,1	−0.000,2	−0.000,2	−0.109,0	−0.109,3	−0.122,7
	(−0.11)	(−0.20)	(−0.18)	(−1.46)	(−1.39)	(−1.50)
Lev	−0.092,0	−0.111,2	−0.111,2	0.331,7	0.347,8	0.525,1
	(−1.76)*	(−2.27)**	(−2.21)**	(0.93)	(0.91)	(1.16)
Size	0.003,2	0.002,9	0.002,9	0.033,1	0.031,9	0.032,2
	(0.48)	(0.46)	(0.46)	(1.61)	(1.35)	(1.20)
ROA	−0.026,3	−0.093,8	−0.093,5	2.642,9	2.630,0	3.184,4
	(−0.15)	(−0.58)	(−0.53)	(1.66)	(1.54)	(1.57)
Constant	−0.039,0	−0.018,8	−0.018,9	−0.959,2	−0.939,5	−1.045,9
	(−0.29)	(−0.15)	(−0.15)	(−1.92)*	(−1.68)	(−1.54)
N	68	68	68	17	17	17
Adj. R^2	0.047	0.068	0.052	0.172	0.084	0.097
F	3.130,7***	3.826,2***	4.495,7***	1.026,7	1.322,3	1.21

註：
①迴歸樣本是非國有企業樣本。因變量 IARoa1，公司配股後的經營業績，採用公司配股後三年經行業調整的總資產淨利潤率的均值衡量。解釋變量 Mao，虛擬變量，如果公司配股申請前三年被出具非標準審計意見，取值為1，否則為0；DA 為應計盈餘管理，採用公司配股申請前三年的均值衡量。
②「變遷前」為2001年配股管制變遷之前，「變遷後」為2001年配股管制變遷之後。
③括號裡的為 t 值，經過了 White 異方差矯正。「*」「**」和「***」分別表示在10%、5%和1%水平下統計顯著，下同。

表6.30 是採用 IARoa1 衡量公司配股業績的真實盈餘管理與審計意見監管有用性經濟後果的迴歸結果。可以發現，真實盈餘管理 RM 對公司配股後的經營業績 IARoa1 的迴歸係數，在變遷前統計上顯著為負。這表明公司配股前的真實盈餘管理水平越高，配股後的經營業績越差。

真實盈餘管理 RM 與審計意見 Mao 的交乘項 RM×Mao 的迴歸係數，在變遷前和變遷後兩個時期都為正，但在統計上不顯著。這表明真實盈餘管理對審計意見與公司配股後的經營業績的相關性不會產生顯著影響，即真實盈餘管理沒有提升也沒有降低審計意見與公司配股後的經營業績的相關性。

表 6.30　真實盈餘管理與審計意見監管有用性的經濟結果

	因變量：IARoa1					
	變遷前			變遷後		
	（1）	（2）	（3）	（1）	（2）	（3）
Mao	0.001,5	0.001,5	0.001,5	−0.019,4	−0.020,1	−0.017,2
	(0.18)	(0.18)	(0.19)	(−1.69)*	(−1.86)*	(−1.85)*
RM		−0.044,7	−0.046,0		0.030,5	0.020,2
		(−3.36)***	(−3.30)***		(1.04)	(0.62)
RM×Mao			0.019,1			0.121,8
			(0.45)			(1.35)
Protect	0.013,1	0.013,9	0.013,8	−0.011,7	−0.013,0	−0.011,6
	(2.04)**	(2.16)**	(2.14)**	(−1.39)	(−1.43)	(−1.23)
Growth	0.001,5	0.001,3	0.001,3	−0.035,2	−0.033,6	−0.033,0
	(0.66)	(0.56)	(0.54)	(−1.50)	(−1.51)	(−1.45)
Lev	−0.047,8	−0.042,6	−0.042,3	0.046,2	0.041,9	0.049,9
	(−1.23)	(−1.10)	(−1.09)	(1.25)	(1.21)	(1.44)
Size	0.005,6	0.004,1	0.004,1	0.011,3	0.012,2	0.010,4
	(1.34)	(0.97)	(0.97)	(2.48)**	(2.47)**	(1.86)*
ROA	0.237,3	0.200,6	0.200,9	0.856,6	0.861,7	0.865,0
	(2.66)***	(2.31)**	(2.31)**	(5.35)***	(5.37)***	(5.36)***
Constant	−0.133,6	−0.102,8	−0.102,9	−0.291,5	−0.306,1	−0.273,1
	(−1.57)	(−1.19)	(−1.19)	(−2.91)***	(−2.85)***	(−2.30)**
N	452	452	452	95	95	95
Adj. R^2	0.032	0.039	0.037	0.208	0.208	0.208
F	3.759,2***	5.905,1***	5.195,3***	8.495,3***	7.654,1***	7.650,0***

註：

①因變量 IARoa1，公司配股後的經營業績，採用公司配股後三年經行業調整的總資產淨利潤率的均值衡量。解釋變量 Mao，虛擬變量，如果公司配股申請前三年被出具非標準審計意見，取值為 1，否則為 0；RM 為真實盈餘管理，採用公司配股申請前三年的均值衡量。

②「變遷前」為 2001 年配股管制變遷之前，「變遷後」為 2001 年配股管制變遷之後。

③括號裡的為 t 值，經過了 White 異方差矯正。「*」「**」和「***」分別表示在 10%、5% 和 1% 水平下統計顯著，下同。

表 6.31 是採用 IARoa1 衡量公司配股業績的國有企業的真實盈餘管理與審計意見監管有用性經濟後果的迴歸結果。可以發現，在國有企業樣本的迴歸結果裡，真實盈餘管理 RM 對公司配股後的經營業績 IARoa1 的迴歸係數，在變遷前統計上顯著為負。這表明國有企業配股前的真實盈餘管理水平越高，配股後的經營業績越差。

在國有企業樣本裡，真實盈餘管理 RM 與審計意見 Mao 的交乘項 RM×Mao 的迴歸系數，在變遷後統計上顯著為正。這表明國有企業的真實盈餘管理對審計意見與公司配股後的經營業績的相關性會產生顯著影響，即國有企業的真實盈餘管理降低了審計意見與公司配股後的經營業績的相關性。

表 6.31 真實盈餘管理與審計意見監管有用性的經濟結果：國有企業

	因變量：IARoa1					
	變遷前			變遷後		
	(1)	(2)	(3)	(1)	(2)	(3)
Mao	0.000,8	-0.000,4	-0.000,5	-0.034,0	-0.034,2	-0.022,0
	(0.08)	(-0.04)	(-0.05)	(-2.30)**	(-2.27)**	(-1.87)*
RM		-0.055,3	-0.054,8		-0.009,4	-0.025,3
		(-3.54)***	(-3.36)***		(-0.41)	(-1.05)
RM×Mao			-0.007,3			0.203,0
			(-0.13)			(2.05)**
Protect	0.012,7	0.014,0	0.014,0	-0.005,4	-0.005,0	-0.003,5
	(1.77)*	(1.95)*	(1.94)*	(-0.80)	(-0.68)	(-0.50)
Growth	0.018,2	0.019,9	0.020,0	-0.002,8	-0.002,9	-0.002,3
	(1.75)*	(1.95)*	(1.93)*	(-0.23)	(-0.24)	(-0.19)
Lev	-0.052,7	-0.046,6	-0.046,7	0.015,9	0.017,1	0.034,9
	(-1.18)	(-1.04)	(-1.04)	(0.77)	(0.81)	(1.44)
Size	0.007,1	0.005,6	0.005,6	0.004,7	0.004,4	0.001,0
	(1.37)	(1.07)	(1.07)	(1.13)	(0.98)	(0.20)
ROA	0.221,2	0.168,6	0.168,1	0.681,5	0.678,3	0.681,8
	(2.10)**	(1.65)*	(1.64)	(6.01)***	(5.81)***	(5.55)***
Constant	-0.166,3	-0.135,0	-0.134,9	-0.135,3	-0.128,6	-0.066,0
	(-1.58)	(-1.28)	(-1.28)	(-1.50)	(-1.35)	(-0.65)
N	384	384	384	78	78	78
Adj. R^2	0.034	0.044	0.041	0.244	0.234	0.259
F	2.982,4***	5.442,7***	4.791,6***	6.805,3***	6.149,0***	5.820,6***

註：

①迴歸樣本是國有企業樣本。因變量 IARoa1，公司配股後的經營業績，採用公司配股後三年經行業調整的總資產淨利潤率的均值衡量。解釋變量 Mao，虛擬變量，如果公司配股申請前三年被出具非標準審計意見，取值為 1，否則為 0；RM 為真實盈餘管理，採用公司配股申請前三年的均值衡量。

②「變遷前」為 2001 年配股管制變遷之前，「變遷後」為 2001 年配股管制變遷之後。

③括號裡的為 t 值，經過了 White 異方差矯正。「*」「**」和「***」分別表示在 10%、5% 和 1% 水平下統計顯著，下同。

表 6.32 是採用 IARoa1 衡量公司配股業績的非國有企業的真實盈餘管理與審計意見監管有用性經濟後果的迴歸結果。可以發現，在非國有企業樣本的迴歸結果裡，真實盈餘管理 RM 對公司配股後的經營業績 IARoa1 的迴歸系數，在變遷前和變遷後兩個時期，在統計上都不顯著。這表明非國有企業配股前的真實盈餘管理對配股後的經營業績沒有影響。

在非國有企業的樣本裡，真實盈餘管理 RM 與審計意見 Mao 的交乘項 RM×Mao 的迴歸系數，在變遷前統計上不顯著，在變遷後統計上顯著為負。但由於在變遷後審計意見對配股後的經營業績沒有影響，因而也不存在審計意見與公司配股後經營業績的相關性是否受真實盈餘管理的影響。所以，數據表明，非國有企業的真實盈餘管理對審計意見與公司配股後的經營業績的相關性不會產生顯著影響，即非國有企業的真實盈餘管理沒有提升也沒有降低審計意見與公司配股後的經營業績的相關性。

表 6.32 真實盈餘管理與審計意見監管有用性的經濟結果：非國有企業

	因變量：IARoa1					
	變遷前			變遷後		
	（1）	（2）	（3）	（1）	（2）	（3）
Mao	0.013,4	0.018,2	0.020,6	−0.014,3	−0.044,5	0.049,6
	(1.20)	(1.49)	(1.48)	(−0.22)	(−0.50)	(0.93)
RM		−0.031,7	−0.031,2		0.162,3	0.216,1
		(−1.19)	(−1.16)		(0.97)	(1.34)
RM×Mao			−0.025,2			−1.505,5
			(−0.50)			(−1.94)*
Protect	0.011,6	0.010,7	0.010,8	0.015,8	0.007,6	0.018,0
	(1.17)	(1.11)	(1.10)	(0.50)	(0.20)	(0.43)
Growth	−0.000,1	−0.000,3	−0.000,2	−0.109,0	−0.096,7	−0.108,9
	(−0.11)	(−0.37)	(−0.34)	(−1.46)	(−1.71)	(−2.08)*
Lev	−0.092,0	−0.093,6	−0.094,6	0.331,7	0.351,3	0.560,5
	(−1.76)*	(−1.80)*	(−1.79)*	(0.93)	(1.00)	(1.52)
Size	0.003,2	0.001,0	0.000,9	0.033,1	0.031,9	0.033,2
	(0.48)	(0.13)	(0.12)	(1.61)	(1.55)	(1.34)
ROA	−0.026,3	−0.067,4	−0.072,5	2.642,9	2.617,2	3.307,6
	(−0.15)	(−0.35)	(−0.36)	(1.66)	(1.77)	(1.95)*

表6.32(續)

| | 因變量：IARoa1 ||||||
| | 變遷前 ||| 變遷後 |||
	（1）	（2）	（3）	（1）	（2）	（3）
Constant	−0.039,0	0.011,1	0.013,5	−0.959,2	−0.926,6	−1.067,7
	(−0.29)	(0.07)	(0.09)	(−1.92)*	(−1.86)*	(−1.66)
N	68	68	68	17	17	17
Adj. R^2	0.047	0.054	0.039	0.172	0.174	0.258
F	3.130,7***	3.019,6***	2.807,6**	1.026,7	1.121,5	1.69

註：
①迴歸樣本是非國有企業樣本。因變量 IARoa1，公司配股後的經營業績，採用公司配股後三年經行業調整的總資產淨利潤率的均值衡量。解釋變量 Mao，虛擬變量，如果公司配股申請前三年被出具非標準審計意見，取值為 1，否則為 0；RM 為真實盈餘管理，採用公司配股申請前三年的均值衡量。
②「變遷前」為 2001 年配股管制變遷之前，「變遷後」為 2001 年配股管制變遷之後。
③括號裡的為 t 值，經過了 White 異方差矯正。「 * 」「 ** 」和「 *** 」分別表示在 10%、5% 和 1% 水平下統計顯著，下同。

6.5 本章小結

　　審計意見的監管有用性是轉型經濟國家資本市場發展的重要支撐基礎。而對於審計意見監管有用性是否受到盈餘管理的影響以及產生的經濟後果，學術界缺乏深入的考察。本章根據中國特殊的配股管制背景，考察盈餘管理對審計意見監管有用性的影響及其經濟後果，具有重要的理論意義和現實意義。

　　本章選取 2001 年配股管制變遷前後三年進行配股申請的上市公司進行考察。將 2001 年配股管制變遷前後三年作為研究窗口的原因在於，2001 年的配股管制政策明確強調將審計意見納入配股管制的內容。這一管制變遷，意味著審計意見正式作為證監會對上市公司配股申請進行審核的一個基本條件，也可能意味著審計意見的治理功能會受到影響。因此，本章將 2001 年配股管制變遷前後三年作為研究窗口，可以比較審計意見納入管制變遷前後的監管有用性以及受盈餘管理的影響和經濟後果。

　　本章的經驗數據顯示，非經營性盈餘管理和應計盈餘管理，在審計意見納入管制時期和未納入管制時期都被審計意見反應，並且反應的程度有上升的趨

勢。這表明中國證券市場上的審計意見的治理功能在逐漸提高。但是，真實盈餘管理在變遷前和變遷後兩個時期都沒有被審計意見反應，印證了真實盈餘管理具有較強的隱蔽性。進一步發現，審計意見的監管有用性僅在管制變遷前具有統計上的顯著性，並且會受到非經營性盈餘管理的影響，表現為非經營性盈餘管理削弱了審計意見的監管有用性，但這僅體現在非國有企業，這表明監管者和審計意見在盈餘管理的治理上具有替代關係。最後，在經濟後果的考察上，審計意見與配股後的經營業績具有相關性，即非標準審計意見與配股後的經營業績顯著負相關，但只在變遷後的國有企業得到體現，這表明中國的配股管制具有有效性。並且，審計意見與配股後的經營業績的相關性會受到真實盈餘管理的影響，表現為真實盈餘管理降低了審計意見與配股後的經營業績的相關性，但只在國有企業得到體現。導致這一情形的原因在於，由於真實盈餘管理隱蔽性強，審計意見不能對其進行有效反應。

　　本章的啟示如下：

　　（1）加強審計意見對盈餘管理的治理功能，特別是加強審計意見對真實盈餘管理的治理功能，有利於中國證券市場的健康發展。

　　（2）提高中國監管者的監管能力和製度變遷的有效性，有助於上市公司質量的提高和資源的優化配置。

　　（3）充分有效利用審計意見和監管的治理效力，有助於規範和提高上市公司的行為和治理水平，共同推動中國資本市場的健康發展。

7 盈餘管理、法律變遷與審計定價

　　本章基於中國特有的法律變遷環境，考察盈餘管理對審計定價的影響。盈餘管理會提高審計風險，而在不同的法律變遷環境下，盈餘管理帶來的審計風險也會有所不同。審計風險可能會促使審計師加大投入來減少審計失敗的概率，從而減少審計師的損失，而審計投入的增加會導致審計費用的上升。同時，為了補償審計風險帶來的損失，審計師也可能通過提高審計定價來獲得一份風險補償。因而，審計風險會推動審計定價的提升。那麼，到底審計定價是否有效考慮了在不同的法律變遷環境下盈餘管理所帶來的風險？這是一個需要進行經驗考察的問題。

　　2006年，中國實施新的《中華人民共和國公司法》（以下簡稱《公司法》）、《中華人民共和國證券法》（以下簡稱《證券法》），加大了對投資者的利益保護，提高了中國的法律水平，是中國一個重要的法律變遷。本章採用中國的資本市場數據，考察2006年法律變遷前後盈餘管理對審計定價的影響。研究發現，在2006年法律變遷前後，應計盈餘管理與真實盈餘管理對審計定價都沒有顯著影響。經驗結果表明，儘管2006年法律變遷後，會計師事務所面臨的審計風險有所提高，但是應計盈餘管理與真實盈餘管理所帶來的審計風險，並沒有在審計定價中得到反應。這意味著中國的審計定價和法律水平在盈餘管理的治理上還沒有表現出應有的治理效應，還有待加強。

　　本章的結構安排如下：第一部分為引言，第二部分為理論分析和研究假設，第三部分為數據樣本和研究方法，第四部分為實證結果及分析，第五部分為研究結論和啟示。

7.1 引言

盈餘管理會讓審計師承受一定的審計風險，進而推動審計費用的提升。但是，現有的文獻對盈餘管理與審計定價關係的研究存在爭議。因此，本章立足於中國的製度背景，考察盈餘管理對審計定價的影響，以此為該領域的研究提供進一步的經驗證據。

同時，在不同的法律變遷環境，審計師面臨的審計風險可能有所不同。因此，在不同的法律變遷環境，盈餘管理所帶來的審計風險也可能會有所不同。Seetharaman 等（2002）和 Choi 等（2008）就發現，在法律水平高的國家，審計師面臨的審計風險也高，導致其審計定價偏高。2006 年，中國執行新的《公司法》《證券法》，加大了對投資者的利益保護，提高了中國的法律水平，是中國一個重要的法律變遷。2006 年的法律變遷是否提高了審計師面臨審計風險，特別是盈餘管理帶來的審計風險，進而影響到審計定價？這是需要學術界進行思考和回答的問題。

鑒於此，本章基於中國 2006 年法律變遷，考察其變遷前後盈餘管理對審計定價的影響。採用 2001—2009 年的中國資本市場的數據研究發現，在 2006 年法律變遷前後，應計盈餘管理與真實盈餘管理對審計定價都沒有顯著影響。經驗結果表明，儘管 2006 年法律變遷後，會計事務所面臨的審計風險有所提高，但是應計盈餘管理與真實盈餘管理所帶來的風險，並沒有在審計定價中得到反應。

本章可能的貢獻如下：

（1）從應計盈餘管理和真實盈餘管理考察審計定價的影響，為盈餘管理與審計定價的關係的研究提供進一步的經驗證據。

（2）將中國法律變遷納入分析，在不同法律變遷環境下，比較分析應計盈餘管理和真實盈餘管理對審計定價的影響差異，拓展了法與公司治理的研究領領域。

（3）本章立足中國的製度背景進行考察，研究盈餘管理、法律變遷對審計定價的影響，研究結論為其他轉型經濟國家提供一定的借鑑和啟示。

7.2 理論分析和研究假設

盈餘管理會提高審計師的審計風險，進而會影響審計師的行為。Lys 和

Watts（1994）、Heninger（2001）、蔡春等（2011）認為，盈餘管理降低了會計信息質量，使得審計師在財務報表審計過程中承擔一定的風險。

根據Simunic（1980）的觀點，審計師面臨的審計風險加大，他們會採取相應的策略來應對風險。由於審計風險會給審計師帶來損失，審計師要麼加大審計投入來減少審計風險，從而盡量減少審計失敗帶來的損失，要麼提高審計收費來補償審計風險帶來的損失，兩者的結果都會使審計收費上升。因此，可以推論，盈餘管理帶來的審計風險會提高審計師的審計收費。

然而，現有的研究關於盈餘管理與審計定價的關係的結論，卻存在爭議。Frankel等（2002）、Abbott等（2006）、Choi等（2010）的研究發現，應計盈餘管理與審計收費正相關，應計盈餘管理，提高了審計定價。但是，Ashbaugh等（2003）、Larcker和Richardson（2004）、Srinidhi和Gul（2007）的研究，卻沒有發現應計盈餘管理對審計收費有顯著影響。

那麼，到底應計盈餘管理是否可以推動審計定價的提升？這仍然是一個需要進行經驗檢驗的問題。

根據Schipper（1989）的理論，盈餘管理在表現方式上，除了有應計盈餘管理，還有真實盈餘管理。並且，相對於應計盈餘管理，真實盈餘管理給審計師帶來的審計風險更大（Kim & Park, 2014）。因為，按照應計盈餘管理與真實盈餘管理的定義，應計盈餘管理只是影響公司的應計利潤而不影響公司的現金流，而真實盈餘管理影響公司的現金流和當期利潤從而損害公司的長期價值。因此，相對於應計盈餘管理，真實盈餘管理對審計定價的影響更大。

然而，現有的研究集中於應計盈餘管理對審計定價影響的研究，並且研究結論存在爭議。而關於真實盈餘管理是否提高審計風險，進而提高審計收費，是需要進行實證檢驗的經驗問題。基於上述分析，應計盈餘管理與真實盈餘管理，都可能對審計定價產生影響。由此，提出假設H1。

假設H1：應計盈餘管理與真實盈餘管理，都能提高審計定價。

Seetharaman等（2002）及Choi等（2008）認為，審計師在不同的法律環境，意味著審計師面臨不同的法律風險，因而其伴隨的審計風險也不同。在法律水平高的環境，審計師的法律風險也高，從而增加了他們在審計工作中的審計風險，促使審計費用提高。

按照Simunic（1980）的審計定價模型，證券市場上這種高的審計風險會體現在審計師的審計收費上。法律環境越完善，審計失敗被發現的概率就越高，同時加上巨大的懲罰和損失賠償，讓審計師承擔的法律成本也越大，使得審計師產生巨大的損失。審計師一方面可能為了避免或降低審計風險帶來的這

種損失而加大審計投入從而提高審計費用（Simunic，1980；Simunic & Stein，1996），另一方面可能為了抵銷未來可能產生的巨大的法律成本損失而提高審計費用（Pratt & Stice，1994；Gramling，等，1998）。兩者的作用都會提高審計師的審計收費。Simunic（1980）、Palmrose（1986）及 Simunic 和 Stein（1996）採用美國的數據研究發現，美國市場上高法律風險的公司審計收費也高，實證結果支持了上面的觀點。

盈餘管理是審計師面臨的主要審計風險（Simunic & Stein，1990）。在不同的法律變遷環境下，盈餘管理給審計師帶來的審計風險也可能不同。

2006 年，中國執行新的《公司法》《證券法》，加大了對市場投資者的利益保護，提升了中國的法律水平，是中國的一個重要的法律變遷。根據上述的分析可知，在法律變遷後，中國的法律水平得到提高，審計師面臨的法律風險也隨之提高，從而加大了盈餘管理給審計師帶來的審計風險。而為了應對審計風險，審計師可能為了降低風險而增加審計投入從而提高審計費用，或者為了補償審計風險帶來的損失從而提高審計費用。也就是說，審計風險會增加審計師的審計收費。由於盈餘管理會帶來審計風險，並且在法律水平高的環境下，盈餘管理的審計風險也會相應提高，所以，盈餘管理對審計定價的影響，也會在法律水平高的環境下得到增強。

綜上所述，2006 年的法律變遷，讓中國的法律水平得到提高，這會增加盈餘管理所帶來的審計風險，進而加強盈餘管理對審計定價的影響。由於盈餘管理分為應計盈餘管理和真實盈餘管理，因此，應計盈餘管理和真實盈餘管理對審計定價的影響，在法律變遷後，同樣會得到加強。由此，提出假設 H2。

假設 H2：應計盈餘管理與真實盈餘管理對審計定價的影響，在法律變遷後得到增強。

7.3　數據樣本和研究方法

7.3.1　數據樣本

為了考察 2006 年法律變遷前後的盈餘管理對審計定價的影響，本章選取了 2001—2009 年中國證券市場的上市公司作為研究樣本。所採用數據均來自國泰安數據庫（CSMAR），並對所選樣本按照以下條件進行篩選。考慮到金融行業的特殊性，故對金融行業樣本予以剔除；對有數據缺失的樣本，給以剔除。按照上述條件篩選後，最後得到 10,458 個研究樣本。

由於新《公司法》和《證券法》從 2006 年 1 月 1 日正式施行，2005 年的年度報告會受到新法律的影響，故將 2001—2004 年作為法律變遷前，2005—2009 年作為法律法律變遷後。表 7.1 是研究樣本按年度分布的情況。

表 7.1　　　　　　　　　　研究樣本的年度分布情況

年　度	公司數	比率（％）
2001	1,007	9.63
2002	1,085	10.37
2003	1,143	10.93
2004	1,148	10.98
2005	1,168	11.17
2006	1,093	10.45
2007	1,090	10.42
2008	1,308	12.51
2009	1,416	13.54
合　計	10,458	100

註：比率為百分比，為當年的樣本數占總樣本的百分比率。

7.3.2　盈餘管理的計量

1. 應計盈餘管理

DeChow 等（1995）認為，非操縱性應計會隨著經營環境的變化而變化，修正後的 Jones 模型在衡量經營環境變動情形下的操縱性應計的效果比較好。DeFond 和 Subramanyan（1998）發現經行業橫截面修正的 Jones 模型比時間序列修正後的 Jones 模型效度要好。由於中國上市公司的上市時間普遍不長，由此，本章採用修正的 Jones 模型（DeChow，等，1995）來估計操縱性應計，以此表徵應計盈餘管理。

$$\frac{TA_{i,t}}{A_{i,t-1}} = a_0\left(\frac{1}{A_{i,t-1}}\right) + a_1\left(\frac{\Delta REV_{i,t}}{A_{i,t-1}}\right) + a_2\left(\frac{PPE_{i,t}}{A_{i,t-1}}\right) + \varepsilon_{i,t} \qquad (7-1)$$

首先，依照模型（7-1）分年度分行業進行橫截面迴歸。參考 DeChow 等（1995）的做法，要求每個行業的樣本數不少於 10 個，如果少於 10 個，則將其歸屬於相近的行業。$TA_{i,t}$ 是公司總應計利潤，為經營利潤減去經營活動現金流之差；$\Delta REV_{i,t}$ 為公司主營業務收入的變化額；$PPE_{i,t}$ 是公司固定資產帳面價值；$A_{i,t-1}$ 是公司的總資產。

其次，用模型（7-1）得到的迴歸系數代入模型（7-2）計算每個樣本的正常性應計 $\text{NDA}_{i,t}$。

$$\text{NDA}_{i,t} = a_0 \left(\frac{1}{A_{i,t-1}} \right) + a_1 \left(\frac{\Delta \text{REV}_{i,t} - \Delta \text{REC}_{i,t}}{A_{i,t-1}} \right) + a_2 \left(\frac{\text{PPE}_{i,t}}{A_{i,t-1}} \right) \quad (7\text{-}2)$$

在模型（7-2）裡，$\Delta \text{REC}_{i,t}$ 是公司應收帳款的變化額。操縱性應計 $\text{DA}_{i,t} = \text{TA}_{i,t} - \text{NDA}_{i,t}$。

2. 真實盈餘管理

參照 Roychowdhury（2006）和 Cohen 等（2008）的模型來估計真實盈餘管理，包括三個方面：異常經營現金流 AbCFO、異常生產成本 AbProd 和異常酌量性費用（如研發、銷售及管理費用）AbDisx。[①]

異常經營現金流 AbCFO，指公司經營活動產生的現金流的異常部分。它是由公司通過價格折扣和寬鬆的信用條款來進行產品促銷引起的，雖然，公司的促銷提高了當期的利潤，但是，降低了當期單位產品的現金流量，從而導致公司的異常經營現金流 AbCFO 下降。公司為了抬高會計利潤，通過價格折扣和寬鬆的信用條款等促銷方式來增加銷量從而形成超常銷售，產生「薄利多銷」的帳上利潤放大效應。但是，促銷形成的超常銷售，會降低單位產品的現金流量，而且，在既定的銷售收入現金實現水平下，還會增加公司的銷售應收款，增大公司壞帳產生的財務風險，進而降低公司的當期現金流。並且，超常銷售實際上已經超過公司正常銷售水平，會在一定程度上增加公司相關的銷售費用，吞噬公司的部分現金流。然而，只要產品銷售能帶來正的邊際利潤，超常銷售還是會抬高公司的會計利潤。因而最終的結果是，促銷形成的超常銷售抬高了公司當年利潤，卻因單位產品現金流量的降低和銷售費用的上升，出現異常經營現金流 AbCFO 偏低。

異常生產成本 AbProd，Roychowdhury（2006）和 Cohen 等（2008）將之定義為銷售成本與當年存貨變動額之和的異常部分。換言之，生產成本為銷售成本與當年存貨變動額之和。它是由公司超量產品生產引起的，雖然，公司的超量生產能降低單位產品的成本，提高產品的邊際利潤，從而提高公司的當期利潤，但是，超量生產增加了其他生產成本和庫存成本，最後導致異常生產成本 AbProd 偏高。公司為了抬高會計利潤，通過超量生產來攤低單位產品承擔的固定成本，但是，超量生產實際上已經超過公司正常生產水平，會增加單位產

---

① 異常經營全流 AbCFO、異常生產成本 AbProd 和異常酌量性費用 AbDisx，都用上一年的總資產進行標準化。

品的邊際生產成本，然而，只要單位固定成本下降的幅度高於單位邊際生產成本上升的幅度，單位銷售成本就會出現下降，從而達到提高公司業績的目的。但是，超量生產會導致產品的大量積壓，增加公司的存貨成本，同時，也會增加其他生產成本。在既定的銷量水平下，儘管超量生產通過降低單位銷售成本抬高了公司業績，但是邊際生產成本的上升和存貨成本的增加，最終導致生產成本偏高，即在會計上表現為銷售成本與當年增加的存貨成本之和的提升，也導致異常生產成本 AbProd 偏高。

異常酌量性費用 AbDisx，指公司研發、銷售及管理費用等酌量性費用的異常部分。它是公司為了提高當期利潤，削減研發、銷售及管理費用引起的，同時也會導致當期的現金流上升。公司為了抬高會計利潤，通過削減研發、廣告、維修和培訓等銷售和管理費用，造成公司當期的酌量性費用偏低，從而也讓公司的異常酌量性費用偏低。

（1）異常經營現金流 AbCFO

$$\frac{\text{CFO}_{jt}}{A_{j,\ t-1}} = a_1 \frac{1}{A_{j,\ t-1}} + a_2 \frac{\text{Sales}_{jt}}{A_{j,\ t-1}} + a_3 \frac{\Delta\text{Sales}_{jt}}{A_{j,\ t-1}} + \varepsilon_{jt} \qquad (7-3)$$

首先，按模型（7-3）分年度分行業進行橫截面迴歸，要求每個行業的樣本數不少於 10 個，如果少於 10 個，則將其歸屬於相近的行業，下同。CFO_{jt} 是公司的經營現金流，Sales_{jt} 是公司的銷售額，ΔSales_{jt} 是公司銷售變化額。其次，通過迴歸得到的係數估計出每個樣本公司的正常經營現金流。最後，可算出異常經營現金流 AbCFO 為實際經營現金流與正常經營現金流的差值。

（2）異常生產成本 AbProd

$$\frac{\text{Prod}_{jt}}{A_{j,\ t-1}} = a_1 \frac{1}{A_{j,\ t-1}} + a_2 \frac{\text{Sales}_{jt}}{A_{j,\ t-1}} + a_3 \frac{\Delta\text{Sales}_{jt}}{A_{j,\ t-1}} + a_4 \frac{\Delta\text{Sales}_{j,\ t-1}}{A_{j,\ t-1}} + \varepsilon_{jt} \qquad (7-4)$$

用模型（7-4）進行分年度分行業橫截面迴歸得到估計參數並據此計算各個樣本公司的正常生產成本，異常生產成本 AbProd 為實際生產成本與正常生產成本之差。Prod_{jt} 是公司的生產成本，為銷售成本與存貨變動額之和；Sales_{jt} 是公司當期的銷售額；ΔSales_{jt} 是公司當期的銷售變化額；$\Delta\text{Sales}_{j,\ t-1}$ 是公司上期的銷售變化額。

（3）異常酌量性費用 AbDisx

$$\frac{\text{Disx}_{jt}}{A_{j,\ t-1}} = a_1 \frac{1}{A_{j,\ t-1}} + a_2 \frac{\text{Sales}_{j,\ t-1}}{A_{j,\ t-1}} + \varepsilon_{jt} \qquad (7-5)$$

依照模型（7-5）分年度分行業橫截面迴歸得到估計參數並據此計算各個樣本公司的正常酌量性費用，異常酌量性費用 AbDisx 為實際酌量性費用與正

常酌量性費用之差。$Disx_{j,t}$ 是公司的酌量性費用，為研發、銷售及管理費用之和，考慮到中國財務報表把研發費用合併到了管理費用的情況，本章用銷售和管理費用替代；$Sales_{j,t-1}$ 是公司上期的銷售額。

以上三個指標，即異常經營現金流 AbCFO、異常生產成本 AbProd 和異常酌量性費用 AbDisx，體現了真實盈餘管理的三種具體行為。公司向上操縱利潤，可能採用真實盈餘管理的一種行為或多種行為：低異常經營現金流 AbCFO，高異常生產成本 AbProd，抑或低異常酌量性費用 AbDisx。為了系統考量真實盈餘管理的三種具體行為，仿照 Cohen 等（2008）和 Badertscher（2011）的做法，將三個指標聚集成一個綜合指標，綜合真實盈餘管理 RM =－AbCFO+AbProd－AbDisx。綜合真實盈餘管理指標 RM，表示其值越高，公司通過真實盈餘管理向上操縱的利潤越大。

7.3.3 迴歸模型

為了檢驗本章的研究假設，參考 Simunic（1980）的研究方法，構建如下迴歸模型進行檢驗。

$$Auditfee = \alpha_0 + \alpha_1 EM + \sum \beta_i Control_i + \varepsilon \qquad (7-6)$$

因變量：Auditfee，為審計定價，即會計師事務所收取的審計費，取自然對數。

解釋變量：EM，為公司的盈餘管理。本章以應計盈餘管理 DA 與真實盈餘管理 RM 來分別衡量。需要說明的是，真實盈餘管理 RM =－AbCFO+AbProd－AbDisx，即真實盈餘管理為異常經營現金流 AbCFO、異常生產成本 AbProd 和異常酌量性費用 AbDisx 三個指標的集合指標。

控制變量 Control，具體包括如下變量：

Big，衡量會計師事務所規模，如果會計師事務所為國內前十大會計師事務所，取值為 1，否則為 0。會計師事務所規模以客戶公司總資產之和來計量。放入該變量，是為了控制會計師事務所規模的影響。

Mao，表示審計意見，如果審計意見為非標準審計意見，取值為 1，否則為 0。放入該變量，是為了控制審計意見的影響。

Rec，應收帳款與總資產的比率。放入該變量，是為了控制公司財務風險的影響。

Inv，存貨與總資產的比率，控制公司經營風險的影響。

Lev，資產負債率，控制公司財務風險的影響。

Ngs，為公司地區分部的數量。放入該變量，是為了控制公司地區複雜的影響。

Nis，為公司業務分部的數量。放入該變量，是為了控制公司業務複雜的影響。

Loss，如果公司出現虧損，取值為1，否則為0。放入該變量，是為了控制公司業績虧損的影響。

ROA，總資產淨利潤率，衡量公司業績。放入該變量，是為了控制公司業績的影響。

Size，公司規模，以公司總資產的自然對數衡量。放入該變量，是為了控制公司規模的影響。

此外，我們對迴歸模型中的連續變量都進行了1%水平的Winsorize處理，以此來控制極值的影響。

同時，為了控制迴歸模型的估計偏差，採用了Hausman檢驗。結果顯示，拒絕採用隨機效應的F值在統計上顯著，因此本章採用固定效應進行迴歸估計，以此增加迴歸結果的穩健性。

7.4 實證結果及分析

7.4.1 描述性統計分析

表7.2是迴歸模型中各變量的描述性統計分析結果。可以發現，審計定價Auditfee，在法律變遷前的自然對數均值為12.970,4，轉換為自然數為42.95萬元，顯著低於法律變遷後的自然對數均值13.159,0，轉換為自然數為51.87萬元，這可能是由法律變遷後審計師面臨的法律風險有所提高或者是公司規模變大等原因引起的。應計盈餘管理DA，在法律變遷前的均值為0.001,1，與法律變遷後的均值0.002,4在統計上沒有顯著差異。真實盈餘管理RM，在法律變遷前的均值為-0.024,5，在統計上顯著高於法律變遷後的均值-0.043,3。這表明，在法律變遷前後，上市公司都採用了負向的真實盈餘管理。但是，在法律變遷後，負向真實盈餘管理的程度，即負向真實盈餘管理的絕對值，出現顯著的上升。

前十大會計師事務所Big，在法律變遷前的均值為0.257,4，在統計上顯著低於法律變遷後的均值0.291,5，表明法律變遷後前十大會計師事務所的市場份額有所提高，可能是市場對大型會計師事務所的需求增大，也可能是近年來中國會計師事務所的合併引起大型會計師事務所的市場份額增加。審計意見Mao，在法律變遷前出具非標準審計意見概率的均值為0.117,3，在統計上顯著高於法律變遷後的均值0.086,7。這可能表明，在法律變遷後，法律水平的提高，加大了上市公司面臨的法律風險和法律成本，公司為了規避和降低公

的法律風險和法律成本，採取相對規範和嚴謹的會計行為，從而被出示非標準審計意見的概率較低。應收帳款占總資產的比率 Rec，在法律變遷前的均值為 0.145,6，顯著高於法律變遷後的均值 0.101,8，表明法律變遷後公司的應收帳款占總資產的比率有下降的趨勢。存貨占總資產的比率 Inv，在法律變遷前的均值為 0.144,3，在統計上顯著低於法律變遷後的均值 0.171,5，表明在法律變遷後，公司的存貨在增加，導致存貨占比提高。資產負債率 Lev，在法律變遷前的均值為 0.495,6，在統計上顯著低於法律變遷後的均值 0.540,7，表明在法律變遷後，公司的負債增加，財務風險有所擴大。公司地區分部數 Ngs，在法律變遷前的均值為 2.317,4，在統計上顯著低於法律變遷後的均值 3.292,0。公司業務分部數 Nis，在法律變遷前的均值為 2.384,4，在統計上顯著低於法律變遷後的均值 2.472,4。公司業績 ROA，在法律變遷前的均值為 0.013,9，在統計上顯著低於法律變遷後的均值 0.024,2。公司規模 Size，在法律變遷前的自然對數均值為 21.109,3，在統計上顯著低於法律變遷後的均值 21.448,9。這表明，在法律變遷後，公司的業績和規模都有所增加。

表 7.2　　　　　　　　　　描述性統計分析結果

	法律變遷前 均值	法律變遷後 均值	t	z
Auditfee	12.970,4	13.159,0	-16.27***	-15.59***
DA	0.001,1	0.002,4	-0.66	0.06
RM	-0.024,5	-0.043,3	4.60***	4.52***
Big	0.257,4	0.291,5	-3.88***	-3.85***
Mao	0.117,3	0.086,7	5.04***	5.14***
Rec	0.145,6	0.101,8	20.70***	22.09***
Inv	0.144,3	0.171,5	-9.91***	-8.85***
Lev	0.495,6	0.540,7	-9.09***	-9.89***
Ngs	2.317,4	3.292,0	-20.35***	-27.92***
Nis	2.384,4	2.472,4	-2.56**	-1.58
Loss	0.143,9	0.141,1	0.42	0.42
ROA	0.013,9	0.024,2	-6.33***	-6.08***
Size	21.109,3	21.448,9	-16.34***	-14.72***

註：
① t 值是均值檢驗得到的統計值，z 值是 Wilcoxon 秩檢驗得到統計值。
②「*」「**」和「***」分別表示在 10%、5% 和 1% 水平下統計顯著（雙尾檢驗），下同。

7.4.2 迴歸分析

1. 相關性分析

表 7.3 為因變量與解釋變量的 Pearson 相關性分析結果。可以發現，審計定價 Auditfee 與應計盈餘管理 DA 負相關，在 10% 的水平下統計顯著。審計定價 Auditfee 與真實盈餘管理 RM 負相關，在 1% 的水平下統計顯著。相關性分析的結果表明，應計盈餘管理與真實盈餘管理，並沒有提高審計定價。進一步的分析有待於多元迴歸分析。

表 7.3　　　　　　因變量與解釋變量的相關性分析結果

	Auditfee	DA	RM
Auditfee	1		
DA	−0.017,2*	1	
RM	−0.089,5***	0.355,1***	1

註：相關性分析採用的是 Pearson 相關性分析。「*」表示在 10% 水平下統計顯著，「**」表示在 5% 水平下統計顯著，「***」表示在 1% 水平下統計顯著，下同。

2. 迴歸結果及分析

表 7.4 是採用固定效應模型對應計盈餘管理與審計定價進行迴歸的結果。可以發現，在沒有放入控製變量進行迴歸時，應計盈餘管理 DA 對審計定價 Auditfee 的迴歸系數，在全樣本的迴歸裡統計上不顯著，在變遷前和變遷後的迴歸裡同樣在統計上不顯著。這表明，應計盈餘管理沒有顯著增加審計師的審計定價。也就是說，儘管應計盈餘管理提高了審計師面臨的審計風險，但是應計盈餘管理的審計風險並沒有在審計定價上得到反應。可見，即使法律變遷後，中國的法律水平有所提高，應計盈餘管理所蘊含的審計風險也仍然沒有在審計定價上得到有效反應。

在控製了相關變量進行迴歸後，應計盈餘管理 DA 對審計定價 Auditfee 的迴歸系數，在統計上儘管顯著，但是符合為負。這表明應計盈餘管理並沒有提高審計定價，其蘊含的審計風險沒有在審計定價上得到反應。

在控製變量的迴歸結果方面，前十大會計師事務所 Big 的迴歸系數，在統計上顯著為正，表明前十大會計師事務所的審計收費偏高。審計意見 Mao，在全樣本的迴歸系數顯著為正，表明非標準審計意見會讓審計定價偏高。應收帳款占總資產的比率 Rec，其迴歸系數在統計上顯著為負，表明應收帳款占比高的公司，審計收費偏低。存貨占總資產的比率 Inv，在變遷後的迴歸系數顯著為負，表明存貨占比高的公司，審計收費偏低。資產負債率 Lev 的迴歸系數，

在變遷後的迴歸係數顯著為正，表明資產負債率高的公司，審計收費也高。公司地區分部 Ngs 的迴歸係數，在變遷前的迴歸係數顯著為正，表明地區分部多的公司，審計收費也高。公司業績虧損 Loss 的迴歸係數，在統計上顯著為正，表明業績虧損的公司，審計收費偏高。公司業績 ROA 的迴歸係數，在統計上顯著為正，表明業績好的公司，審計收費高。公司規模 Size 的迴歸係數，在統計上顯著為正，表明資產規模大的公司，審計收費要高。

表 7.4　　應計盈餘管理與審計定價的迴歸結果：固定效應

	因變量：Auditfee					
	全樣本		變遷前		變遷後	
	（1）	（2）	（1）	（2）	（1）	（2）
DA	0.008,3	-0.095,7	0.044,6	-0.017,5	-0.032,1	-0.091,2
	(0.21)	(-2.71)***	(0.83)	(-0.32)	(-0.76)	(-2.33)**
Big		0.076,6		0.109,3		0.057,9
		(5.26)***		(2.97)***		(4.20)***
Mao		0.024,7		0.014,1		0.014,2
		(1.68)*		(0.67)		(0.70)
Rec		-0.296,0		-0.074,7		-0.396,5
		(-5.50)***		(-1.07)		(-4.80)***
Inv		-0.087,0		0.057,8		-0.138,5
		(-1.61)		(0.68)		(-2.06)**
Lev		0.137,8		0.094,8		0.117,1
		(4.20)***		(1.63)		(2.86)***
Ngs		0.008,1		0.009,0		-0.002,1
		(3.10)***		(2.68)***		(-0.71)
Nis		0.003,7		0.001,8		0.000,5
		(0.87)		(0.35)		(0.13)
Loss		0.038,2		-0.012,7		0.037,8
		(3.27)***		(-0.68)		(2.84)***
ROA		0.240,7		0.140,9		0.177,2
		(3.18)***		(1.20)		(1.84)*
Size		0.283,7		0.145,7		0.272,2
		(22.32)***		(5.54)***		(17.07)***
Constant	13.079,9	6.945,8	12.970,4	9.794,3	13.159,1	7.300,0
	(178,724.72)***	(25.87)***	(210,227.62)***	(17.90)***	(128,377.47)***	(21.40)***

表7.4(續)

	因變量：Auditfee					
	全樣本		變遷前		變遷後	
	(1)	(2)	(1)	(2)	(1)	(2)
N	10,458	10,458	4,383	4,383	6,075	6,075
Adj. R^2	-0.000	0.249	0.000	0.043	-0.000	0.249
F	0.045,1	63.244,9***	0.691,3	7.566,0***	0.570,3	36.759,0***

註：

①迴歸方法採用的是固定效應模型。因變量 Auditfee，審計定價，採用其自然對數衡量。解釋變量 DA 為應計盈餘管理。

②「變遷前」為 2006 年法律變遷之前，「變遷後」為 2006 年法律變遷之後。

③括號裡的為 t 值，經過了 Cluster 參差矯正。「*」「**」和「***」分別表示在 10%、5%和 1%水平下統計顯著，下同。

表 7.5 是採用固定效應模型對真實盈餘管理與審計定價進行迴歸的結果。可以發現，在沒有放入控制變量進行迴歸時，真實盈餘管理 RM 對審計定價 Auditfee 的迴歸系數，在全樣本的迴歸裡統計上不顯著，在變遷前和變遷後的迴歸裡同樣在統計上不顯著。這表明，真實盈餘管理沒有顯著增加審計師的審計定價。也就是說，儘管真實盈餘管理提高了審計師面臨的審計風險，但是真實盈餘管理的審計風險並沒有在審計定價上得到反應。並且，即使法律變遷後，中國的法律水平有所提高，真實盈餘管理所蘊含的審計風險也仍然沒有在審計定價上得到有效反應。

在控制了相關變量進行迴歸後，真實盈餘管理 RM 對審計定價 Auditfee 的迴歸系數，在統計上儘管顯著，但是符合為負。這表明真實盈餘管理並沒有提高審計定價，其蘊含的審計風險沒有在審計定價上得到反應。

結合表 7.4 和表 7.5 的迴歸結果可知，本章的研究假設 H1 沒有得到支持，即應計盈餘管理與真實盈餘管理沒有提高審計師的審計定價。

表 7.5　真實盈餘管理與審計定價的迴歸結果：固定效應

	因變量：Auditfee					
	全樣本		變遷前		變遷後	
	(1)	(2)	(1)	(2)	(1)	(2)
RM	-0.027,2	-0.044,9	-0.021,6	-0.065,2	-0.006,6	-0.035,3
	(-1.03)	(-2.00)**	(-0.59)	(-1.66)*	(-0.26)	(-1.55)

表7.5(續)

	因變量：Auditfee					
	全樣本		變遷前		變遷後	
	（1）	（2）	（1）	（2）	（1）	（2）
Big		0.080,9		0.118,8		0.059,7
		(5.43)***		(3.19)***		(4.23)***
Mao		0.019,7		0.012,7		0.012,9
		(1.37)		(0.61)		(0.64)
Rec		-0.324,6		-0.086,8		-0.419,7
		(-6.04)***		(-1.28)		(-5.11)***
Inv		-0.084,9		0.103,5		-0.132,9
		(-1.52)		(1.21)		(-1.92)*
Lev		0.149,8		0.097,7		0.126,3
		(4.48)***		(1.65)*		(3.01)***
Ngs		0.008,8		0.011,5		-0.001,5
		(3.19)***		(3.10)***		(-0.49)
Nis		0.002,5		-0.000,6		-0.000,4
		(0.58)		(-0.11)		(-0.08)
Loss		0.034,6		-0.012,2		0.034,6
		(2.97)***		(-0.67)		(2.56)**
ROA		0.184,6		0.138,9		0.134,0
		(2.44)**		(1.23)		(1.39)
Size		0.274,8		0.135,5		0.263,5
		(20.82)***		(5.01)***		(16.17)***
Constant	13.085,7	7.132,9	12.971,9	10.000,4	13.166,5	7.482,7
	(13,930.07)***	(25.50)***	(14,392.50)***	(17.71)***	(11,971.26)***	(21.39)***
N	9,813	9,813	4,046	4,046	5,767	5,767
Adj. R^2	0.000	0.238	-0.000	0.043	-0.000	0.239
F	1.060,2	55.870,8***	0.343,8	7.067,4***	0.067,6	33.664,3***

註：

①迴歸方法採用的是固定效應模型。因變量 Auditfee，審計定價，採用其自然對數衡量。解釋變量 RM，為真實盈餘管理。

②「變遷前」為 2006 年法律變遷之前，「變遷後」為 2006 年法律變遷之後。

③括號裡的為 t 值，經過了 Cluster 參差矯正。「*」「**」和「***」分別表示在 10%、5% 和 1% 水平下統計顯著，下同。

7 盈餘管理、法律變遷與審計定價 | 153

表7.6是應計盈餘管理與真實盈餘管理、法律變遷與審計定價的固定效應迴歸結果。可以發現，在應計盈餘管理DA的迴歸結果裡，盈餘管理EM與法律變遷Law的交乘項EM×Law，迴歸系數在統計上不顯著。

同樣，在真實盈餘管理RM的迴歸結果裡，盈餘管理EM與法律變遷Law的交乘項EM×Law，迴歸系數在統計上也不顯著。

經驗數據表明，2006年的法律變遷，並沒有增強應計盈餘管理與真實盈餘管理對審計定價的影響。這意味著，儘管2006年的法律變遷讓中國的法律水平有所提高，但是，並沒有強化應計盈餘管理與真實盈餘管理對審計定價的影響。本章的研究假設H2沒有得到支持。

表7.6 應計盈餘管理與真實盈餘管理、法律變遷與審計定價的迴歸結果：固定效應

	因變量：Auditfee			
	EM=DA		EM=RM	
	（1）	（2）	（1）	（2）
EM	−0.018,2	−0.035,3	−0.009,3	−0.059,1
	（−0.31）	（−0.63）	（−0.25）	（−1.68）*
EM×Law	0.109,1	−0.086,6	0.005,0	0.039,9
	（1.39）	（−1.27）	（0.11）	（0.99）
Law	0.197,3	0.086,5	0.190,7	0.088,6
	（20.13）***	（9.52）***	（18.76）***	（9.32）***
Big		0.077,3		0.081,8
		（5.43）***		（5.62）***
Mao		0.023,1		0.017,4
		（1.59）		（1.24）
Rec		−0.151,3		−0.176,1
		（−2.80）***		（−3.27）***
Inv		−0.105,5		−0.111,2
		（−1.99）**		（−2.04）**
Lev		0.071,9		0.085,1
		（2.21）**		（2.56）**
Ngs		0.004,5		0.005,0
		（1.71）*		（1.84）*
Nis		0.004,4		0.003,4
		（1.08）		（0.80）

表7.6(續)

	因變量：Auditfee			
	EM＝DA		EM＝RM	
	（1）	（2）	（1）	（2）
Loss		0.027,2		0.024,9
		(2.38)**		(2.18)**
ROA		0.191,5		0.147,5
		(2.59)***		(2.00)**
Size		0.255,0		0.246,4
		(19.77)***		(18.56)***
Constant	12.965,2	7.539,4	12.974,4	7.719,9
	(2,276.68)***	(27.73)***	(2,186.53)***	(27.49)***
N	10,458	10,458	9,813	9,813
Adj. R^2	0.113	0.265	0.106	0.254
F	139.062,1***	60.163,4***	119.623,0***	53.627,7***

註：
①迴歸方法採用的是固定效應模型。因變量 Auditfee，審計定價，採用其自然對數衡量。解釋變量 EM，為盈餘管理變量，分別採用應計盈餘管理 DA 和真實盈餘管理 RM 衡量。Law，為衡量 2006 年的法律變遷變量，如果在 2006 年法律變遷之前，取值為 0，反之，如果在 2006 年法律變遷之後，取值為 1。EM×Law，為盈餘管理 EM 與法律變遷 Law 的交乘項。
②括號裡的為 t 值，經過了 Cluster 參差矯正。「*」「**」和「***」分別表示在 10%、5% 和 1%水平下統計顯著，下同。

7.4.3 穩健性測試

為了檢驗上述結論的穩健性，本章進行了如下敏感性測試。

（1）為了檢驗 2006 年新《公司法》和《證券法》實施前後盈餘管理對審計定價的影響，本章選擇了 2001—2009 年作為考察的研究窗口。根據中國上市公司信息披露的規定，2005 年的公司年報是在 2006 年的 1 月至 4 月披露，因而 2005 年的公司年報會受到新《公司法》和《證券法》實施的影響。因此，上述的分析將 2005 年的樣本劃分到法律變遷後。但是，2005 年的樣本同樣也會受到 2006 年法律變遷前的舊法律影響。為了避免 2005 年的樣本受到法律變遷前後新舊法律的雙重影響，本章將 2005 年的樣本剔除出原來的研究樣本。這樣，法律變遷前的樣本為 2001—2004 年的上市公司樣本，法律變遷後的樣本為 2006—2009 年的上市公司樣本。將剔除後的樣本用上述模型進行迴

歸，迴歸結果報告於表 7.7 至表 7.9，經驗結果表明本章的結論依然穩健。

表 7.7 是採用剔除後的樣本對應計盈餘管理與審計定價進行固定效應迴歸的結果。可以發現，在剔除掉 2005 年的樣本後，在沒有放入控制變量時，應計盈餘管理 DA 對審計定價 Auditfee 的迴歸系數，在全樣本的迴歸裡統計上不顯著，在變遷前和變遷後的迴歸裡同樣在統計上不顯著。這表明，應計盈餘管理沒有顯著增加審計師的審計定價。也就是說，儘管應計盈餘管理提高了審計師面臨的審計風險，但是應計盈餘管理的審計風險並沒有在審計定價上得到反應。並且，即使法律變遷後，中國的法律水平有所提高，應計盈餘管理所蘊含的審計風險也仍然沒有在審計定價上得到有效反應。

在剔除掉 2005 年的樣本後，將控制變量放入模型進行迴歸，應計盈餘管理 DA 對審計定價 Auditfee 的迴歸系數，在統計上儘管顯著，但是符合為負。這表明應計盈餘管理並沒有提高審計定價，其蘊含的審計風險沒有在審計定價上得到反應。這與前文的結論一致。

表 7.7　　應計盈餘管理與審計定價的迴歸結果：固定效應

	因變量：Auditfee					
	全樣本		變遷前		變遷後	
	（1）	（2）	（1）	（2）	（1）	（2）
DA	0.000,6	−0.100,3	0.044,6	−0.017,5	−0.058,3	−0.099,2
	(0.01)	(−2.66)***	(0.83)	(−0.32)	(−1.32)	(−2.41)**
Big		0.078,9		0.109,3		0.057,1
		(4.99)***		(2.97)***		(3.66)***
Mao		0.024,0		0.014,1		0.019,2
		(1.51)		(0.67)		(0.85)
Rec		−0.287,8		−0.074,7		−0.205,9
		(−5.00)***		(−1.07)		(−1.86)*
Inv		−0.087,8		0.057,8		−0.138,7
		(−1.54)		(0.68)		(−1.88)*
Lev		0.144,9		0.094,8		0.054,0
		(4.26)***		(1.63)		(1.24)
Ngs		0.009,1		0.009,0		−0.003,2
		(3.24)***		(2.68)***		(−1.00)
Nis		0.004,0		0.001,8		−0.002,7
		(0.87)		(0.35)		(−0.55)

表7.7(續)

	全樣本		變遷前		變遷後	
	因變量：Auditfee					
	(1)	(2)	(1)	(2)	(1)	(2)
Loss		0.041,2		−0.012,7		0.033,6
		(3.13)***		(−0.68)		(2.12)**
ROA		0.246,7		0.140,9		0.082,0
		(3.16)***		(1.20)		(0.85)
Size		0.283,6		0.145,7		0.245,7
		(21.72)***		(5.54)***		(13.50)***
Constant	13.087,3 (133,462.50)***	6.945,1 (25.20)***	12.970,4 (210,227.62)***	9.794,3 (17.90)***	13.192,0 (86,247.27)***	7.915,7 (20.31)***
N	9,290	9,290	4,383	4,383	4,907	4,907
Adj. R^2	−0.000	0.258	0.000	0.043	0.001	0.205
F	0.000,2	60.427,4***	0.691,3	7.566,0***	1.753,6	22.184,7***

註：
①迴歸樣本是剔除了2005年樣本的研究樣本。迴歸方法採用的是固定效應模型。因變量Auditfee，審計定價，採用其自然對數衡量。解釋變量DA，為應計盈餘管理。
②「變遷前」為2006年法律變遷之前，「變遷後」為2006年法律變遷之後。
③括號裡的為t值，經過了Cluster參差矯正。「*」「**」和「***」分別表示在10%、5%和1%水平下統計顯著，下同。

　　表7.8是採用剔除後的樣本對真實盈餘管理與審計定價進行固定效應迴歸的結果。可以發現，在剔除掉2005年的樣本後，在沒有放入控制變量時，真實盈餘管理RM對審計定價Auditfee的迴歸系數，在全樣本的迴歸裡統計上不顯著，在變遷前和變遷後的迴歸裡同樣在統計上不顯著。這表明，真實盈餘管理沒有顯著增加審計師的審計定價。也就是說，儘管真實盈餘管理提高了審計師面臨的審計風險，但是真實盈餘管理的審計風險並沒有在審計定價上得到反應。並且，即使法律變遷後，中國的法律水平有所提高，真實盈餘管理所蘊含的審計風險也仍然沒有在審計定價上得到有效反應。

　　在剔除掉2005年的樣本後，將控制變量放入模型進行迴歸，真實盈餘管理RM對審計定價Auditfee的迴歸系數，在統計上儘管顯著，但是符合為負。這表明真實盈餘管理並沒有提高審計定價，其蘊含的審計風險沒有在審計定價上得到反應。這與前文的結論一致。

表 7.8　真實盈餘管理與審計定價的迴歸結果：固定效應

	因變量：Auditfee					
	全樣本		變遷前		變遷後	
	（1）	（2）	（1）	（2）	（1）	（2）
RM	−0.037,6	−0.052,1	−0.021,6	−0.065,2	−0.010,6	−0.038,4
	(−1.33)	(−2.19)**	(−0.59)	(−1.66)*	(−0.40)	(−1.61)
Big		0.084,6		0.118,8		0.058,1
		(5.25)***		(3.19)***		(3.67)***
Mao		0.017,4		0.012,7		0.017,5
		(1.11)		(0.61)		(0.77)
Rec		−0.316,1		−0.086,8		−0.230,7
		(−5.48)***		(−1.28)		(−2.08)**
Inv		−0.084,4		0.103,5		−0.129,7
		(−1.43)		(1.21)		(−1.70)*
Lev		0.157,1		0.097,7		0.062,4
		(4.53)***		(1.65)*		(1.40)
Ngs		0.009,5		0.011,5		−0.003,0
		(3.24)***		(3.10)***		(−0.89)
Nis		0.003,2		−0.000,6		−0.002,8
		(0.66)		(−0.11)		(−0.54)
Loss		0.038,2		−0.012,2		0.034,3
		(2.90)***		(−0.67)		(2.14)**
ROA		0.183,8		0.138,9		0.048,3
		(2.35)**		(1.23)		(0.49)
Size		0.276,2		0.135,5		0.242,1
		(20.39)***		(5.01)***		(13.04)***
Constant	13.090,7	7.098,0	12.971,9	10.000,4	13.194,8	7.986,6
	(12,959.95)***	(24.73)***	(14,392.50)***	(17.71)***	(10,979.77)***	(20.06)***
N	8,728	8,728	4,046	4,046	4,682	4,682
Adj. R^2	0.000	0.249	−0.000	0.043	−0.000	0.203
F	1.778,8	53.776,9***	0.343,8	7.067,4***	0.162,7	20.624,2***

註：

①迴歸樣本是剔除了2005年樣本的研究樣本。迴歸方法採用的是固定效應模型。因變量 Auditfee，審計定價，採用其自然對數衡量。解釋變量 RM，為真實盈餘管理。

②「變遷前」為2006年法律變遷之前，「變遷後」為2006年法律變遷之後。

③括號裡的為 t 值，經過了 Cluster 參差矯正。「*」「**」和「***」分別表示在10%、5%和1%水平下統計顯著，下同。

表 7.9 是採用剔除後的樣本對應計盈餘管理與真實盈餘管理、法律變遷與審計定價進行固定效應迴歸的結果。可以發現，在應計盈餘管理 DA 的迴歸結果裡，盈餘管理 EM 與法律變遷 Law 的交乘項 EM×Law，迴歸系數在統計上不顯著。

同樣，在真實盈餘管理 RM 的迴歸結果裡，盈餘管理 EM 與法律變遷 Law 的交乘項 EM×Law，迴歸系數在統計上也不顯著。

經驗數據表明，2006 年的法律變遷，並沒有增強應計盈餘管理與真實盈餘管理對審計定價的影響。這意味著，儘管 2006 年的法律變遷讓中國的法律水平有所提高，但是，並沒有強化應計盈餘管理與真實盈餘管理對審計定價的影響。這與前文的結論一致。

表 7.9 應計盈餘管理與真實盈餘管理、法律變遷與審計定價的迴歸結果：固定效應

	因變量：Auditfee			
	EM = DA		EM = RM	
	（1）	（2）	（1）	（2）
EM	-0.009,8	-0.030,4	-0.010,2	-0.061,5
	(-0.16)	(-0.53)	(-0.26)	(-1.68)*
EM×Law	0.091,7	-0.100,1	-0.000,6	0.038,1
	(1.08)	(-1.35)	(-0.01)	(0.87)
Law	0.233,4	0.118,9	0.226,3	0.120,0
	(21.07)***	(10.90)***	(19.61)***	(10.53)***
Big		0.079,3		0.085,1
		(5.15)***		(5.43)***
Mao		0.022,7		0.015,7
		(1.47)		(1.03)
Rec		-0.033,3		-0.057,2
		(-0.56)		(-0.95)
Inv		-0.102,8		-0.106,9
		(-1.85)*		(-1.87)*
Lev		0.056,3		0.070,4
		(1.68)*		(2.06)**
Ngs		0.004,6		0.004,9
		(1.66)*		(1.69)*
Nis		0.005,3		0.004,4
		(1.20)		(0.97)

表7.9(續)

	因變量：Auditfee			
	EM＝DA		EM＝RM	
	（1）	（2）	（1）	（2）
Loss		0.025,7		0.024,6
		（2.00）**		（1.93）*
ROA		0.157,5		0.112,9
		（2.08）**		（1.50）
Size		0.240,7		0.234,5
		（18.01）***		（17.06）***
Constant	12.963,9	7.829,3	12.970,3	7.955,8
	（2,216.65）***	（27.86）***	（2,112.62）***	（27.45）***
N	9,290	9,290	8,728	8,728
Adj. R^2	0.151	0.283	0.143	0.274
F	152.577,6***	60.693,9***	131.731,4***	54.368,2***

註：

①迴歸樣本是剔除了2005年樣本的研究樣本。迴歸方法採用的是固定效應模型。因變量Auditfee，審計定價，採用其自然對數衡量。解釋變量EM，為盈餘管理變量，分別採用應計盈餘管理DA和真實盈餘管理RM衡量。Law，為衡量2006年的法律變遷變量，如果在2006年法律變遷之前，取值為0；反之，如果在2006年法律變遷之後，取值為1。EM×Law，為盈餘管理EM與法律變遷Law的交乘項。

②括號裡的為 t 值，經過了Cluster參差矯正。「*」「**」和「***」分別表示在10%、5%和1%水平下統計顯著，下同。

（2）Francis和Krishnan（1999）認為，正向的應計盈餘比負向的應計盈餘的風險更大。這意味著，正向盈餘管理與審計定價的正相關性可能更強。在此，本章採用正向的盈餘管理來檢驗上述結論的穩健性。採用正向盈餘管理進行迴歸的結果報告於表7.10至表7.12，經驗結果表明上述的結論依然穩健。

表7.10是正向應計盈餘管理與審計定價進行固定效應迴歸的結果。可以發現，在沒有放入控制變量時，正向應計盈餘管理DA對審計定價Auditfee的迴歸係數，在全樣本的迴歸裡在統計上顯著為正。在進行細分樣本迴歸後，正向應計盈餘管理DA的迴歸係數，在變遷前和變遷後的樣本迴歸裡在統計上不顯著。這表明，正向應計盈餘管理在變遷前和變遷後沒有顯著增加審計師的審計定價。也就是說，儘管正向應計盈餘管理提高了審計師面臨的審計風險，但是正向應計盈餘管理的審計風險並沒有在審計定價上得到反應。並且，即使法

律變遷後，中國的法律水平有所提高，正向應計盈餘管理所蘊含的審計風險也仍然沒有在審計定價上得到有效反應。

在將控制變量放入模型進行迴歸後，應計盈餘管理 DA 對審計定價 Auditfee 的迴歸係數，在全樣本的迴歸裡在統計上顯著，但是符合為負。同樣，在進行細分樣本迴歸後，應計盈餘管理 DA 的迴歸係數，僅在變遷後的樣本迴歸裡在統計上顯著為負，而在變遷前的樣本迴歸裡在統計上不顯著。這表明應計盈餘管理並沒有提高審計定價，其蘊含的審計風險沒有在審計定價上得到反應。這與前文的結論一致。

表 7.10　正向應計盈餘管理與審計定價的迴歸結果：固定效應

	因變量：Auditfee					
	全樣本		變遷前		變遷後	
	(1)	(2)	(1)	(2)	(1)	(2)
DA	0.152,8	−0.118,3	−0.007,2	−0.129,5	0.116,2	−0.175,0
	(1.95)*	(−1.77)*	(−0.06)	(−1.05)	(1.25)	(−2.31)**
Big		0.054,9		0.057,4		0.029,2
		(3.13)***		(0.87)		(1.72)*
Mao		0.037,9		−0.036,9		0.033,8
		(1.63)		(−0.83)		(1.10)
Rec		−0.233,2		0.067,1		−0.190,7
		(−3.11)***		(0.49)		(−1.43)
Inv		−0.126,5		−0.124,7		−0.106,2
		(−2.01)**		(−0.96)		(−1.26)
Lev		0.108,0		0.176,3		0.013,3
		(2.38)**		(1.30)		(0.20)
Ngs		0.004,1		0.009,2		−0.006,0
		(1.21)		(1.67)*		(−1.48)
Nis		0.005,1		0.014,2		0.002,3
		(1.00)		(1.58)		(0.42)
Loss		0.059,5		−0.036,7		0.073,3
		(2.83)***		(−1.01)		(2.83)***
ROA		0.353,3		0.217,4		0.281,7
		(2.42)**		(0.73)		(1.48)
Size		0.301,6		0.150,5		0.321,4
		(19.58)***		(2.72)***		(15.81)***

表7.10(續)

	因變量：Auditfee					
	全樣本		變遷前		變遷後	
	(1)	(2)	(1)	(2)	(1)	(2)
Constant	13.046,1	6.577,3	12.958,6	9.644,9	13.119,9	6.265,7
	(2,426.82)***	(20.49)***	(1,584.19)***	(8.63)***	(1,972.28)***	(14.53)***
N	5,455	5,455	2,297	2,297	3,158	3,158
Adj. R^2	0.001	0.285	−0.000	0.057	0.001	0.337
F	3.800,0**	50.421,9***	0.003,2	6.020,2***	1.560,1	28.608,9***

註：

①迴歸方法採用的是固定效應模型。因變量 Auditfee，審計定價，採用其自然對數衡量。解釋變量 DA，為正向應計盈餘管理。

②「變遷前」為 2006 年法律變遷之前，「變遷後」為 2006 年法律變遷之後。

③括號裡的為 t 值，經過了 Cluster 參差矯正。「*」「**」和「***」分別表示在 10%、5% 和 1% 水平下統計顯著，下同。

表 7.11 是正向真實盈餘管理與審計定價的固定效應迴歸結果。可以發現，在沒有放入控製變量時，正向真實盈餘管理 RM 對審計定價 Auditfee 的迴歸系數，在全樣本的迴歸裡統計上顯著為正。在細分樣本進行迴歸後，正向真實盈餘管理 RM 的迴歸系數，在變遷前的樣本迴歸裡在統計上不顯著，在變遷後的樣本迴歸裡在統計上顯著為正。

但是，在放入控製變量進行迴歸後，正向真實盈餘管理 RM 對審計定價 Auditfee 的迴歸系數，在變遷後的樣本迴歸裡在統計上不顯著。這表明，正向真實盈餘管理沒有顯著增加審計師的審計定價。也就是說，儘管正向真實盈餘管理提高了審計師面臨的審計風險，但是正向真實盈餘管理的審計風險並沒有在審計定價上得到反應。並且，即使法律變遷後，中國的法律水平有所提高，審計師面臨的審計風險有所增加，正向真實盈餘管理所蘊含的審計風險也仍然沒有在審計定價上得到有效反應。這與前文的結論一致。

表 7.11　正向真實盈餘管理與審計定價的迴歸結果：固定效應

	因變量：Auditfee					
	全樣本		變遷前		變遷後	
	(1)	(2)	(1)	(2)	(1)	(2)
RM	0.205,8	0.073,5	0.081,3	0.007,2	0.140,2	0.033,5
	(3.91)***	(1.70)*	(1.23)	(0.10)	(2.33)**	(0.64)

表7.11(續)

	因變量：Auditfee					
	全樣本		變遷前		變遷後	
	(1)	(2)	(1)	(2)	(1)	(2)
Big		0.090,1		0.174,2		0.066,0
		(4.16)***		(2.65)***		(2.89)***
Mao		0.013,5		0.008,9		0.018,8
		(0.59)		(0.28)		(0.56)
Rec		−0.328,5		−0.043,5		−0.486,3
		(−4.71)***		(−0.41)		(−3.73)***
Inv		−0.243,2		−0.112,8		−0.145,9
		(−3.46)***		(−0.75)		(−1.75)*
Lev		0.186,8		0.265,8		0.080,9
		(4.05)***		(2.77)***		(1.34)
Ngs		0.001,4		0.007,7		−0.005,0
		(0.39)		(1.35)		(−1.13)
Nis		0.007,7		0.019,0		0.001,8
		(1.33)		(2.22)**		(0.28)
Loss		0.026,0		−0.022,7		0.040,7
		(1.32)		(−0.79)		(1.90)*
ROA		0.122,9		0.306,4		0.145,9
		(0.97)		(1.41)		(0.94)
Size		0.275,7		0.097,7		0.256,3
		(14.57)***		(2.28)**		(10.39)***
Constant	12.998,2	7.099,8	12.896,8	10.636,9	13.095,1	7.653,6
	(1,714.42)***	(17.81)***	(1,506.50)***	(12.25)***	(1,404.25)***	(14.54)***
N	3,969	3,969	1,687	1,687	2,282	2,282
Adj. R^2	0.009	0.272	0.001	0.083	0.006	0.253
F	15.317,1***	30.337,5***	1.507,5	5.699,9***	5.450,2***	15.168,0***

註：
①迴歸方法採用的是固定效應模型。因變量 Auditfee，審計定價，採用其自然對數衡量。解釋變量 RM，為正向真實盈餘管理，即 RM=−AbCFO+AbProd−AbDisx 的正值。
②「變遷前」為2006年法律變遷之前，「變遷後」為2006年法律變遷之後。
③括號裡的為 t 值，經過了 Cluster 參差矯正。「*」「**」和「***」分別表示在10%、5%和1%水平下統計顯著，下同。

表 7.12 是正向應計盈餘管理與真實盈餘管理、法律變遷與審計定價進行固定效應迴歸的結果。可以發現，在正向應計盈餘管理 DA 的迴歸結果裡，盈餘管理 EM 與法律變遷 Law 的交乘項 EM×Law，在放入控制變量迴歸後，對審計定價 Auditfee 的迴歸系數，在統計上不顯著。這表明，法律變遷沒有增強正向應計盈餘管理對審計定價的提升作用。

在正向真實盈餘管理 RM 的迴歸結果裡，盈餘管理 EM 與法律變遷 Law 的交乘項 EM×Law，對審計定價 Auditfee 的迴歸系數在統計上顯著為正。這表明，法律變遷增強了正向真實盈餘管理對審計定價的提升作用。

表 7.12 正向應計盈餘管理與真實盈餘管理、法律變遷與審計定價的迴歸結果：固定效應

	因變量：Auditfee			
	EM = DA		EM = RM	
	（1）	（2）	（1）	（2）
EM	−0.118,6	−0.135,6	−0.094,0	−0.071,9
	(−0.94)	(−1.22)	(−1.34)	(−1.19)
EM×Law	0.312,7	0.039,5	0.328,9	0.221,7
	(1.97)**	(0.29)	(3.87)***	(3.04)***
Law	0.193,5	0.086,4	0.131,3	0.061,1
	(13.05)***	(5.90)***	(7.49)***	(3.75)***
Big		0.056,1		0.090,3
		(3.28)***		(4.28)***
Mao		0.027,8		0.010,5
		(1.22)		(0.48)
Rec		−0.086,2		−0.172,0
		(−1.12)		(−2.38)**
Inv		−0.150,5		−0.290,0
		(−2.48)**		(−4.35)***
Lev		0.055,7		0.119,3
		(1.26)		(2.55)**
Ngs		0.000,7		−0.001,5
		(0.21)		(−0.44)
Nis		0.005,6		0.009,9
		(1.13)		(1.84)*

表7.12(續)

	因變量：Auditfee			
	EM=DA		EM=RM	
	（1）	（2）	（1）	（2）
Loss		0.047,2		0.017,7
		(2.31)**		(0.92)
ROA		0.288,7		0.091,2
		(2.04)**		(0.74)
Size		0.266,8		0.246,7
		(16.92)***		(13.27)***
Constant	12.939,8	7.292,2	12.936,5	7.713,1
	(1,294.33)***	(22.18)***	(1,081.48)***	(19.72)***
N	5,455	5,455	3,969	3,969
Adj. R^2	0.142	0.302	0.118	0.295
F	115.645,3***	48.904,8***	56.229,3***	29.076,2***

註：

①迴歸方法採用的是固定效應模型。因變量 Auditfee，審計定價，採用其自然對數衡量。解釋變量 EM，為正向盈餘管理變量，分別採用正向應計盈餘管理 DA 和正向真實盈餘管理 RM 衡量。Law，為衡量 2006 年的法律變遷變量，如果在 2006 年法律變遷之前，取值為 0；反之，如果在 2006 年法律變遷之後，取值為 1。EM×Law，為盈餘管理 EM 與法律變遷 Law 的交乘項。

②括號裡的為 t 值，經過了 Cluster 參差矯正。「＊」「＊＊」和「＊＊＊」分別表示在 10%、5% 和 1% 水平下統計顯著，下同。

（3）在前文的分析中，採用的是修正的 Jones 模型（DeChow，等，1995）來估計應計盈餘管理。在這裡，採用 Jones 模型（Jones，1991）來估計應計盈餘管理，以此檢驗上述結論的穩健性。採用 Jones 模型估計的應計盈餘管理的迴歸結果，報告於表 7.13 至表 7.15。可以發現，本書的結論仍然穩健。

（4）在前面的考察中，借鑑 Roychowdhury（2006）及 Cohen 等（2008）的方法，採用 RM＝-AbCFO+AbProd-AbDisx 來綜合衡量真實盈餘管理。由於異常經營現金流 AbCFO 對真實盈餘管理的影響方向並不是非常確定，借鑑 Zang（2012）的方法，採用 RM_1＝+AbProd-AbDisx 來衡量真實盈餘管理，即真實盈餘管理 RM_1 是異常生產成本 AbProd 與異常酌量性費用 AbDisx 的集合變量。重新檢驗的結果見表 7.14 和表 7.15。可以發現，本書的結論仍然穩健。

表 7.13 是採用 Jones 模型估計的應計盈餘管理與審計定價進行固定效應迴

歸的結果。可以發現，在沒有放入控制變量時，應計盈餘管理 DA 對審計定價 Auditfee 的迴歸係數，在全樣本的迴歸裡統計上不顯著，在變遷前和變遷後的迴歸裡同樣也不顯著。這表明，應計盈餘管理沒有顯著增加審計師的審計定價。也就是說，儘管應計盈餘管理提高了審計師面臨的審計風險，但是應計盈餘管理的審計風險並沒有在審計定價上得到反應。並且，即使法律變遷後，中國的法律水平有所提高，應計盈餘管理所蘊含的審計風險也仍然沒有在審計定價上得到有效反應。

在將控制變量放入模型進行迴歸後，應計盈餘管理 DA 對審計定價 Auditfee 的迴歸係數，在統計上儘管顯著，但是符合為負。這表明應計盈餘管理並沒有提高審計定價，其蘊含的審計風險沒有在審計定價上得到反應。這與前文的結論一致。

表 7.13　　應計盈餘管理與審計定價的迴歸結果：固定效應

	全樣本		變遷前		變遷後	
	(1)	(2)	(1)	(2)	(1)	(2)
DA	0.004,9	−0.094,9	0.038,1	−0.025,2	−0.034,2	−0.088,3
	(0.12)	(−2.64)***	(0.69)	(−0.44)	(−0.79)	(−2.22)**
Big		0.076,6		0.109,2		0.057,9
		(5.25)***		(2.96)***		(4.20)***
Mao		0.024,8		0.014,2		0.014,2
		(1.69)*		(0.68)		(0.70)
Rec		−0.299,5		−0.074,3		−0.399,7
		(−5.60)***		(−1.07)		(−4.85)***
Inv		−0.087,3		0.059,2		−0.139,6
		(−1.62)		(0.70)		(−2.07)**
Lev		0.138,1		0.094,3		0.117,4
		(4.21)***		(1.62)		(2.87)***
Ngs		0.008,2		0.009,0		−0.002,1
		(3.10)***		(2.68)***		(−0.71)
Nis		0.003,7		0.001,8		0.000,6
		(0.87)		(0.35)		(0.13)
Loss		0.038,2		−0.012,5		0.037,8
		(3.28)***		(−0.67)		(2.83)***

表7.13(續)

	因變量：Auditfee					
	全樣本		變遷前		變遷後	
	(1)	(2)	(1)	(2)	(1)	(2)
ROA		0.239,6		0.144,7		0.175,0
		(3.17)***		(1.24)		(1.82)*
Size		0.283,5		0.145,9		0.271,9
		(22.31)***		(5.54)***		(17.05)***
Constant	13.079,9	6.951,1	12.970,4	9.792,0	13.159,1	7.305,6
	(199,609.32)***	(25.91)***	(755,694.87)***	(17.90)***	(116,010.86)***	(21.42)***
N	10,458	10,458	4,383	4,383	6,075	6,075
Adj. R^2	−0.000	0.249	−0.000	0.043	0.000	0.249
F	0.015,1	63.180,6***	0.475,0	7.589,6***	0.625,1	36.654,9***

註：

①迴歸方法採用的是固定效應模型。因變量 Auditfee，審計定價，採用其自然對數衡量。解釋變量 DA，為採用 Jones 模型估計的應計盈餘管理。

②「變遷前」為 2006 年法律變遷之前，「變遷後」為 2006 年法律變遷之後。

③括號裡的為 t 值，經過了 Cluster 參差矯正。「*」「**」和「***」分別表示在 10%、5% 和 1% 水平下統計顯著，下同。

表 7.14 是採用 $RM_1 = +AbProd - AbDisx$ 衡量真實盈餘管理與審計定價的固定效應迴歸結果。可以發現，在沒有放入控製變量時，真實盈餘管理 RM_1 對審計定價 Auditfee 的迴歸係數，在全樣本的迴歸裡統計上不顯著，在變遷前和變遷後的迴歸裡同樣在統計上不顯著。這表明，真實盈餘管理沒有顯著增加審計師的審計定價。也就是說，儘管真實盈餘管理提高了審計師面臨的審計風險，但是真實盈餘管理的審計風險並沒有在審計定價上得到反應。並且，即使法律變遷後，中國的法律水平有所提高，真實盈餘管理所蘊含的審計風險也仍然沒有在審計定價上得到有效反應。

在將控製變量放入模型進行迴歸後，真實盈餘管理 RM_1 對審計定價 Auditfee 的迴歸係數，在統計上儘管顯著，但是符合為負。這表明真實盈餘管理並沒有提高審計定價，其蘊含的審計風險沒有在審計定價上得到反應。這與前文的結論一致。

表 7.14　真實盈餘管理與審計定價的迴歸結果：固定效應

	因變量：Auditfee					
	全樣本		變遷前		變遷後	
	（1）	（2）	（1）	（2）	（1）	（2）
RM_1	−0.043,9	−0.054,6	−0.029,0	−0.106,5	−0.000,9	−0.027,4
	(−1.24)	(−1.81)*	(−0.53)	(−1.62)	(−0.03)	(−0.91)
Big		0.080,8		0.119,4		0.059,6
		(5.42)***		(3.21)***		(4.22)***
Mao		0.019,5		0.011,8		0.012,8
		(1.36)		(0.56)		(0.63)
Rec		−0.330,2		−0.098,3		−0.424,2
		(−6.17)***		(−1.44)		(−5.16)***
Inv		−0.087,5		0.116,5		−0.142,0
		(−1.56)		(1.30)		(−2.04)**
Lev		0.150,3		0.098,8		0.125,2
		(4.49)***		(1.67)*		(2.99)***
Ngs		0.008,7		0.011,4		−0.001,5
		(3.18)***		(3.07)***		(−0.48)
Nis		0.002,5		−0.000,4		−0.000,4
		(0.58)		(−0.08)		(−0.09)
Loss		0.034,1		−0.013,5		0.034,4
		(2.93)***		(−0.75)		(2.55)**
ROA		0.189,3		0.156,3		0.136,8
		(2.50)**		(1.34)		(1.42)
Size		0.274,4		0.134,6		0.263,2
		(20.78)***		(4.99)***		(16.18)***
Constant	13.085,5	7.142,7	12.971,9	10.017,6	13.166,8	7.492,6
	(13,812.05)***	(25.53)***	(12,722.88)***	(17.83)***	(11,935.26)***	(21.46)***
N	9,813	9,813	4,046	4,046	5,767	5,767
Adj. R^2	0.000	0.238	−0.000	0.043	−0.000	0.238
F	1.543,5	55.882,4***	0.284,4	7.090,6***	0.000,7	33.683,8***

註：

①迴歸方法採用的是固定效應模型。因變量 Auditfee，審計定價，採用其自然對數衡量。解釋變量，真實盈餘管理 RM_1 = +AbProd−AbDisx。

②「變遷前」為 2006 年法律變遷之前，「變遷後」為 2006 年法律變遷之後。

③括號裡的為 t 值，經過了 Cluster 參差矯正。「*」「**」和「***」分別表示在 10%、5% 和 1% 水平下統計顯著，下同。

表 7.15 是採用 Jones 模型和 $RM_1 = +AbProd - AbDisx$ 衡量的應計盈餘管理與真實盈餘管理、法律變遷與審計定價進行固定效應迴歸的結果。可以發現，在應計盈餘管理 DA 的迴歸結果裡，盈餘管理 EM 與法律變遷 Law 的交乘項 EM×Law，迴歸系數在統計上不顯著。

同樣，在真實盈餘管理 RM_1 的迴歸結果裡，盈餘管理 EM 與法律變遷 Law 的交乘項 EM×Law，迴歸系數在統計上也不顯著。

表 7.15 經驗結果表明，2006 年的法律變遷，並沒有增強應計盈餘管理與真實盈餘管理對審計定價的影響。這意味著，儘管 2006 年的法律變遷讓中國的法律水平有所提高，但是，並沒有強化應計盈餘管理與真實盈餘管理對審計定價的影響。這與前文的結論一致。

表 7.15 應計盈餘管理與真實盈餘管理、法律變遷與審計定價的迴歸結果：固定效應

	因變量：Auditfee			
	EM = DA		EM = RM_1	
	（1）	（2）	（1）	（2）
EM	−0.030,6	−0.039,2	−0.061,8	−0.083,7
	(−0.50)	(−0.69)	(−1.22)	(−1.72)*
EM×Law	0.109,7	−0.081,9	0.066,1	0.068,7
	(1.36)	(−1.17)	(1.13)	(1.27)
Law	0.197,2	0.086,6	0.191,8	0.089,0
	(20.12)***	(9.53)***	(18.87)***	(9.36)***
Big		0.077,3		0.081,8
		(5.42)***		(5.62)***
Mao		0.023,1		0.017,1
		(1.59)		(1.22)
Rec		−0.153,8		−0.181,0
		(−2.86)***		(−3.36)***
Inv		−0.105,9		−0.114,3
		(−2.00)**		(−2.10)**
Lev		0.072,1		0.086,0
		(2.21)**		(2.59)***
Ngs		0.004,4		0.005,0
		(1.71)*		(1.84)*

表7.15(續)

	因變量：Auditfee			
	EM＝DA		EM＝RM$_1$	
	(1)	(2)	(1)	(2)
Nis		0.004,4		0.003,4
		(1.09)		(0.80)
Loss		0.027,2		0.024,4
		(2.38)**		(2.14)**
ROA		0.191,2		0.153,7
		(2.59)***		(2.09)**
Size		0.254,7		0.245,7
		(19.74)***		(18.54)***
Constant	12.965,3	7.546,1	12.973,6	7.734,0
	(2,278.57)***	(27.76)***	(2,181.51)***	(27.59)***
N	10,458	10,458	9,813	9,813
Adj. R^2	0.113	0.265	0.107	0.254
F	138.888,6***	60.193,9***	120.667,8***	53.613,0***

註：

①迴歸方法採用的是固定效應模型。因變量 Auditfee，審計定價，採用其自然對數衡量。解釋變量 EM，為盈餘管理變量，分別採用 Jones 模型估計的應計盈餘管理 DA 和真實盈餘管理 RM$_1$＝＋AbProd－AbDisx 衡量。Law，為衡量 2006 年的法律變遷變量，如果在 2006 年法律變遷之前，取值為 0；反之，如果在 2006 年法律變遷之後，取值為 1。EM×Law，為盈餘管理 EM 與法律變遷 Law 的交乘項。

②括號裡的為 t 值，經過了 Cluster 參差矯正。「*」「**」和「***」分別表示在 10%、5% 和 1% 水平下統計顯著，下同。

7.5　本章小結

　　本章基於中國的法律變遷，考察應計盈餘管理與真實盈餘管理對審計定價的影響。現有對應計盈餘管理對審計定價的影響的研究比較豐富，但是結論存在爭議，有待於進一步研究。而目前考察真實盈餘管理對審計定價影響的研究比較有限。特別是結合轉型經濟國家的製度變遷特徵，綜合考察應計盈餘管理與真實盈餘管理對審計定價影響的研究，更是比較缺乏。由此，本章結合中國

的製度變遷特徵，系統考察應計盈餘管理與真實盈餘管理對審計定價的影響。

鑒於 2006 年中國新《公司法》和《證券法》的實施，無疑改善了中國投資者的利益保護環境，提高了中國的法律水平，這是中國經濟發展過程中的一個重要的法律變遷。如此，2006 年的法律變遷，會增加審計師的法律風險，而且同樣增加盈餘管理讓審計師承擔的審計風險。由此，本章選取 2006 年法律變遷前後的時期，即 2001—2009 年作為研究窗口，考察盈餘管理對審計定價的影響，以及在不同法律變遷環境下是否有顯著差異。

盈餘管理分為應計盈餘管理和真實盈餘管理。如此，應計盈餘管理與真實盈餘管理都會給審計師帶來審計風險。而這種風險在法律水平高的環境下應該更明顯。由於審計風險會被審計定價反應，因而，應計盈餘管理與真實盈餘管理會推高審計定價，並且在法律水平高的環境，應計盈餘管理與真實盈餘管理對審計定價的提升作用應該更明顯。

本章採用 2001—2009 年中國市場的數據研究發現，在法律變遷之前和法律變遷之後，應計盈餘管理與真實盈餘管理對審計定價都沒有顯著影響，並且，法律變遷也不會增強應計盈餘管理與真實盈餘管理對審計定價的推高作用。這意味著，中國的審計定價在盈餘管理的治理上沒有發揮應有的功能，同時，法律的變遷也沒有提升審計定價在盈餘管理上的治理功能。

本章的啟示在於：

（1）中國的審計定價不能有效反應應計盈餘管理與真實盈餘管理帶來的風險，因而，需要強化中國審計定價的治理功能。

（2）中國的法律變遷沒有推升審計定價在盈餘管理上的治理功能，因而，需要進一步完善中國的法律建設和治理環境，從而促進中國資本市場的健康發展。

8 盈餘管理、法律變遷與審計意見

本章基於中國特有的法律變遷環境，考察盈餘管理對審計意見的影響。盈餘管理會降低會計信息質量，提高審計風險，並且在不同的法律變遷環境下，盈餘管理帶來的審計風險也會有所不同。審計風險在審計師謹慎性的驅動下，會影響到審計師的審計意見簽發。那麼，到底審計意見是否有效地考慮了在不同的法律變遷環境下盈餘管理所帶來的審計風險？這是需要一個進行經驗考察的問題。

2006年，中國實施新的《公司法》《證券法》，加大了對投資者的利益保護，提高了中國的法律水平，是中國的一個重要的法律變遷。本章採用中國的資本市場數據，考察2006年法律變遷前後盈餘管理對審計意見的影響。研究發現，在2006年法律變遷前後，應計盈餘管理與真實盈餘管理不會提高公司被簽發非標準審計意見的可能性。經驗結果表明，儘管2006年法律變遷後，會計師事務所面臨的審計風險有所提高，但是應計盈餘管理與真實盈餘管理所帶來的審計風險，並沒有在審計意見中得到反應。這意味著中國的審計意見和法律水平在盈餘管理的治理上還沒有表現出應有的治理效應，需要進一步加強。

本章的結構安排如下：第一部分為引言，第二部分為理論分析和研究假設，第三部分為數據樣本和研究方法，第四部分為實證結果及分析，第五部分為研究結論和啟示。

8.1 引言

盈餘管理會降低上市公司的會計信息質量，進而影響審計意見的簽發。儘

管在理論上而言，審計師在盈餘管理上應發揮相應的治理作用，並在其簽發的審計意見上進行反應和鑒證。但是，現有的文獻對盈餘管理與審計意見的關係的研究存在爭議。因此，本章立足於中國的製度背景，考察盈餘管理對審計意見的影響，以期為該領域的研究提供進一步的經驗證據。

並且，盈餘管理在降低會計信息質量的同時，也會讓審計師承受一定的風險。審計師出於謹慎性的考慮，採用簽發非標準審計意見來規避盈餘管理存在的審計風險。Lennox 和 Kausar（2017）指出，當客戶公司具有高風險時，審計師會傾向於採取簽發非標準審計意見來規避風險。同時，在不同的法律變遷時期，審計師面臨的審計風險可能有所不同。因此，在不同的法律變遷時期，盈餘管理所帶來的審計風險也可能會有所不同。在法律水平高的時期，審計師面臨的審計風險變得相對較高，導致其簽發非標準審計意見的可能性也大。Geiger 等（2005）、Nogler（2008）、Myers 等（2008）就發現，在美國薩班斯法案（Sarbanes-Oxley）執行後，審計師面臨的審計風險更大，審計師的謹慎性也更高，在審計意見的簽發上，非標準審計意見的簽發概率更大。

2006 年，中國執行新的《公司法》《證券法》，加大了對投資者的利益保護，提高了中國的法律水平，是中國的一個重要的法律變遷。2006 年的法律變遷是否提高了審計師面臨的審計風險，特別是盈餘管理帶來的審計風險，進而影響到審計意見的簽發。這是需要學術界進行思考和回答的問題。

鑒於此，本章基於中國 2006 年法律變遷，考察其變遷前後盈餘管理對審計意見的影響。採用 2001—2009 年的中國資本市場的數據研究發現，在 2006 年法律變遷前後，應計盈餘管理與真實盈餘管理，對審計意見都沒有顯著影響。經驗結果表明，儘管 2006 年法律變遷後，會計師事務所面臨的審計風險有所提高，但是應計盈餘管理與真實盈餘管理所帶來的審計風險，並沒有在審計意見中得到反應。

本章可能的貢獻如下：

（1）從應計盈餘管理和真實盈餘管理考察審計意見的影響，為盈餘管理與審計意見的關係的研究提供進一步的經驗證據。

（2）將中國法律變遷納入分析，在不同法律變遷時期下，比較分析應計盈餘管理和真實盈餘管理對審計意見的影響差異，拓展了法與公司治理的研究領域。

（3）本章立足中國的製度背景進行考察，研究盈餘管理、法律變遷對審計意見的影響，研究結論為其他轉型經濟國家提供一定的借鑒和啟示。

8.2 理論分析和研究假設

審計意見是會計師事務所對公司財務報表的會計信息質量發表的鑒證意見。盈餘管理會降低公司財務報表的會計信息質量，進而可能影響到審計意見的簽發。特別地，當公司的盈餘管理水平較高時，會計信息質量下降得更嚴重。此時，審計師就公司的會計信息質量發表非標準審計意見的可能性就更大。

Francis 和 Krishnan（1999）認為，應計盈餘是公司經理人對公司交易事項的未來結果進行的一種主觀估計，而在客觀上，審計師不能對公司經理人這一行為進行事前校正。因而，這可能導致高應計盈餘公司的審計風險更大。因為，高應計盈餘的公司，其會計估計發生差錯的可能性大，並且，與應計有關的資產確認和持續經營的問題發生的可能性更大。為了應對高應計盈餘公司審計風險，審計師可能降低簽發非標準審計意見的門檻，以此來減少審計失敗的可能性。他們採用美國 1986—1987 年的數據研究發現，高應計盈餘的公司收到非標準審計意見的概率更大，經驗結果支持了他們的觀點，即高應計盈餘提高了審計師的謹慎性，從而讓高應計盈餘的公司更可能收到非標準審計意見。

隨後，Bartov 等（2001）、Johl 等（2007）、Ajona 等（2008）分別對美國、馬來西亞、西班牙市場的研究，也發現類似的結論，儘管應計盈餘管理降低了會計信息的質量，但是審計意見能對應計盈餘管理進行反應而產生治理作用。在中國市場上，章永奎和劉峰（2002）、徐浩萍（2004）、李春濤等（2006）研究發現，審計意見能夠揭示應計盈餘管理而產生治理作用。

然而，現有關於對盈餘管理與審計意見的關係的研究，其結論存在不一致性，並且主要集中於應計盈餘管理的考察，缺乏對真實盈餘管理的考察。

比如，Bradshaw 等（2001）、Rosner（2003）、Butler 等（2004）對美國市場的研究發現，被出具非標準審計意見的公司，其應計盈餘管理並不高於被出具標準審計意見的公司，表明審計意見不能對應計盈餘管理有效反應而具有治理作用。在中國市場上，李東平等（2001）、薄仙慧和吳聯生（2011）的研究，也發現類似的結論，應計盈餘管理並沒有提高公司獲得非標準審計意見的可能性。

新近的研究指出，當客戶公司具有高風險時，審計師會傾向於採取簽發非標準審計意見來規避風險（Lennox & Kausar, 2017）。因此，可以推測，盈餘

管理帶來的審計風險,讓審計師簽發非標準審計意見的可能性增大。而根據 Schipper(1989)及 Healy 和 Wahlen(1999)的研究,盈餘管理分為應計盈餘管理和真實盈餘管理。由此,可以猜測,應計盈餘管理和真實盈餘管理,都可能會讓審計師簽發非標準審計意見的可能性增大。在此,提出本章的假設 H1。

假設 H1:應計盈餘管理和真實盈餘管理,都能提高審計師簽發非標準審計意見的可能性。

同時,在不同的法律變遷時期,審計師面臨的審計風險可能有所不同。Geiger 等(2005)、Nogler(2008)、Myers 等(2008)發現,在美國薩班斯法案(Sarbanes-Oxley)執行後,審計師面臨的審計風險更大,審計師的謹慎性也更高,在審計意見的簽發上,非標準審計意見的簽發概率更大。

而在不同的法律變遷時期,盈餘管理所帶來的審計風險也可能會有所不同。在法律水平高的時期,盈餘管理讓審計師承受的審計風險也相對較高,導致其簽發非標準審計意見的可能性增大。

在中國市場上,2006 年開始執行新的《公司法》《證券法》,加大了對投資者的利益保護,提高了法律水平,是中國的一個重要的法律變遷。這意味著,2006 年的法律變遷可能提高了審計師的審計風險,同樣也提高了審計師承擔的盈餘管理所帶來的風險。盈餘管理所帶來的審計風險的增加,將提高審計師的謹慎性,表現為審計師降低了簽發非標準審計意見的條件,減少審計失敗的可能性,從而加大審計師簽發非標準審計意見的可能性。而盈餘管理分為應計盈餘管理和真實盈餘管理。因此,可以猜測,應計盈餘管理和真實盈餘管理,在提高審計師簽發非標準審計意見可能性上,在法律變遷後更明顯。在此,提出本章的假設 H2。

假設 H2:應計盈餘管理和真實盈餘管理,提高簽發非標準審計意見的可能性,在法律變遷後更明顯。

8.3 數據樣本和研究方法

8.3.1 樣本選取和數據來源

為了考察 2006 年法律變遷前後的盈餘管理對審計定價的影響,本章選取了 2001—2009 年中國證券市場的上市公司作為研究樣本。所採用數據均來自國泰安數據庫(CSMAR),並對所選樣本按照以下條件進行篩選。考慮到金融行業的特殊性,故對金融行業樣本予以剔除;對有數據缺失的樣本,給以剔

除。按照上述條件篩選後，最後得到 11,672 個研究樣本。

由於新《公司法》和《證券法》從 2006 年 1 月 1 日正式施行，2005 年的年度報告會受到新法律的影響，故將 2002—2004 年作為法律變遷前，2005—2009 年作為法律變遷後時期。表 8.1 是研究樣本按年度分布的情況。

表 8.1　　　　　　　　　　研究樣本的年度分布情況

年 度	公司數	比率（%）
2001	1,040	8.91
2002	1,112	9.53
2003	1,178	10.09
2004	1,235	10.58
2005	1,317	11.28
2006	1,324	11.35
2007	1,396	11.96
2008	1,512	12.95
2009	1,558	13.35
合 計	11,672	100

註：比率為百分比，為當年的樣本數占總樣本的百分比率。

8.3.2　盈餘管理的計量

1. 應計盈餘管理

DeChow 等（1995）認為，非操縱性應計會隨著經營環境的變化而變化，修正後的 Jones 模型在衡量經營環境變動情形下的操縱性應計的效果比較好。DeFond 和 Subramanyan（1998）發現經行業橫截面修正的 Jones 模型比時間序列修正後的 Jones 模型效度要好。由於中國上市公司的上市時間普遍不長，由此，本章採用修正的 Jones 模型（DeChow，等，1995）來估計操縱性應計，以此表徵應計盈餘管理。

$$\frac{TA_{i,t}}{A_{i,t-1}} = a_0 \left(\frac{1}{A_{i,t-1}} \right) + a_1 \left(\frac{\Delta REV_{i,t}}{A_{i,t-1}} \right) + a_2 \left(\frac{PPE_{i,t}}{A_{i,t-1}} \right) + \varepsilon_{i,t} \qquad (8-1)$$

首先，依照模型（8-1）分年度分行業進行橫截面迴歸。參考 DeChow 等（1995）的做法，要求每個行業的樣本數不少於 10 個，如果少於 10 個，則將其歸屬於相近的行業。$TA_{i,t}$ 是公司總應計利潤，為經營利潤減去經營活動現金流之差；$\Delta REV_{i,t}$ 為公司主營業務收入的變化額；$PPE_{i,t}$ 是公司固定資產帳面價

值；$A_{i,t-1}$ 是公司的總資產。

其次，用模型（8-1）得到的迴歸系數代入模型（8-2）計算每個樣本的正常性應計 $NDA_{i,t}$。

$$NDA_{i,t} = a_0\left(\frac{1}{A_{i,t-1}}\right) + a_1\left(\frac{\Delta REV_{i,t} - \Delta REC_{i,t}}{A_{i,t-1}}\right) + a_2\left(\frac{PPE_{i,t}}{A_{i,t-1}}\right) \qquad (8-2)$$

在模型（8-2）裡，$\Delta REC_{i,t}$ 是公司應收帳款的變化額。操縱性應計 $DA_{i,t} = TA_{i,t} - NDA_{i,t}$。

2. 真實盈餘管理

參照 Roychowdhury（2006）及 Cohen 等（2008）的模型來估計真實盈餘管理，包括三個方面：異常經營現金流 AbCFO、異常生產成本 AbProd 和異常酌量性費用（如研發、銷售及管理費用）AbDisx。①

異常經營現金流 AbCFO，指公司經營活動產生的現金流的異常部分。它是由公司通過價格折扣和寬鬆的信用條款來進行產品促銷引起的，雖然公司的促銷提高了當期的利潤，但是降低了當期單位產品的現金流量，從而導致公司的異常經營現金流 AbCFO 下降。公司為了抬高會計利潤，通過價格折扣和寬鬆的信用條款等促銷方式來增加銷量從而形成超常銷售，產生「薄利多銷」的帳上利潤放大效應。但是，促銷形成的超常銷售，會降低單位產品的現金流量，而且，在既定的銷售收入現金實現水平下，還會增加公司的銷售應收款，增大公司壞帳產生的財務風險，進而降低公司的當期現金流。並且，超常銷售實際上已經超過公司正常銷售水平，會在一定程度上增加公司相關的銷售費用，吞噬掉公司的部分現金流。然而，只要產品銷售能帶來正的邊際利潤，超常銷售還是會抬高公司的會計利潤。因而最終的結果是，促銷形成的超常銷售抬高了公司當年利潤，卻因單位產品現金流量的降低和銷售費用的上升，出現異常經營現金流 AbCFO 偏低。

異常生產成本 AbProd，Roychowdhury（2006）及 Cohen 等（2008）將之定義為銷售成本與當年存貨變動額之和的異常部分。換言之，生產成本為銷售成本與當年存貨變動額之和。異常生產成本 AbProd，是由公司超量產品生產引起的，雖然公司的超量生產能降低單位產品的成本，提高產品的邊際利潤，從而提高公司的當期利潤，但是超量生產增加了其他生產成本和庫存成本，最後導致異常生產成本 AbProd 偏高。公司為了抬高會計利潤，通過超量生產來攤

---

① 異常經營現金流 AbCFO、異常生產成本 AbProd 和異常酌量性費用 AbDisx，都用上一年的總資產進行標準化。

低單位產品承擔的固定成本，但是，超量生產實際上已經超過公司正常生產水平，會增加單位產品的邊際生產成本，然而，只要單位固定成本下降的幅度高於單位邊際生產成本上升的幅度，單位銷售成本就會出現下降，從而達到提高公司業績的目的。但是，超量生產會導致產品的大量積壓，增加公司的存貨成本，同時，也會增加其他生產成本。在既定的銷量水平下，儘管超量生產通過降低單位銷售成本抬高了公司業績，但是邊際生產成本的上升和存貨成本的增加，最終導致生產成本偏高，即在會計上表現為銷售成本與當年增加的存貨成本之和的提升，也導致異常生產成本 AbProd 偏高。

異常酌量性費用 AbDisx，指公司研發、銷售及管理費用等酌量性費用的異常部分。它是公司為了提高當期利潤，削減研發、銷售及管理費用引起的，同時也會導致當期的現金流上升。公司為了抬高會計利潤，通過削減研發、廣告、維修和培訓等銷售和管理費用，造成公司當期的酌量性費用偏低，從而也讓公司的異常酌量性費用偏低。

（1）異常經營現金流 AbCFO

$$\frac{\text{CFO}_{jt}}{A_{j,\,t-1}} = a_1 \frac{1}{A_{j,\,t-1}} + a_2 \frac{\text{Sales}_{jt}}{A_{j,\,t-1}} + a_3 \frac{\Delta \text{Sales}_{jt}}{A_{j,\,t-1}} + \varepsilon_{jt} \tag{8-3}$$

首先，按模型（8-3）分年度分行業進行橫截面迴歸，要求每個行業的樣本數不少於 10 個，如果少於 10 個，則將其歸屬於相近的行業，下同。CFO_{jt} 是公司的經營現金流，Sales_{jt} 是公司的銷售額，ΔSales_{jt} 是公司銷售變化額。其次，通過迴歸得到的係數估計出每個樣本公司的正常經營現金流。最後，可算出異常經營現金流 AbCFO 為實際經營現金流與正常經營現金流的差值。

（2）異常生產成本 AbProd

$$\frac{\text{Prod}_{jt}}{A_{j,\,t-1}} = a_1 \frac{1}{A_{j,\,t-1}} + a_2 \frac{\text{Sales}_{jt}}{A_{j,\,t-1}} + a_3 \frac{\Delta \text{Sales}_{jt}}{A_{j,\,t-1}} + a_4 \frac{\Delta \text{Sales}_{j,\,t-1}}{A_{j,\,t-1}} + \varepsilon_{jt} \tag{8-4}$$

用模型（8-4）進行分年度分行業橫截面迴歸得到估計參數並據此計算各個樣本公司的正常生產成本，異常生產成本 AbProd 為實際生產成本與正常生產成本之差。Prod_{jt} 是公司的生產成本，為銷售成本與存貨變動額之和；Sales_{jt} 是公司當期的銷售額；ΔSales_{jt} 是公司當期的銷售變化額；$\Delta \text{Sales}_{j,t-1}$ 是公司上期的銷售變化額。

（3）異常酌量性費用 AbDisx

$$\frac{\text{Disx}_{jt}}{A_{j,\,t-1}} = a_1 \frac{1}{A_{j,\,t-1}} + a_2 \frac{\text{Sales}_{j,\,t-1}}{A_{j,\,t-1}} + \varepsilon_{jt} \tag{8-5}$$

依照模型（8-5）分年度分行業橫截面迴歸得到估計參數來計算各個樣本

公司的正常酌量性費用，異常酌量性費用 AbDisx 為實際酌量性費用與正常酌量性費用之差。$Disx_{j,t}$ 是公司的酌量性費用，為研發、銷售及管理費用之和，考慮到中國財務報表把研發費用合併到了管理費用的情況，本章用銷售和管理費用替代；$Sales_{j,t-1}$ 是公司上期的銷售額。

以上三個指標，即異常經營現金流 AbCFO、異常生產成本 AbProd 和異常酌量性費用 AbDisx，體現了真實盈餘管理的三種具體行為。公司向上操縱利潤，可能採用真實盈餘管理的一種行為或多種行為：低異常經營現金流 AbCFO、高異常生產成本 AbProd，抑或低異常酌量性費用 AbDisx。為了系統考量真實盈餘管理的三種具體行為，仿照 Cohen 等（2008）及 Badertscher（2011）的做法，將三個指標聚集成一個綜合指標，綜合真實盈餘管理 RM＝－AbCFO＋AbProd－AbDisx。綜合真實盈餘管理指標 RM，表示其值越高，公司通過真實盈餘管理向上操縱的利潤越大。

8.3.3 迴歸模型

為了檢驗本章的研究假設，本章參照 DeFond 等（2000）及 Chan 和 Wu（2010）的模型，構建如下檢驗模型：

$$Mao = \alpha + \beta_1 EM + \sum \gamma_i Control_i + \varepsilon \tag{8-6}$$

因變量：審計意見 Mao，為虛擬變量，如果公司被出具非標準審計意見，取值為 1，否則為 0。

解釋變量：盈餘管理 EM，以修正的 Jones 模型估計的應計盈餘管理 DA 和真實盈餘管理 RM＝－AbCFO＋AbProd－AbDisx 來衡量。需要說明的是，真實盈餘管理 RM 為異常經營現金流 AbCFO、異常生產成本 AbProd 和異常酌量性費用 AbDisx 三個指標的集合指標。

控制變量 Control，具體包括如下變量：

會計師事務所規模 Big，如果公司聘請的會計師事務所為前十大會計師事務所，取值為 1，否則為 0，會計師事務所規模以其客戶公司總資產之和計算，放入該變量，是為了控制大規模會計師事務所和小規模會計師事務所在發表審計意見上的差異。

總資產週轉率 Aturn，放入模型用來控制公司營運風險對審計意見的影響。

流動比率 CR，放入模型用來控制公司營運風險對審計意見的影響。

應收帳款占總資產的比率 Rec，放入模型用來控制公司財務風險對審計意見的影響。

存貨占總資產的比例 Inv，放入模型用來控制公司財務風險對審計意見的

影響。

資產負債率 Lev，用以控制公司的財務風險對審計意見的影響。

總資產收益率 ROA，衡量公司業績，用以控製公司業績對審計意見的影響。

公司規模 Size，採用公司總資產的自然對數衡量，放入模型用來控製公司資產規模對審計意見的影響。

行業變量 Industry，用來控製行業固定效應對審計意見的影響。

同時，為了控制連續變量的極端值的影響，本章對模型中的所有連續變量均進行 1% 水平的 Winsorize 處理。

8.4 實證結果及分析

8.4.1 描述性統計分析

表 8.2 是迴歸模型中各變量的描述性統計分析結果。可以發現，非標準審計意見 Mao，在法律變遷前的均值為 0.119,3，在統計上顯著高於法律變遷後的均值 0.089,7。這可能表明，在法律變遷後，法律水平的提高，加大了上市公司面臨的法律風險和法律成本，公司為了規避和降低公司的法律風險和法律成本，採取相對規範和嚴謹的會計行為，從而被出示非標準審計意見的概率較低。應計盈餘管理 DA，在法律變遷前的均值為 0.001,0，與法律變遷後的均值 0.002,5 在統計上沒有顯著差異。真實盈餘管理 RM，在法律變遷前的均值為 -0.023,6，在統計上顯著高於法律變遷後的均值 -0.039,6。這表明，在法律變遷前後，上市公司都採用了負向的真實盈餘管理，但是，在法律變遷後，負向盈餘管理的程度，即負向真實盈餘管理的絕對值，出現了顯著的上升。

前十大會計師事務所 Big，在法律變遷前的均值為 0.254,1，在統計上顯著低於法律變遷後的均值 0.285,9。這表明法律變遷後前十大會計師事務所的市場份額有所提高，可能是市場對大型會計師事務所的需求增大，也可能是近年來會計師事務所的合併引起大型會計師事務所的市場份額增加。總資產週轉率 Aturn，在法律變遷前的均值為 0.563,6，在統計上顯著低於法律變遷後的均值 0.693,2。表明在法律變遷後，上市公司的總資產週轉率普遍提高。流動比率 CR，在法律變遷前的均值為 1.599,2，在統計上顯著高於法律變遷後的均值 1.508,1。這表明在法律變遷後，上市公司的流動比率出現了下降。應收帳款占總資產的比率 Rec，在法律變遷前的均值為 0.145,6，顯著高於法律變遷後

的均值 0.102,2，表明法律變遷後公司的應收帳款占總資產的比率有下降的趨勢。存貨占總資產的比率 Inv，在法律變遷前的均值為 0.144,2，在統計上顯著低於法律變遷後的均值 0.171,1，表明在法律變遷後，公司的存貨在增加，導致存貨的占比提升。資產負債率 Lev，在法律變遷前的均值為 0.497,7，在統計上顯著低於法律變遷後的均值 0.544,4，表明在法律變遷後，公司的負債在增加，財務風險有所提高。公司業績 ROA，在法律變遷前的均值為 0.013,3，在統計上顯著低於法律變遷後的均值 0.023,2。公司規模 Size，在法律變遷前的自然對數均值為 21.107,7，在統計上顯著低於法律變遷後的均值 21.428,4。這表明，在法律變遷後，公司的業績和規模都有所提高。

表 8.2　　　　　　　　　描述性統計分析結果

	法律變遷前均值	法律變遷後均值	t	z
Mao	0.119,3	0.089,7	5.03***	5.17***
DA	0.001,0	0.002,5	-0.84	0.23
RM	-0.023,6	-0.039,6	4.10***	3.91***
Big	0.254,1	0.285,9	-3.79***	-3.76***
Aturn	0.563,6	0.693,2	-14.77***	-16.33***
CR	1.599,2	1.508,1	3.20***	9.70***
Rec	0.145,6	0.102,2	21.26***	22.89***
Inv	0.144,2	0.171,1	-10.23***	-9.16***
Lev	0.497,7	0.544,4	-9.82***	-10.89***
ROA	0.013,3	0.023,2	-6.31***	-5.90***
Size	21.107,7	21.428,4	-16.29***	-14.49***

註：
① t 值是均值檢驗得到的統計值，z 值是 Wilcoxon 秩檢驗得到統計值。
②「*」「**」和「***」分別表示在10%、5%和1%水平下統計顯著（雙尾檢驗），下同。

8.4.2　迴歸分析

1. 相關性分析

表 8.3 為因變量與解釋變量的 Pearson 相關性分析結果。可以發現，非標準審計意見 Mao 與應計盈餘管理 DA 負相關，在1%的水平下統計顯著。非標準審計意見 Mao 與真實盈餘管理 RM 正相關，在5%的水平下統計顯著。相關性分析的結果表明，應計盈餘管理並沒有提高審計師簽發非標準審計意見的概

率，只有真實盈餘管理提高了審計定價審計師簽發非標準審計意見的概率。進一步的檢驗有待於多元迴歸分析。

表 8.3　　　　　因變量與解釋變量的相關性分析結果

	Mao	DA	RM
Mao	1		
DA	-0.215,9 ***	1	
RM	0.024,0 **	0.356,5 ***	1

註：相關性分析採用的是 Pearson 相關性分析。「 * 」表示在 10% 水平下統計顯著，「 ** 」表示在 5% 水平下統計顯著，「 *** 」表示在 1% 水平下統計顯著，下同。

2. 迴歸結果及分析

表 8.4 是採用 Logit 模型對應計盈餘管理與審計意見進行迴歸的結果。可以發現，在沒有放入控制變量進行迴歸時，應計盈餘管理 DA 對非標準審計意見 Mao 的迴歸系數，在全樣本的迴歸裡統計上顯著為負，在變遷前和變遷後的迴歸裡同樣在統計上顯著為負。這表明，應計盈餘管理並沒有提高審計師簽發非標準審計意見的可能性。也就是說，儘管應計盈餘管理提高了審計師面臨的審計風險，但是應計盈餘管理的審計風險並沒有在審計意見上得到反應。可見，即使法律變遷後，中國的法律水平有所提高，應計盈餘管理所蘊含的審計風險也仍然沒有在審計意見上得到有效反應。

在控制了相關變量進行迴歸後，應計盈餘管理 DA 對非標準審計意見 Mao 的迴歸系數，在全樣本迴歸裡統計上不顯著，並且，在變遷前和變遷後的迴歸裡同樣也不顯著。這表明應計盈餘管理並沒有提高審計師簽發非標準審計意見的可能性，其蘊含的審計風險沒有在審計意見上得到反應。

在控制變量的迴歸結果方面，前十大會計師事務所 Big 的迴歸系數，在統計上不顯著，表明大型會計師事務所簽發非標準審計意見的可能性，並不比小型會計師事務所高。資產週轉率 Aturn 的迴歸系數，在統計上顯著為負，表明資產週轉率高的公司，審計師簽發非標準審計意見的可能性低。流動比率 CR，其迴歸系數在統計上顯著為正，表明流動比率高的公司，收到非標準審計意見的可能性高。應收帳款占總資產的比率 Rec，其迴歸系數在統計上顯著為正，表明應收帳款占比高的公司，收到非標準審計意見的可能性高。存貨占總資產的比率 Inv，在變遷後的迴歸系數顯著為負，表明存貨占比高的公司，收到非標準審計意見的可能性偏低。資產負債率 Lev 的迴歸系數，在變遷後的迴歸系數顯著為正，表明資產負債率高的公司，審計師簽發非標準審計意見的可能性偏高。公司業績 ROA 的迴歸系數，在統計上顯著為負，表明業績好的公司，

收到非標準審計意見的可能性偏低。公司規模 Size 的迴歸係數，在統計上顯著為負，表明資產規模大的公司，審計師簽發非標準審計意見的可能性偏低。

表8.4　　　　　　　　應計盈餘管理與審計意見的迴歸結果

	因變量：Mao					
	全樣本		變遷前		變遷後	
	(1)	(2)	(1)	(2)	(1)	(2)
DA	−7.411,6	−0.552,5	−7.371,0	−0.117,0	−7.553,1	−0.453,3
	(−18.60)***	(−1.09)	(−12.51)***	(−0.16)	(−14.16)***	(−0.65)
Big		0.037,0		0.170,3		−0.061,6
		(0.30)		(1.08)		(−0.35)
Aturn		−0.741,6		−0.603,0		−0.685,2
		(−3.74)***		(−2.44)**		(−2.61)***
CR		0.106,5		0.120,7		0.061,5
		(3.09)***		(2.84)***		(1.07)
Rec		2.691,1		2.994,6		1.985,3
		(5.82)***		(4.98)***		(2.91)***
Inv		−2.842,3		−2.211,5		−3.216,3
		(−4.90)***		(−2.99)***		(−4.41)***
Lev		3.990,6		3.317,2		4.232,9
		(15.06)***		(8.36)***		(12.21)***
ROA		−7.880,8		−11.157,7		−6.630,8
		(−13.79)***		(−11.01)***		(−9.34)***
Size		−0.409,5		−0.130,6		−0.547,5
		(−6.08)***		(−1.45)		(−6.23)***
Constant	−2.365,3	4.559,3	−2.159,9	−0.865,6	−2.520,4	6.969,0
	(−38.70)***	(3.13)***	(−29.79)***	(−0.45)	(−32.53)***	(3.67)***
Industry		Yes		Yes		Yes
N	11,672	11,672	4,565	4,565	7,107	7,107
Pseudo R^2	0.071	0.396	0.068	0.362	0.076	0.439
Chi²	346.042,0***	814.512,5***	156.387,4***	367.404,7***	200.450,9***	552.528,5***

註：

①迴歸方法採用的是 Logit 模型。因變量 Mao，審計意見，如果為非標準審計意見，取值為 1，否則為 0。解釋變量 DA，為應計盈餘管理。Industry，為行業變量。

②「變遷前」為 2006 年法律變遷之前，「變遷後」為 2006 年法律變遷之後。

③括號裡的為 z 值，經過了 Cluster 參差矯正。「*」「**」和「***」分別表示在 10%、5%和 1%水平下統計顯著，下同。

表 8.5 是採用 Logit 模型對真實盈餘管理與審計意見進行迴歸的結果。可以發現，在沒有放入控制變量進行迴歸時，真實盈餘管理 RM 對非標準審計意見 Mao 的迴歸系數，在全樣本的迴歸裡統計上顯著為正。將樣本細分為變遷前和變遷後兩個樣本迴歸後，真實盈餘管理 RM 對非標準審計意見 Mao 的迴歸系數，在變遷前的迴歸裡統計上不顯著，而在變遷後的迴歸裡統計上顯著為正。

但是，在控製了相關變量進行迴歸後，真實盈餘管理 RM 對非標準審計意見 Mao 的迴歸系數，在全樣本的迴歸裡統計上不顯著，並且，在細分樣本進行迴歸後，在變遷前和變遷後的樣本迴歸裡也都不顯著。

經驗結果表明，真實盈餘管理沒有顯著增加審計師簽發非標準審計意見的可能性。這意味著，儘管真實盈餘管理提高了審計師面臨的審計風險，但是真實盈餘管理的審計風險並沒有在審計意見上得到反應，導致真實盈餘管理沒有提高審計師簽發非標準審計意見的可能性。並且，即使法律變遷後，中國的法律水平有所提高，真實盈餘管理所蘊含的審計風險也仍然沒有在審計意見上得到有效反應。

結合表 8.4 和 8.5 的迴歸結果可知，本章的研究假設 H1 沒有得到支持，即應計盈餘管理與真實盈餘管理沒有提高簽發非標準審計意見的可能性。

表 8.5　　　　　　真實盈餘管理與審計意見的迴歸結果

	全樣本		變遷前		變遷後	
	（1）	（2）	（1）	（2）	（1）	（2）
RM	0.371,9	0.383,9	0.016,6	0.392,3	0.526,1	0.468,6
	(1.94)*	(1.34)	(0.06)	(0.91)	(2.26)**	(1.37)
Big		0.032,0		0.170,8		-0.062,6
		(0.26)		(1.06)		(-0.36)
Aturn		-0.737,3		-0.630,8		-0.690,7
		(-3.76)***		(-2.61)***		(-2.66)***
CR		0.101,8		0.103,8		0.075,1
		(2.92)***		(2.52)**		(1.30)
Rec		2.500,6		2.789,5		1.926,0
		(5.44)***		(4.63)***		(2.81)***
Inv		-3.100,6		-2.558,6		-3.436,4
		(-5.04)***		(-3.16)***		(-4.57)***

表8.5(續)

	因變量：Mao					
	全樣本		變遷前		變遷後	
	（1）	（2）	（1）	（2）	（1）	（2）
Lev		3.959,7		3.275,2		4.212,0
		(15.11)***		(8.28)***		(12.18)***
ROA		−7.898,9		−10.921,8		−6.601,3
		(−14.88)***		(−11.68)***		(−10.18)***
Size		−0.409,3		−0.127,5		−0.542,5
		(−6.07)***		(−1.39)		(−6.17)***
Constant	−2.124,2	4.700,5	−1.946,6	−0.755,5	−2.251,9	7.001,7
	(−36.23)***	(3.24)***	(−28.32)***	(−0.38)	(−30.84)***	(3.71)***
Industry		Yes		Yes		Yes
N	10,954	10,954	4,212	4,212	6,742	6,742
Pseudo R^2	0.001	0.397	0.000	0.364	0.002	0.438
Chi^2	3.771,5*	793.384,5***	0.003,3	354.469,1***	5.116,7**	531.995,2***

註：

①迴歸方法採用的是 Logit 模型。因變量 Mao，審計意見，如果為非標準審計意見，取值為1，否則為0。解釋變量 RM，為真實盈餘管理。Industry，為行業變量。

②「變遷前」為 2006 年法律變遷之前，「變遷後」為 2006 年法律變遷之後。

③括號裡的為 z 值，經過了 Cluster 參差矯正。「*」「**」和「***」分別表示在10%、5%和1%水平下統計顯著，下同。

表 8.6 是應計盈餘管理與真實盈餘管理、法律變遷與審計意見的迴歸結果。可以發現，在應計盈餘管理 DA 的迴歸結果裡，盈餘管理 EM 與法律變遷 Law 的交乘項 EM×Law，對非標準審計意見 Mao 的迴歸系數在統計上不顯著。

同樣，在真實盈餘管理 RM 的迴歸結果裡，盈餘管理 EM 與法律變遷 Law 的交乘項 EM×Law，對非標準審計意見 Mao 的迴歸系數在統計上也不顯著。

經驗數據表明，2006 年的法律變遷，並沒有增強應計盈餘管理與真實盈餘管理提高審計師簽發非標準審計意見的可能性。這意味著，儘管 2006 年的法律變遷讓中國的法律水平有所提高，但是，並沒有強化應計盈餘管理與真實盈餘管理提高審計師簽發非標準審計意見的可能性。本章的研究假設 H2 沒有得到支持。

表 8.6　應計盈餘管理與真實盈餘管理、法律變遷與審計意見的迴歸結果

	因變量：Mao			
	EM＝DA		EM＝RM	
	（1）	（2）	（1）	（2）
EM	−7.371,0	−0.905,1	0.016,6	0.314,4
	(−12.51)***	(−1.36)	(0.06)	(0.77)
EM×Law	−0.182,1	0.678,3	0.509,4	0.066,3
	(−0.23)	(0.77)	(1.51)	(0.14)
Law	−0.360,5	−0.225,3	−0.305,3	−0.200,5
	(−4.11)***	(−2.13)**	(−3.76)***	(−1.87)*
Big		0.032,7		0.026,8
		(0.27)		(0.21)
Aturn		−0.697,9		−0.699,4
		(−3.52)***		(−3.55)***
CR		0.109,5		0.104,5
		(3.16)***		(2.98)***
Rec		2.437,9		2.287,3
		(5.22)***		(4.94)***
Inv		−2.827,2		−3.068,8
		(−4.89)***		(−4.98)***
Lev		4.081,1		4.026,7
		(14.83)***		(14.84)***
ROA		−7.941,8		−7.937,8
		(−13.70)***		(−14.83)***
Size		−0.404,6		−0.405,6
		(−5.94)***		(−5.94)***
Constant	−2.159,9	4.537,6	−1.946,6	4.692,2
	(−29.79)***	(3.10)***	(−28.33)***	(3.21)***
Industry		Yes		Yes
N	11,672	11,672	10,954	10,954
Pseudo R^2	0.075	0.397	0.005	0.398
Chi^2	367.232,3***	808.567,1***	19.919,9***	789.157,4***

註：

①迴歸方法採用的是 Logit 模型。因變量 Mao，審計意見，如果為非標準審計意見，取值為 1，否則為 0。解釋變量 EM，為盈餘管理變量，分別採用應計盈餘管理 DA 和真實盈餘管理 RM 衡量。Law，為衡量 2006 年的法律變遷變量，如果在 2006 年法律變遷之前，取值為 0；反之，如果在 2006 年法律變遷之後，取值為 1。EM×Law，為盈餘管理 EM 與法律變遷 Law 的交乘項。Industry，為行業變量。

②括號裡的為 z 值，經過了 Cluster 參差矯正。「*」「**」和「***」分別表示在 10%、5% 和 1% 水平下統計顯著，下同。

8.4.3 穩健性測試

為了檢驗上述結論的穩健性，本章進行了如下敏感性測試。

(1) 為了檢驗 2006 年新《公司法》和《證券法》實施前後盈餘管理對審計意見的影響，本章選擇了 2001—2009 年作為考察的研究窗口。根據中國上市公司信息披露的規定，2005 年的公司年報是在 2006 年的 1 月至 4 月披露，因而 2005 年的公司年報會受到新《公司法》和《證券法》實施的影響。因此，上述的分析將 2005 年的樣本劃分到法律變遷後。但是，2005 年的樣本同樣也會受到 2006 年法律變遷前的舊法律的影響。為了避免 2005 年的樣本受到法律變遷前後新舊法律的雙重影響，本章將 2005 年的樣本剔除出原來的研究樣本。這樣，法律變遷前的樣本為 2001—2004 年的上市公司樣本，法律變遷後的樣本為 2006—2009 年的上市公司樣本。將剔除後的樣本對上述模型進行迴歸，迴歸結果報告於表 8.7 至表 8.9，經驗結果表明本章的結論依然穩健。

表 8.7 是採用剔除 2005 年後的樣本對應計盈餘管理與審計意見進行 Logit 迴歸的結果。可以發現，在沒有放入控製變量進行迴歸時，應計盈餘管理 DA 對非標準審計意見 Mao 的迴歸系數，在全樣本的迴歸裡統計上顯著為負，在變遷前和變遷後的迴歸裡同樣在統計上顯著為負。

但是，在將控製變量放入模型進行迴歸後，應計盈餘管理 DA 對非標準審計意見 Mao 的迴歸系數，在全樣本迴歸裡統計上不顯著。並且，進行樣本的細分迴歸後，在變遷前和變遷後的樣本迴歸裡也不顯著。這表明應計盈餘管理並沒有提高審計師簽發非標準審計意見的可能性，其蘊含的審計風險沒有在審計意見上得到反應。而且，即使法律變遷提高了中國的法律水平，增加了審計師的法律風險，應計盈餘管理的風險也仍然沒有對審計意見進行有效反應。這與前文的結論一致。

表 8.7　　應計盈餘管理與審計意見的迴歸結果

	因變量：Mao					
	全樣本		變遷前		變遷後	
	(1)	(2)	(1)	(2)	(1)	(2)
DA	−7.202,7	−0.735,4	−7.371,0	−0.117,0	−7.249,9	−0.706,7
	(−17.16)***	(−1.41)	(−12.51)***	(−0.16)	(−12.06)***	(−0.93)
Big		0.030,2		0.170,3		−0.075,3
		(0.24)		(1.08)		(−0.37)

表8.7(續)

	因變量：Mao					
	全樣本		變遷前		變遷後	
	（1）	（2）	（1）	（2）	（1）	（2）
Aturn		-0.756,7		-0.603,0		-0.672,8
		(-3.78)***		(-2.44)**		(-2.33)**
CR		0.112,9		0.120,7		0.056,6
		(3.30)***		(2.84)***		(0.88)
Rec		2.710,8		2.994,6		1.531,8
		(5.60)***		(4.98)***		(1.74)*
Inv		-2.955,8		-2.211,5		-3.463,0
		(-4.92)***		(-2.99)***		(-4.11)***
Lev		4.016,8		3.317,2		4.271,6
		(14.64)***		(8.36)***		(11.10)***
ROA		-7.875,5		-11.157,7		-6.331,5
		(-13.03)***		(-11.01)***		(-7.88)***
Size		-0.426,8		-0.130,6		-0.613,1
		(-6.15)***		(-1.45)		(-6.10)***
Constant	-2.386,4	4.963,0	-2.159,9	-0.865,6	-2.604,9	8.295,2
	(-38.67)***	(3.29)***	(-29.79)***	(-0.45)	(-30.88)***	(3.82)***
Industry		Yes		Yes		Yes
N	10,355	10,355	4,565	4,565	5,790	5,790
Pseudo R^2	0.069	0.393	0.068	0.362	0.072	0.447
Chi^2	294.565,9***	717.289,7***	156.387,4***	367.404,7***	145.480,5***	422.156,2***

註：

①迴歸樣本是剔除了2005年樣本的研究樣本。迴歸方法採用的是 Logit 模型。因變量 Mao，審計意見，如果為非標準審計意見，取值為1，否則為0。解釋變量 DA，為應計盈餘管理。Industry，為行業變量。

②「變遷前」為2006年法律變遷之前，「變遷後」為2006年法律變遷之後。

③括號裡的為 z 值，經過了 Cluster 參差矯正。「*」「**」和「***」分別表示在10%、5%和1%水平下統計顯著，下同。

表8.8是採用剔除2005年觀測值後的樣本對真實盈餘管理與審計意見進行 Logit 迴歸的結果。可以發現，在沒有放入控制變量進行迴歸時，真實盈餘管理 RM 對非標準審計意見 Mao 的迴歸係數，在全樣本的迴歸裡統計上顯著為正。將樣本細分為變遷前和變遷後兩個樣本迴歸後，真實盈餘管理 RM 對非標

準審計意見 Mao 的迴歸係數，在變遷前的迴歸裡統計上不顯著，而在變遷後的迴歸裡統計上顯著為正。

但是，在控制了相關變量進行迴歸後，真實盈餘管理 RM 對非標準審計意見 Mao 的迴歸係數，在全樣本的迴歸裡統計上不顯著。並且，在細分樣本進行迴歸後，真實盈餘管理 RM 的迴歸係數，在變遷前和變遷後的樣本迴歸裡也都不顯著。

經驗結果表明，真實盈餘管理沒有顯著增加審計師簽發非標準審計意見的可能性。這意味著，儘管真實盈餘管理提高了審計師面臨的審計風險，但是真實盈餘管理的審計風險並沒有在審計意見上得到反應，導致真實盈餘管理沒有提高審計師簽發非標準審計意見的可能性。並且，即使法律變遷後，中國的法律水平有所提高，真實盈餘管理所蘊含的審計風險也仍然沒有在審計意見上得到有效反應。這與前文的結論一致。

表 8.8　　　　　　　　真實盈餘管理與審計意見的迴歸結果

	因變量：Mao					
	全樣本		變遷前		變遷後	
	（1）	（2）	（1）	（2）	（1）	（2）
RM	0.407,3	0.414,3	0.016,6	0.392,3	0.615,2	0.603,6
	(2.12)**	(1.41)	(0.06)	(0.91)	(2.45)**	(1.60)
Big		0.031,2		0.170,8		-0.062,8
		(0.25)		(1.06)		(-0.31)
Aturn		-0.739,0		-0.630,8		-0.660,8
		(-3.72)***		(-2.61)***		(-2.33)**
CR		0.106,6		0.103,8		0.071,8
		(3.18)***		(2.52)**		(1.16)
Rec		2.478,4		2.789,5		1.442,6
		(5.12)***		(4.63)***		(1.63)
Inv		-3.257,6		-2.558,6		-3.773,0
		(-5.10)***		(-3.16)***		(-4.33)***
Lev		3.999,3		3.275,2		4.279,7
		(14.70)***		(8.28)***		(11.16)***
ROA		-7.948,6		-10.921,8		-6.373,2
		(-13.90)***		(-11.68)***		(-8.40)***
Size		-0.424,9		-0.127,5		-0.602,6
		(-6.11)***		(-1.39)		(-6.03)***

表8.8（續）

	因變量：Mao					
	全樣本		變遷前		變遷後	
	（1）	（2）	（1）	（2）	（1）	（2）
Constant	-2.156,6	5.033,2	-1.946,6	-0.755,5	-2.349,0	8.118,6
	(-36.56)***	(3.34)***	(-28.32)***	(-0.38)	(-29.68)***	(3.76)***
Industry		Yes		Yes		Yes
N	9,735	9,735	4,212	4,212	5,523	5,523
Pseudo R^2	0.001	0.394	0.000	0.364	0.003	0.447
Chi^2	4.482,0**	699.796,3***	0.003,3	354.469,1***	5.980,3**	407.239,8***

註：
①迴歸樣本是剔除了2005年樣本的研究樣本。迴歸方法採用的是Logit模型。因變量Mao，審計意見，如果為非標準審計意見，取值為1，否則為0。解釋變量RM，為真實盈餘管理。Industry，為行業變量。
②「變遷前」為2006年法律變遷之前，「變遷後」為2006年法律變遷之後。
③括號裡的為z值，經過了Cluster參差矯正。「*」「**」和「***」分別表示在10%、5%和1%水平下統計顯著，下同。

表8.9是採用剔除2005年後的樣本對應計盈餘管理與真實盈餘管理、法律變遷與審計意見的迴歸結果。可以發現，在應計盈餘管理DA的迴歸結果裡，盈餘管理EM與法律變遷Law的交乘項EM×Law，對非標準審計意見Mao的迴歸係數在統計上不顯著。

在真實盈餘管理RM的迴歸結果裡，盈餘管理EM與法律變遷Law的交乘項EM×Law，在控製了相關變量後，其迴歸係數在統計上不顯著。

經驗數據表明，即使剔除了2005年樣本的影響，2006年的法律變遷，並沒有增強應計盈餘管理與真實盈餘管理提高審計師簽發非標準審計意見的可能性。這意味著，儘管2006年的法律變遷讓中國的法律水平有所提高，但是，並沒有強化應計盈餘管理與真實盈餘管理提高審計師簽發非標準審計意見的可能性。這與前文的結論一致。

表8.9 應計盈餘管理與真實盈餘管理、法律變遷與審計意見的迴歸結果

	因變量：Mao			
	EM = DA		EM = RM	
	（1）	（2）	（1）	（2）
EM	-7.371,0	-0.943,5	0.016,6	0.325,5
	(-12.51)***	(-1.41)	(0.06)	(0.79)

表8.9(續)

	因變量：Mao			
	EM = DA		EM = RM	
	(1)	(2)	(1)	(2)
EM×Law	0.121,1	0.460,0	0.598,6	0.102,8
	(0.15)	(0.49)	(1.66)*	(0.20)
Law	−0.445,0	−0.240,0	−0.402,4	−0.222,1
	(−4.63)***	(−2.02)**	(−4.50)***	(−1.84)*
Big		0.028,9		0.028,5
		(0.23)		(0.23)
Aturn		−0.705,8		−0.693,2
		(−3.52)***		(−3.48)***
CR		0.116,1		0.109,5
		(3.36)***		(3.21)***
Rec		2.373,7		2.179,8
		(4.81)***		(4.41)***
Inv		−2.945,2		−3.229,0
		(−4.92)***		(−5.04)***
Lev		4.113,4		4.077,3
		(14.36)***		(14.39)***
ROA		−7.904,3		−7.964,1
		(−12.94)***		(−13.83)***
Size		−0.422,9		−0.422,1
		(−6.01)***		(−5.97)***
Constant	−2.159,9	4.961,5	−1.946,6	5.047,2
	(−29.79)***	(3.26)***	(−28.33)***	(3.31)***
Industry		Yes		Yes
N	10,355	10,355	9,735	9,735
Pseudo R^2	0.075	0.394	0.007	0.395
Chi^2	325.154,7***	712.300,3***	26.601,8***	695.578,6***

註：

①迴歸樣本是剔除了2005年樣本的研究樣本。迴歸方法採用的是Logit模型。因變量Mao，審計意見，如果為非標準審計意見，取值為1，否則為0。解釋變量EM，為盈餘管理變量，分別採用應計盈餘管理DA和真實盈餘管理RM衡量。Law，為衡量2006年的法律變遷變量，如果在2006年法律變遷之前，取值為0；反之，如果在2006年法律變遷之後，取值為1。EM×Law，為盈餘管理EM與法律變遷Law的交乘項。Industry，為行業變量。

②括號裡的為z值，經過了Cluster參差矯正。「*」「**」和「***」分別表示在10%、5%和1%水平下統計顯著，下同。

(2) Francis 和 Krishnan（1999）認為，正向的應計盈餘比負向的應計盈餘更能促使審計師簽發非標準審計意見。這意味著，正向盈餘管理與非標準審計意見的正相關性可能更強。在此，本章採用正向的盈餘管理來檢驗上述結論的穩健性。採用正向盈餘管理進行迴歸的結果報告於表 8.10 至表 8.12，經驗結果表明上述的結論依然穩健。

表 8.10 是正向應計盈餘管理與審計意見進行 Logit 迴歸的結果。可以發現，在沒有放入控制變量進行迴歸時，正向應計盈餘管理 DA 對非標準審計意見 Mao 的迴歸係數，在全樣本的迴歸裡統計上不顯著。在對樣本進行細分迴歸後，正向應計盈餘管理 DA 的迴歸係數，在變遷前的樣本迴歸裡統計上不顯著，在變遷後統計上顯著為正。

但是，在將控制變量放入模型進行迴歸後，正向應計盈餘管理 DA 的迴歸係數，在變遷前和變遷後都不顯著。這表明，應計盈餘管理沒有提高審計師簽發非標準審計意見的可能性。並且，在法律變遷後，應計盈餘管理也沒有提高審計師簽發非標準審計意見的可能性。也就是說，儘管應計盈餘管理提高了審計師面臨的審計風險，但是應計盈餘管理的審計風險並沒有在審計意見上得到反應。而且，即使法律變遷後，中國的法律水平有所提高，增加了審計師的法律風險，應計盈餘管理所蘊含的審計風險也仍然沒有在審計意見上得到有效反應。這與前文的結論一致。

表 8.10　　　　正向應計盈餘管理與審計意見的迴歸結果

	\multicolumn{6}{c}{因變量：Mao}
	全樣本		變遷前		變遷後	
	(1)	(2)	(1)	(2)	(1)	(2)
DA	1.094,3	1.155,9	0.393,5	−0.957,8	1.829,0	2.171,1
	(1.37)	(1.05)	(0.31)	(−0.61)	(1.82)*	(1.48)
Big		0.171,3		0.209,9		0.138,2
		(0.89)		(0.89)		(0.48)
Aturn		−0.650,3		−0.562,0		−0.575,5
		(−2.40)**		(−1.65)*		(−1.42)
CR		0.095,2		0.161,9		0.002,4
		(2.33)**		(3.15)***		(0.03)
Rec		3.025,3		3.429,3		2.652,7
		(4.57)***		(3.56)***		(2.79)***

表8.10(續)

	因變量：Mao					
	全樣本		變遷前		變遷後	
	(1)	(2)	(1)	(2)	(1)	(2)
Inv		−4.072,2		−3.511,3		−4.543,2
		(−5.19)***		(−3.05)***		(−4.52)***
Lev		3.902,5		3.786,1		3.832,9
		(10.51)***		(6.43)***		(8.40)***
ROA		−12.968,0		−19.668,9		−9.447,6
		(−8.33)***		(−7.51)***		(−4.83)***
Size		−0.428,6		−0.229,9		−0.549,5
		(−4.93)***		(−1.57)		(−5.06)***
Constant	−2.845,4	5.193,8	−2.571,9	1.132,7	−3.078,3	7.442,5
	(−29.30)***	(2.78)***	(−19.58)***	(0.35)	(−23.97)***	(3.25)***
Industry		Yes		Yes		Yes
N	6,071	6,046	2,394	2,375	3,677	3,662
Pseudo R^2	0.001	0.328	0.000	0.347	0.002	0.338
Chi^2	1.889,3	374.250,3***	0.094,3	198.040,7***	3.299,3*	225.523,3***

註：

①迴歸方法採用的是 Logit 模型。因變量 Mao，審計意見，如果為非標準審計意見，取值為1，否則為0。解釋變量 DA，為正向應計盈餘管理。Industry，為行業變量。

②「變遷前」為2006年法律變遷之前，「變遷後」為2006年法律變遷之後。

③括號裡的為 z 值，經過了 Cluster 參差矯正。「*」「**」和「***」分別表示在10%、5%和1%水平下統計顯著，下同。

表 8.11 是正向真實盈餘管理與審計意見進行 Logit 迴歸的結果。可以發現，真實盈餘管理 RM 對非標準審計意見 Mao 的迴歸係數，在全樣本的迴歸裡統計上不顯著。並且，在細分樣本進行迴歸後，真實盈餘管理 RM 的迴歸係數，在變遷前和變遷後的樣本迴歸裡也都不顯著。

經驗結果表明，真實盈餘管理沒有顯著增加審計師簽發非標準審計意見的可能性。這意味著，儘管真實盈餘管理提高了審計師面臨的審計風險，但是真實盈餘管理的審計風險並沒有在審計意見上得到反應，導致真實盈餘管理沒有提高審計師簽發非標準審計意見的可能性。並且，即使法律變遷後，中國的法律水平有所提高，真實盈餘管理所蘊含的審計風險也仍然沒有在審計意見上得到有效反應。這與前文的結論一致。

表 8.11　　正向真實盈餘管理與審計意見的迴歸結果

	全樣本		變遷前		變遷後	
	因變量：Mao					
	(1)	(2)	(1)	(2)	(1)	(2)
RM	-0.236,0	0.732,4	-0.449,2	0.661,2	-0.043,5	0.499,4
	(-0.61)	(1.49)	(-0.83)	(0.79)	(-0.09)	(0.82)
Big		0.045,6		0.097,7		0.073,6
		(0.25)		(0.38)		(0.30)
Aturn		-0.631,3		-0.385,6		-0.685,3
		(-2.97)***		(-1.32)		(-2.39)**
CR		0.110,2		0.163,1		0.041,3
		(2.34)**		(2.49)**		(0.55)
Rec		2.512,7		3.453,2		1.198,8
		(4.05)***		(3.79)***		(1.30)
Inv		-3.607,0		-3.400,0		-3.725,9
		(-4.49)***		(-3.03)***		(-3.76)***
Lev		4.002,6		3.409,1		4.242,2
		(11.57)***		(5.73)***		(9.44)***
ROA		-8.210,2		-13.131,7		-6.136,9
		(-9.94)***		(-8.14)***		(-6.01)***
Size		-0.439,9		-0.139,4		-0.533,6
		(-5.27)***		(-0.98)		(-4.81)***
Constant	-2.031,5	5.641,7	-1.884,7	-0.833,1	-2.145,5	7.850,1
	(-23.57)***	(3.22)***	(-16.92)***	(-0.27)	(-18.53)***	(3.39)***
Industry		Yes		Yes		Yes
N	4,480	4,453	1,762	1,746	2,718	2,704
Pseudo R^2	0.000	0.381	0.000	0.354	0.000	0.433
Chi^2	0.372,3	400.398,4***	0.684,9	190.007,9***	0.008,1	252.364,2***

註：

①迴歸方法採用的是 Logit 模型。因變量 Mao，審計意見，如果為非標準審計意見，取值為 1，否則為 0。解釋變量 RM，為正向真實盈餘管理。Industry，為行業變量。

②「變遷前」為 2006 年法律變遷之前，「變遷後」為 2006 年法律變遷之後。

③括號裡的為 z 值，經過了 Cluster 參差矯正。「*」「**」和「***」分別表示在 10%、5% 和 1% 水平下統計顯著，下同。

表 8.12 是正向應計盈餘管理與真實盈餘管理、法律變遷與審計意見的迴歸結果。可以發現，在正向應計盈餘管理 DA 的迴歸結果裡，盈餘管理 EM 與法律變遷 Law 的交乘項 EM×Law，對非標準審計意見 Mao 的迴歸係數，在沒有放入控製變量時統計上不顯著。而在放入控製變量後，交乘項 EM×Law 的迴歸係數顯著為正。這可能是由於受到變量間的多重共線性影響，以致交乘項的迴歸係數在統計上顯著。

在正向真實盈餘管理 RM 的迴歸結果裡，盈餘管理 EM 與法律變遷 Law 的交乘項 EM×Law，對非標準審計意見 Mao 的迴歸係數在統計上不顯著。

經驗數據表明，2006 年的法律變遷，並沒有增強正向應計盈餘管理與真實盈餘管理提高審計師簽發非標準審計意見的可能性。這意味著，儘管 2006 年的法律變遷讓中國的法律水平有所提高，增加了審計師的法律風險，但是，並沒有強化正向應計盈餘管理與真實盈餘管理提高審計師簽發非標準審計意見的可能性。這進一步驗證了本章結論的穩健性。

表 8.12　正向應計盈餘管理與真實盈餘管理、法律變遷與審計意見的迴歸結果

	因變量：Mao			
	EM=DA		EM=RM	
	(1)	(2)	(1)	(2)
EM	0.393,5	−1.487,5	−0.449,2	0.284,7
	(0.31)	(−0.94)	(−0.83)	(0.36)
EM×Law	1.435,5	4.728,1	0.405,7	0.757,2
	(0.89)	(2.28)**	(0.60)	(0.81)
Law	−0.506,4	−0.309,3	−0.260,8	−0.297,6
	(−2.95)***	(−1.50)	(−1.74)*	(−1.50)
Big		0.185,2		0.042,2
		(0.96)		(0.23)
Aturn		−0.662,5		−0.597,9
		(−2.42)**		(−2.81)***
CR		0.089,1		0.116,5
		(2.13)**		(2.48)**
Rec		3.126,5		2.301,5
		(4.66)***		(3.72)***
Inv		−4.142,2		−3.596,3
		(−5.25)***		(−4.51)***

表8.12(續)

	因變量：Mao			
	EM=DA		EM=RM	
	（1）	（2）	（1）	（2）
Lev		3.872,1		4.081,5
		（10.40）***		（11.25）***
ROA		-13.273,8		-8.294,5
		（-8.45）***		（-9.99）***
Size		-0.417,9		-0.433,0
		（-4.92）***		（-5.16）***
Constant	-2.571,9	5.156,4	-1.884,7	5.592,6
	（-19.58）***	（2.82）***	（-16.93）***	（3.16）***
Industry		Yes		Yes
N	6,071	6,046	4,480	4,453
Pseudo R^2	0.006	0.330	0.002	0.382
Chi^2	13.548,7***	379.763,7***	4.166,7	399.115,8***

註：
①迴歸方法採用的是 Logit 模型。因變量 Mao，審計意見，如果為非標準審計意見，取值為1，否則為0。解釋變量 EM，為正向盈餘管理變量，分別採用正向應計盈餘管理 DA 和正向真實盈餘管理 RM 衡量。Law，為衡量2006年的法律變遷變量，如果在2006年法律變遷之前，取值為0；反之，如果在2006年法律變遷之後，取值為1。EM×Law，為正向盈餘管理 EM 與法律變遷 Law 的交乘項。Industry，為行業變量。

②括號裡的為 z 值，經過了 Cluster 參差矯正。「*」「**」和「***」分別表示在10%、5%和1%水平下統計顯著，下同。

（3）在前文的分析中，採用的是修正的 Jones 模型（DeChow，等，1995）來估計應計盈餘管理。在這裡，採用 Jones 模型（Jones，1991）來估計應計盈餘管理，以此檢驗上述結論的穩健性。採用 Jones 模型估計的應計盈餘管理的迴歸結果，報告於表8.13和表8.15。可以發現，本章的結論仍然穩健。

（4）在前面的考察中，借鑑 Roychowdhury（2006）和 Cohen 等（2008）的方法，按照 RM＝-AbCFO+AbProd-AbDisx 來綜合衡量真實盈餘管理。由於異常經營現金流 AbCFO 對真實盈餘管理的影響方向並不是非常確定，借鑑 Zang（2012）的方法，採用 RM$_1$＝+AbProd-AbDisx 來衡量真實盈餘管理，即真實盈餘管理 RM$_1$ 是異常生產成本 AbProd 與異常酌量性費用 AbDisx 的集合變量。重新檢驗的結果見表8.14和表8.15。可以發現，本章的結論仍然穩健。

表 8.13 是採用 Jones 模型估計的應計盈餘管理與審計意見進行迴歸的結果。可以發現，在沒有放入控制變量進行迴歸時，應計盈餘管理 DA 對非標準審計意見 Mao 的迴歸係數，在全樣本的迴歸裡統計上顯著為負。進行細分樣本迴歸後，應計盈餘管理 DA 的迴歸係數，在變遷前和變遷後的迴歸裡同樣在統計上顯著為負。

但是，在將控制變量放入模型進行迴歸後，應計盈餘管理 DA 對非標準審計意見 Mao 的迴歸係數，在全樣本迴歸裡統計上不顯著。並且，進行樣本的細分迴歸後，在變遷前和變遷後的樣本迴歸裡也不顯著。這表明應計盈餘管理並沒有提高審計師簽發非標準審計意見的可能性，其蘊含的審計風險沒有在審計意見上得到反應。而且，即使法律變遷提高了中國的法律水平，增加了審計師的法律風險，應計盈餘管理的風險也仍然沒有在審計意見上進行有效反應。這與前文的結論一致。

表 8.13　　應計盈餘管理與審計意見的迴歸結果

	因變量：Mao					
	全樣本		變遷前		變遷後	
	(1)	(2)	(1)	(2)	(1)	(2)
DA	−7.403,5	−0.387,7	−7.557,6	0.127,8	−7.387,6	−0.337,1
	(−18.43)***	(−0.75)	(−12.88)***	(0.18)	(−13.70)***	(−0.47)
Big		0.036,9		0.171,1		−0.061,6
		(0.30)		(1.09)		(−0.35)
Aturn		−0.738,3		−0.594,9		−0.683,6
		(−3.72)***		(−2.41)**		(−2.61)***
CR		0.106,2		0.120,4		0.061,0
		(3.08)***		(2.83)***		(1.07)
Rec		2.662,2		2.969,7		1.967,9
		(5.77)***		(4.97)***		(2.89)***
Inv		−2.855,7		−2.228,4		−3.226,2
		(−4.92)***		(−3.01)***		(−4.42)***
Lev		4.001,2		3.325,0		4.241,8
		(15.10)***		(8.39)***		(12.22)***
ROA		−7.956,6		−11.284,8		−6.679,5
		(−13.97)***		(−11.19)***		(−9.42)***

表8.13（續）

	因變量：Mao					
	全樣本		變遷前		變遷後	
	（1）	（2）	（1）	（2）	（1）	（2）
Size		-0.409,7		-0.129,6		-0.547,5
		(-6.08)***		(-1.43)		(-6.22)***
Constant	-2.358,9	4.559,8	-2.167,1	-0.890,8	-2.502,3	6.969,9
	(-38.76)***	(3.13)***	(-30.00)***	(-0.46)	(-32.46)***	(3.67)***
Industry		Yes		Yes		Yes
N	11,672	11,672	4,565	4,565	7,107	7,107
Pseudo R^2	0.069	0.396	0.069	0.362	0.070	0.439
Chi^2	339.510,2***	811.766,8***	165.789,3***	366.516,2***	187.803,7***	551.233,3***

註：
①迴歸方法採用的是 Logit 模型。因變量 Mao，審計意見，如果為非標準審計意見，取值為 1，否則為 0。解釋變量 DA，為採用 Jones 模型估計的應計盈餘管理。Industry，為行業變量。
②「變遷前」為 2006 年法律變遷之前，「變遷後」為 2006 年法律變遷之後。
③括號裡的為 z 值，經過了 Cluster 參差矯正。「*」「**」和「***」分別表示在 10%、5% 和 1% 水平下統計顯著，下同。

表 8.14 是採用 $RM_1 = +AbProd - AbDisx$ 衡量的真實盈餘管理與審計意見進行 Logit 迴歸的結果。可以發現，在沒有放入控制變量進行迴歸時，真實盈餘管理 RM_1 對非標準審計意見 Mao 的迴歸係數，在全樣本的迴歸裡統計上不顯著。將樣本細分為變遷前和變遷後兩個樣本迴歸後，真實盈餘管理 RM_1 對非標準審計意見 Mao 的迴歸係數，在變遷前的迴歸裡統計上顯著為負，而在變遷後的迴歸裡統計上不顯著。

但是，在控制了相關變量進行迴歸後，真實盈餘管理 RM_1 對非標準審計意見 Mao 的迴歸係數，在全樣本的迴歸裡統計上不顯著。並且，在細分樣本進行迴歸後，真實盈餘管理 RM_1 的迴歸係數，在變遷前和變遷後的樣本迴歸裡也都不顯著。

經驗結果表明，真實盈餘管理沒有顯著增加審計師簽發非標準審計意見的可能性。這意味著，儘管真實盈餘管理提高了審計師面臨的審計風險，但是真實盈餘管理的審計風險並沒有在審計意見上得到反應，導致真實盈餘管理沒有提高審計師簽發非標準審計意見的可能性。並且，即使法律變遷後，中國的法律水平有所提高，真實盈餘管理所蘊含的審計風險也仍然沒有在審計意見上得到有效反應。這與前文的結論一致。

表 8.14　　　　　　　　真實盈餘管理與審計意見的迴歸結果

	因變量：Mao					
	全樣本		變遷前		變遷後	
	(1)	(2)	(1)	(2)	(1)	(2)
RM₁	−0.362,8	0.211,1	−1.464,5	0.447,2	0.103,5	0.283,9
	(−1.34)	(0.57)	(−3.48)***	(0.78)	(0.31)	(0.66)
Big		0.032,4		0.169,7		−0.062,5
		(0.26)		(1.06)		(−0.36)
Aturn		−0.727,9		−0.623,9		−0.676,6
		(−3.68)***		(−2.58)***		(−2.59)***
CR		0.103,0		0.103,9		0.076,7
		(2.97)***		(2.53)**		(1.33)
Rec		2.545,5		2.844,6		1.964,6
		(5.54)***		(4.73)***		(2.88)***
Inv		−3.019,1		−2.534,5		−3.341,1
		(−4.95)***		(−3.14)***		(−4.48)***
Lev		3.969,9		3.270,5		4.224,3
		(15.13)***		(8.27)***		(12.20)***
ROA		−7.930,7		−11.005,1		−6.644,6
		(−14.93)***		(−11.67)***		(−10.25)***
Size		−0.413,3		−0.127,8		−0.546,9
		(−6.13)***		(−1.40)		(−6.21)***
Constant	−2.144,9	4.742,2	−1.988,1	−0.769,1	−2.264,0	7.043,9
	(−36.03)***	(3.27)***	(−28.01)***	(−0.39)	(−30.79)***	(3.72)***
Industry		Yes		Yes		Yes
N	10,954	10,954	4,212	4,212	6,742	6,742
Pseudo R^2	0.000	0.397	0.006	0.363	0.000	0.437
Chi²	1.785,1	793.241,3***	12.086,8***	356.274,1***	0.097,3	533.965,9***

註：

①迴歸方法採用的是 Logit 模型。因變量 Mao，審計意見，如果為非標準審計意見，取值為 1，否則為 0。解釋變量 RM，真實盈餘管理，$RM_1 = +AbProd - AbDisx$。Industry，為行業變量。

②「變遷前」為 2006 年法律變遷之前，「變遷後」為 2006 年法律變遷之後。

③括號裡的為 z 值，經過了 Cluster 參差矯正。「*」「**」和「***」分別表示在 10%、5% 和 1% 水平下統計顯著，下同。

8　盈餘管理、法律變遷與審計意見

表 8.15 是採用 Jones 模型和 $RM_1 = +AbProd - AbDisx$ 衡量的應計盈餘管理與真實盈餘管理、法律變遷與審計意見的迴歸結果。可以發現，在應計盈餘管理 DA 的迴歸結果裡，盈餘管理 EM 與法律變遷 Law 的交乘項 EM×Law，對非標準審計意見 Mao 的迴歸系數在統計上不顯著。

在真實盈餘管理 RM_1 的迴歸結果裡，盈餘管理 EM 與法律變遷 Law 的交乘項 EM×Law，在控製了相關變量後，其迴歸系數在統計上不顯著。

經驗數據表明，2006 年的法律變遷，並沒有增強應計盈餘管理與真實盈餘管理提高審計師簽發非標準審計意見的可能性。這意味著，儘管 2006 年的法律變遷讓中國的法律水平有所提高，增加了審計師的法律風險，但是，並沒有強化應計盈餘管理與真實盈餘管理提高審計師簽發非標準審計意見的可能性。這與前文的結論一致。

表 8.15　應計盈餘管理與真實盈餘管理、法律變遷與審計意見的迴歸結果

	因變量：Mao			
	EM = DA		EM = RM_1	
	（1）	（2）	（1）	（2）
EM	-7.557,6	-0.731,1	-1.464,5	0.097,3
	(-12.88)***	(-1.07)	(-3.48)***	(0.19)
EM×Law	0.170,0	0.673,5	1.568,1	0.113,3
	(0.22)	(0.75)	(3.24)***	(0.18)
Law	-0.335,3	-0.225,8	-0.275,9	-0.203,7
	(-3.83)***	(-2.14)**	(-3.32)***	(-1.89)*
Big		0.032,8		0.027,2
		(0.27)		(0.22)
Aturn		-0.694,2		-0.689,4
		(-3.50)***		(-3.48)***
CR		0.109,2		0.105,8
		(3.15)***		(3.02)***
Rec		2.404,9		2.322,2
		(5.18)***		(5.01)***
Inv		-2.841,5		-2.984,6
		(-4.92)***		(-4.88)***
Lev		4.091,3		4.038,3
		(14.85)***		(14.84)***

表8.15(續)

	因變量：Mao			
	EM＝DA		EM＝RM$_1$	
	（1）	（2）	（1）	（2）
ROA		−8.021,7		−7.962,3
		(−13.89)***		(−14.88)***
Size		−0.404,8		−0.409,8
		(−5.94)***		(−5.99)***
Constant	−2.167,1	4.535,5	−1.988,1	4.741,3
	(−30.01)***	(3.09)***	(−28.02)***	(3.24)***
Industry		Yes		Yes
N	11,672	11,672	10,954	10,954
Pseudo R^2	0.073	0.397	0.006	0.397
Chi^2	362.701,6***	805.924,3***	31.765,2***	787.926,0***

註：
①迴歸方法採用的是 Logit 模型。因變量 Mao，審計意見，如果為非標準審計意見，取值為1，否則為0。解釋變量 EM，為盈餘管理變量，分別採用 Jones 模型估計的應計盈餘管理 DA 和真實盈餘管理 RM$_1$＝＋AbProd−AbDisx 衡量。Law，為衡量 2006 年的法律變遷變量，如果在 2006 年法律變遷之前，取值為0；反之，如果在 2006 年法律變遷之後，取值為1。EM×Law，為盈餘管理 EM 與法律變遷 Law 的交乘項。Industry，為行業變量。

②括號裡的為 z 值，經過了 Cluster 參差矯正。「*」「**」和「***」分別表示在 10%、5%和 1%水平下統計顯著，下同。

8.5　本章小結

本章基於中國的法律變遷，考察應計盈餘管理與真實盈餘管理對審計意見的影響。現有對應計盈餘管理對審計意見的影響的研究比較豐富，但是結論存在爭議，有待於進一步研究。而目前考察真實盈餘管理對審計意見影響的研究比較有限。特別是結合轉型經濟國家的製度變遷特徵，綜合考察應計盈餘管理與真實盈餘管理對審計意見影響的研究，更是缺乏。由此，本章結合中國的製度變遷特徵，系統考察應計盈餘管理與真實盈餘管理對審計意見的影響。

2006 年中國新《公司法》和《證券法》的實施，改善了中國投資者的利益保護環境，提高了中國的法律水平，這是中國經濟發展過程中的一個重要的

法律變遷。2006年的法律變遷，加大了審計師面臨的法律風險。同樣，在新的法律變遷環境，盈餘管理讓審計師承擔的審計風險也相應提高。由此，本章選取2006年法律變遷前後的時期，即2001—2009年作為研究窗口，考察盈餘管理對審計意見的影響，以及在不同法律變遷環境下是否有顯著差異。

盈餘管理分為應計盈餘管理和真實盈餘管理。如此，應計盈餘管理與真實盈餘管理都會給審計師帶來審計風險。而且，應計盈餘管理與真實盈餘管理的風險在法律水平高的環境下應該更明顯。由於審計風險會被審計意見反應，因而，應計盈餘管理與真實盈餘管理會提高審計師簽發非標準審計意見的可能性，並且在法律水平高的環境，應計盈餘管理與真實盈餘管理對非標準審計意見的提升作用應該更明顯。

本章採用2001—2009年中國市場的數據研究發現，在法律變遷之前和法律變遷之後，應計盈餘管理與真實盈餘管理都沒有顯著提高審計師簽發非標準審計意見的可能性，並且，法律變遷也不會增強應計盈餘管理與真實盈餘管理對非標準審計意見的提升作用。這意味著，中國的審計意見在盈餘管理的治理上沒有發揮應有的功能，同時，法律的變遷也沒有提升審計意見在盈餘管理上的治理功能。

本章的啟示如下：

（1）中國審計師簽發的審計意見並不能有效反應應計盈餘管理與真實盈餘管理帶來的風險，因而，需要強化中國審計意見的治理功能。

（2）中國的法律變遷沒有推升審計意見在盈餘管理上的治理功能，因而，需要進一步完善中國的法律建設和治理環境，從而促進中國資本市場的健康發展。

9 盈餘管理、法律變遷與審計師變更

本章基於中國特有的法律變遷環境，考察盈餘管理對審計師變更的影響。盈餘管理會提高審計風險，而在不同的法律變遷環境下，盈餘管理帶來的審計風險也會有所不同。審計師為了控制審計風險，避免審計失敗帶來的損失，審計師可能會選擇離開審計風險高的公司。由此，審計風險高的公司，發生審計師變更的可能性也高。由於盈餘管理會讓審計師承擔一定的審計風險，因而，盈餘管理也會提高審計師變更的可能性。那麼，審計師變更是否有效考慮了盈餘管理蘊藏的風險以及在不同的法律變遷環境下的盈餘管理風險，這是需要一個進行經驗考察的問題。

2006年，中國實施新的《公司法》和《證券法》，加大了對投資者的利益保護，提高了中國的法律水平，是中國的一個重要的法律變遷。這一法律變遷也加大了審計師面臨的審計風險。本章採用中國的資本市場數據，考察2006年法律變遷前後盈餘管理對審計師變更的影響。研究發現，公司的應計盈餘管理程度越高，公司與會計師事務所保持客戶關係越困難，越容易發生會計師事務所變更，但是只表現在新法律實施以後。同時，公司的真實盈餘管理也對會計師事務所變更產生影響，同樣也只表現在新法律實施以後。這表明，法律環境的改善在一定程度上對外部審計機構的治理作用產生了積極的影響。

本章的結構安排如下：第一部分為引言，第二部分為理論分析和研究假設，第三部分為數據樣本和研究方法，第四部分為實證結果及分析，第五部分為研究結論和啟示。

9.1 引言

　　上市公司變更事務所在中國是一個常見的現象。上市公司可能由於管理需要、與事務所時間協調不一致或者事務所發生了合併等原因更換了審計機構，但是投資者最擔心上市公司會通過變更事務所達到隱瞞其真實業績的目的。審計師會根據上市公司的盈餘管理程度來衡量由此帶來的審計風險以及潛在的訴訟帶來的經濟損失和聲譽損失，進而確定是否要繼續維持客戶關係或者出具非標準的審計報告。因此，審計師作為公司治理的主要力量，盈餘管理仍然是審計師面臨的主要審計風險，也是審計師風險管理的主要內容（Simunic & Stein，1990；Rosner，2003；Schelleman & Knechel，2010）。正如 Schipper（1989）所言，盈餘管理實際上可分為應計盈餘管理和真實盈餘管理。基於此，本章首先研究了應計盈餘管理和真實盈餘管理兩個方面對事務所變更的影響。

　　在中國 2006 年的新法律實施以前，儘管有司法解釋規定了審計師將為虛假陳述承擔民事責任，但審計師實際上面臨的訴訟風險還是很低。同時，劉峰等（2007）研究指出，相對於發達國家資本市場，國際「四大」在中國的執業風險非常低，原因是中國法律環境對投資者保護程度不夠。李東平等（2001年）和張學謙等（2007）的研究表明上市公司應計盈餘管理與事務所變更之間不存在顯著的相關關係。而在中國 2006 年新法律實施以後，中國的法律環境有了顯著的變化。新的證券法和公司法對監管公司和審計機構提出了更嚴格的要求，其中明確指明了審計師因虛假陳述、誤導性陳述或重大遺漏給他人造成損失的，要承擔連帶責任。宋一欣（2006）指出隨著中國新法律的實施，中國證券市場的民事賠償活動會變得活躍。劉啓亮（2013）研究發現，新法律實施以前，媒體負面報導對事務所變更沒有顯著影響；只有在新法律實施以後才產生了顯著的影響。這說明在新法律實施以後，審計師會更謹慎地考慮審計業務帶來的審計風險和訴訟風險因素。那麼，法律環境的改善是否會對審計師識別上市公司的盈餘管理行為產生影響呢？本章研究的第二個主要問題是法律環境的改善是否會增強事務所對上市公司盈餘管理行為的敏感程度而選擇不與其保持客戶關係。

　　本章選取了中國 A 股上市公司 2001—2009 年的數據進行考察。研究發現，上市公司的應計盈餘管理和真實盈餘管理的程度越高，審計師面臨的審計風險越高，上市公司與事務所之間的客戶關係越不穩定，也越容易發生事務所變更

的情況。此外，2006年新法律實施以前，應計盈餘管理和真實盈餘管理程度對上市公司變更事務所沒有產生明顯的影響。而在2006年新法律實施以後，法律環境得到了明顯的改善，審計師因虛假陳述面臨的風險和損失更高，上市公司應計盈餘管理和真實盈餘管理程度對事務所變更產生了明顯的影響。

本章的主要貢獻在於以下兩點：

其一，本章從應計盈餘管理和真實盈餘管理兩個方面來印證盈餘管理程度與會計師事務所變更之間的關係，為會計師事務所變更的監管提供了直接的經驗證據，豐富了盈餘管理與會計師事務所變更領域的研究。

其二，本章考慮了法律環境的改善對盈餘管理程度與會計師事務所變更之間關係的影響，驗證了法律環境的改善能使外部審計機構更好地發揮其治理作用。

9.2 理論分析和研究假設

目前，國內外的大部分研究重點都放在應計盈餘管理項目的審計風險上面（Defond & Jiambalvo，1994；Dechow，等，1995；Francis & Krishnan，1999；Bartov，等，2001；Kothari，等，2005），對於真實盈餘管理的風險研究考慮得還比較少。並且，在研究盈餘管理審計風險治理上，已有的研究大部分討論審計意見和審計費用的治理作用（Johl，等，2007；Ajona，等，2008；陳小林，等，2011），缺乏對審計師辭聘的風險治理的研究。

DeFond和Subramanyam（1998）認為部分審計師出於訴訟風險的考慮，可能具有超出平均穩健性水平的會計選擇偏好，從而誘使管理當局產生解聘現任審計師的動機。李東平（2001）研究則認為公司的盈餘管理與事務所變更不存在顯著的相關關係，審計師沒有充分考慮公司盈餘管理帶來的風險。鄧川（2011）發現中國上市公司盈餘管理程度與事務所變更方向有關，事務所資質由大到小，公司的盈餘管理程度會上升；而事務所資質由小到大，公司的盈餘管理程度會下降。Kim和Park（2014）發現審計師會避免參與激進地操控真實盈餘活動的客戶審計業務，降低自身的審計風險。但蔡利等（2015）發現事務所在面對公司的真實盈餘管理時更願意選擇保持客戶關係。而李留闖等（2015）認為審計客戶的盈餘管理程度與審計師變更沒有顯著的對應關係。

已有研究表明，公司在利用盈餘管理操縱利潤時，會考慮同時採用應計盈餘管理和真實盈餘管理（Lin，等，2006；Zang，2012；張昕，2008；李增福；

2011b）。公司的應計盈餘管理行為會給事務所帶來較高的訴訟風險（Rankin, 1992；Lys & Watts, 1994）。同時 Greiner 等（2013）研究發現，審計師認為公司的真實盈餘管理行為會帶來更高的經營風險，進而表現出重大錯報風險和檢查風險都會上升，因而審計風險上升，事務所可能面臨的訴訟風險也會上升。事務所面臨的審計風險越高，因發表不恰當的審計報告而面臨的訴訟風險可能越高。因此，事務所在面對公司的盈餘管理行為時，可以選擇發表非標準審計報告或者主動解除業務約定，而上市公司在與審計師溝通的過程中也可能會因其擬發表的非標準審計意見選擇變更事務所。基於以上分析，本章提出如下假設 H1。

假設 H1：應計盈餘管理和真實盈餘管理都能提高審計師變更的可能性。

相對於許多發達國家來說，無論中國的資本市場還是法律環境都與發達國家還存在不小的差距，對投資者的保護力度還不夠。特別是在 2001 年以前，法院還沒有開始受理投資者對上市公司和審計師舞弊行為的起訴，也就是說審計師不會因為其舞弊行為而承擔民事責任。對審計師和事務所的違法行為大部分是由監管部門進行公開譴責、責令期改或者取消其註冊會計師資格和證券從業資格。

儘管最高人民法院在 2002 年和 2003 年分別頒布了《最高人民法院關於受理證券市場因虛假陳述引發的民事侵權糾紛案件有關問題的通知》和《最高人民法院關於審理證券市場因虛假陳述引發的民事賠償案件的若干規定》，隨後，中註協在 2004 年頒布了《關於做好 2004 年上市公司年報審計業務報備工作的通知》。但由於中國監管部門法律執行力度不夠（Pistor & Xu, 2005），上述文件對上市公司和審計師沒有起到應有的警示作用。正是由於審計師在此時面臨的訴訟風險比較低，再加上當時中國事務所質量參差不齊，審計行業處於「僧多粥少」的激烈競爭局面，審計師為了保持客戶關係可能會幫助上市公司隱瞞其盈餘管理行為，或者減小這種行為帶來的影響。

隨著 2006 年中國新法律的實施，審計師面臨的審計風險程度有了一個很大的提高，審計師很可能會因舞弊行為承擔民事責任。張偉（2006）認為「科龍股東訴德勤案」表明了新法律的實施給了投資者更多的民事權利。眾多財務造假事件的曝光也都說明了監管機構在實施更嚴格的監管行為，審計師因為虛假陳述而承擔民事責任的訴訟風險越來越高。此時，審計師在面對上市公司的盈餘管理行為時會更多地考慮由此帶來的審計風險，以及發表不恰當意見和舞弊行為帶來的訴訟風險和損失。這樣，如果上市公司有目的地進行盈餘管理操縱利潤時，審計師可能不會繼續保持客戶關係或者不會幫其隱瞞而發表

不恰當的審計意見，上市公司與審計師的客戶關係的保持因為盈餘管理程度高而變得越來越不穩定。所以，當法律環境處於一個較低的水平時，審計師面臨的訴訟風險比較低，審計師的舞弊行為或者發表不恰當的意見帶來的損失比較小，因此，在審計行業處於激烈競爭的局面下，事務所可能為了保持客戶關係而縱容上市公司的盈餘管理行為。但是當法律環境有了一個較大的提升時，審計師面臨的訴訟風險較高，審計師的舞弊行為或者發表不恰當的意見帶來的損失比較大。綜上所述，在法律環境得到改善之後，公司的盈餘管理行為越多，事務所會更多地考慮因此帶來的訴訟風險，從而事務所與公司的客戶關係的保持也越不穩定。基於以上分析，本章提出如下假設 H2。

假設 H2：應計盈餘管理與真實盈餘管理提高審計師變更的可能性，在法律變遷後更明顯。

9.3 數據樣本和研究方法

9.3.1 樣本選取和數據來源

2005 年前後，中國資本市場法律環境發生了較大的變化，對投資者的保護力度得到了加強。因此本章以 2005 年作為檢驗盈餘管理與事務所變更之間關係的分水嶺，選取了 2001—2009 年不含創業板的全部 A 股上市公司作為初始樣本。考慮到上一任審計師所在事務所因合併、撤銷、未通過年檢及 2004 年國資委文件規定發生的強制性變更後，在 2001—2009 年一共有 926 家公司發生了自願性事務所變更。本章行業分類採取證監會 2001 年的行業分類標準，製造業行業類型比較大，公司數量較大，所以取前兩位代碼分類，其他行業取第一位代碼分類；由於在分年度分行業進行迴歸時製造業中的木材、家具業和其他製造業樣本數少於 10 個，將其歸屬於相近的行業，分別歸屬於為紡織、服裝、皮毛和機械、設備、儀表。然後，在樣本公司中剔除了下列公司的數據：①金融類公司。考慮到金融行業的特殊性，我們將其從樣本中剔除。②控制變量缺失的觀察值。經過上述樣本選取過程，最後得到研究樣本 11,225 個觀察值，其中，有 833 個樣本發生事務所變更，有 10,392 個樣本沒有發生事務所變更。本章的財務數據來源於 WIND 數據庫和 CSMAR 數據庫，會計師事務所變更通過手工查找上海證券交易所和深圳證券交易所網站公布的上市公司的公告和年報確定。

表 9.1 是研究樣本的分年度分布情況。可以發現，年度發生會計師事務所

變更的公司數，最大值為 119，最小值為 72，平均值為 93。從會計師事務所變更的公司占比來看，最大值為 0.101,0，最小值為 0.054,6，平均數為 0.074,2。

表 9.1　　　　　公司事務所變更次數的年度分布情況

年度	公司數	事務所變更的公司數	事務所變更比率
2001	960	97	0.101,0
2002	1,037	82	0.079,1
2003	1,107	72	0.065,0
2004	1,175	88	0.074,9
2005	1,272	109	0.085,7
2006	1,283	97	0.075,6
2007	1,369	119	0.086,9
2008	1,484	85	0.057,3
2009	1,538	84	0.054,6
合計	11,225	833	0.074,2

註：事務所變更比率為當年發生事務所變更的公司數與當年的公司數之比。

9.3.2　盈餘管理的計量

1. 應計盈餘管理

DeChow 等（1995）認為，非操縱性應計會隨著經營環境的變化而變化，修正後的 Jones 模型在衡量經營環境變動情形下的操縱性應計的效果比較好。DeFond 和 Subramanyan（1998）發現經行業橫截面修正的 Jones 模型比時間序列修正後的 Jones 模型效度要好。由於中國上市公司的上市時間普遍不長，由此，本章採用修正的 Jones 模型（DeChow，等，1995）來估計操縱性應計，以此表徵應計盈餘管理。

$$\frac{TA_{i,t}}{A_{i,t-1}} = a_0 \left(\frac{1}{A_{i,t-1}}\right) + a_1 \left(\frac{\Delta REV_{i,t}}{A_{i,t-1}}\right) + a_2 \left(\frac{PPE_{i,t}}{A_{i,t-1}}\right) + \varepsilon_{i,t} \qquad (9-1)$$

首先，依照模型（9-1）分年度分行業進行橫截面迴歸。參考 DeChow 等（1995）的做法，要求每個行業的樣本數不少於 10 個，如果少於 10 個，則將其歸屬於相近的行業。$TA_{i,t}$ 是公司總應計利潤，為經營利潤減去經營活動現金流之差；$\Delta REV_{i,t}$ 為公司主營業務收入的變化額；$PPE_{i,t}$ 是公司固定資產帳面價值；$A_{i,t-1}$ 是公司的總資產。

其次，用模型（9-1）得到的迴歸係數代入模型（9-2）計算每個樣本的正常性應計 $\text{NDA}_{i,t}$。

$$\text{NDA}_{i,t} = a_0\left(\frac{1}{A_{i,t-1}}\right) + a_1\left(\frac{\Delta\text{REV}_{i,t} - \Delta\text{REC}_{i,t}}{A_{i,t-1}}\right) + a_2\left(\frac{\text{PPE}_{i,t}}{A_{i,t-1}}\right) \quad (9\text{-}2)$$

在模型（9-2）裡，$\Delta\text{REC}_{i,t}$是公司應收帳款的變化額。操縱性應計 $\text{DA}_{i,t} = \text{TA}_{i,t} - \text{NDA}_{i,t}$。

2. 真實盈餘管理

參照 Roychowdhury（2006）和 Cohen 等（2008）的模型來估計真實盈餘管理，包括三個方面：異常經營現金流 AbCFO、異常生產成本 AbProd 和異常酌量性費用（如研發、銷售及管理費用）AbDisx。①

異常經營現金流 AbCFO，指公司經營活動產生的現金流的異常部分。它是由公司通過價格折扣和寬鬆的信用條款來進行產品促銷引起的，雖然公司的促銷提高了當期的利潤，但是降低了當期單位產品的現金流量，從而導致公司的異常經營現金流 AbCFO 下降。公司為了抬高會計利潤，通過價格折扣和寬鬆的信用條款等促銷方式來增加銷量形成超常銷售，產生「薄利多銷」的帳上利潤放大效應。但是，促銷形成的超常銷售，會降低單位產品的現金流量，而且，在既定的銷售收入現金實現水平下，還會增加公司的銷售應收款，增大公司壞帳產生的財務風險，進而降低公司的當期現金流。並且，超常銷售實際上已經超過公司正常銷售水平，會在一定程度上增加公司相關的銷售費用，吞噬掉公司的部分現金流。然而，只要產品銷售能帶來正的邊際利潤，超常銷售還是會抬高公司的會計利潤。因而最終的結果是，促銷形成的超常銷售抬高了公司當年利潤，卻因單位產品現金流量的降低和銷售費用的上升，導致異常經營現金流 AbCFO 偏低。

異常生產成本 AbProd，Roychowdhury（2006）和 Cohen 等（2008）將之定義為銷售成本與當年存貨變動額之和的異常部分。換言之，生產成本為銷售成本與當年存貨變動額之和。異常生產成本 AbProd 是由公司超量產品生產引起的，雖然公司的超量生產能降低單位產品的成本，提高產品的邊際利潤，從而提高公司的當期利潤，但是超量生產增加了其他生產成本和庫存成本，最後導致異常生產成本 AbProd 偏高。公司為了抬高會計利潤，通過超量生產來攤低單位產品承擔的固定成本，但是，超量生產實際上已經超過公司正常生產水

---

① 異常經營現金流 AbCFO，異常生產成本 AbProd 和異常酌量性費用 AbDisx，都用上一年的總資產進行標準化。

平，會增加單位產品的邊際生產成本，然而，只要單位固定成本下降的幅度高於單位邊際生產成本上升的幅度，體現在單位銷售成本上就會出現下降，從而達到提高公司業績的目的。但是，超量生產會導致產品的大量積壓，增加公司的存貨成本，同時也會增加其他生產的成本。在既定的銷量水平下，儘管超量生產通過降低單位銷售成本抬高了公司業績，但是邊際生產成本的上升和存貨成本的增加最終導致生產成本偏高，即在會計上表現為銷售成本與當年增加的存貨成本之和的提升，也導致異常生產成本 AbProd 偏高。

異常酌量性費用 AbDisx，指公司研發、銷售及管理費用等酌量性費用的異常部分。它是公司為了提高當期利潤，削減研發、銷售及管理費用引起的，同時也會導致當期的現金流上升。公司為了抬高會計利潤，通過削減研發、廣告、維修和培訓等銷售和管理費用，造成公司當期的酌量性費用偏低，從而也讓公司的異常酌量性費用偏低。

（1）異常經營現金流 AbCFO

$$\frac{\text{CFO}_{jt}}{A_{j,\,t-1}} = a_1 \frac{1}{A_{j,\,t-1}} + a_2 \frac{\text{Sales}_{jt}}{A_{j,\,t-1}} + a_3 \frac{\Delta\text{Sales}_{jt}}{A_{j,\,t-1}} + \varepsilon_{jt} \qquad (9\text{-}3)$$

首先，按模型（9-3）分年度分行業進行橫截面迴歸，要求每個行業的樣本數不少於 10 個，如果少於 10 個，則將其歸屬於相近的行業，下同。CFO_{jt} 是公司的經營現金流，Sales_{jt} 是公司的銷售額，ΔSales_{jt} 是公司銷售變化額。其次，通過迴歸得到的系數估計出每個樣本公司的正常經營現金流。最後，可算出異常經營現金流 AbCFO 為實際經營現金流與正常經營現金流的差值。

（2）異常生產成本 AbProd

$$\frac{\text{Prod}_{jt}}{A_{j,\,t-1}} = a_1 \frac{1}{A_{j,\,t-1}} + a_2 \frac{\text{Sales}_{jt}}{A_{j,\,t-1}} + a_3 \frac{\Delta\text{Sales}_{jt}}{A_{j,\,t-1}} + a_4 \frac{\Delta\text{Sales}_{j,\,t-1}}{A_{j,\,t-1}} + \varepsilon_{jt} \qquad (9\text{-}4)$$

用模型（9-4）進行分年度分行業橫截面迴歸得到估計參數並據此計算各個樣本公司的正常生產成本，異常生產成本 AbProd 為實際生產成本與正常生產成本之差。Prod_{jt} 是公司的生產成本，為銷售成本與存貨變動額之和；Sales_{jt} 是公司當期的銷售額；ΔSales_{jt} 是公司當期的銷售變化額；$\Delta\text{Sales}_{j,\,t-1}$ 是公司上期的銷售變化額。

（3）異常酌量性費用 AbDisx

$$\frac{\text{Disx}_{jt}}{A_{j,\,t-1}} = a_1 \frac{1}{A_{j,\,t-1}} + a_2 \frac{\text{Sales}_{j,\,t-1}}{A_{j,\,t-1}} + \varepsilon_{jt} \qquad (9\text{-}5)$$

依照模型（9-5）分年度分行業橫截面迴歸得到估計參數並據此計算各個樣本公司的正常酌量性費用，異常酌量性費用 AbDisx 為實際酌量性費用與正

常酌量性費用之差。$Disx_{j,t}$是公司的酌量性費用,為研發、銷售及管理費用之和,考慮到中國財務報表把研發費用合併到了管理費用的情況,本章用銷售和管理費用替代;$Sales_{j,t-1}$是公司上期的銷售額。

以上三個指標,即異常經營現金流 AbCFO、異常生產成本 AbProd 和異常酌量性費用 AbDisx,體現了真實盈餘管理的三種具體行為。公司向上操縱利潤,可能採用真實盈餘管理的一種行為或多種行為:低異常經營現金流 AbCFO,高異常生產成本 AbProd,抑或低異常酌量性費用 AbDisx。為了系統考量真實盈餘管理的三種具體行為,仿照 Cohen 等(2008)和 Badertscher(2011)的做法,將三個指標聚集成一個綜合指標,綜合真實盈餘管理 RM = -AbCFO+AbProd-AbDisx。綜合真實盈餘管理指標 RM,表示其值越高,公司通過真實盈餘管理向上操縱的利潤越大。

9.3.3 迴歸模型

為了檢驗本章的研究假設,本章參照 Kim 和 Park(2014)的研究模型,構建如下迴歸模型:

$$AuditorChg = \alpha_0 + \alpha_1 EM + \sum \beta_i Control_i + \varepsilon \qquad (9-6)$$

因變量:AuditorChg,虛擬變量,衡量會計師事務所變更情況,如果公司發生了會計師事務所變更,取值為 1,否則取值為 0。

解釋變量:EM,盈餘管理,以修正的 Jones 模型估計的應計盈餘管理 DA 和真實盈餘管理 RM = -AbCFO+AbProd-AbDisx 的絕對值來衡量。這裡需要說明的是,真實盈餘管理 RM 為異常經營現金流 AbCFO、異常生產成本 AbProd 和異常酌量性費用 AbDisx 三個指標的集合指標。

控制變量 Control,具體包括如下變量:

公司規模 Size,採用公司總資產的自然對數衡量,放入模型用以控制公司規模的影響。

資產負債率 Lev,放入模型用以控制公司的財務風險對審計師變更的影響。

公司成長性 Growth,採用公司銷售收入的增長率衡量,放入模型用以控制公司的成長性對審計師變更的影響。

總資產週轉率 Aturn,放入模型用來控制公司營運風險對審計師變更的影響。

總資產收益率 ROA,衡量公司業績,用以控制公司業績對審計師變更的影響。

國際四大會計師事務所 Big,如果公司聘請的會計師事務所為國際四大會計師事務所,取值為 1,否則為 0。該變量用來控制國際四大會計師事務所對審計師變更的影響。

公司業績虧損 Loss，虛擬變量，如果公司業績發生虧損，取值為1，否則為0。該變量用來控制公司業績虧損對審計師變更的影響。

審計意見 Mao，虛擬變量，如果為非標準審計意見，值為1，否則為0。該變量用來控制審計意見對審計師變更的影響。

年度變量 Year，用來控制年度固定效應對審計師變更的影響。

行業變量 Industry，用來控制行業固定效應對審計師變更的影響。

此外，為了控制連續變量的極端值的影響，本章對模型中的所有連續變量均進行1%水平的 Winsorize 處理。

9.4 實證結果及分析

9.4.1 描述性統計分析

表9.2是迴歸模型中各變量的描述性統計分析結果。可以發現，在2001—2009年期間，中國會計師事務所發生變更 AuditorChg 的占比為0.074,2。應計盈餘管理的絕對值 DA，均值為0.073,3，中位數為0.049,5。真實盈餘管理的絕對值 RM，均值為0.169,2，中位數為0.114,0。

公司規模 Size，自然對數的均值為21.296,5，中位數為21.191,0。資產負債率 Lev，均值為0.528,5，中位數為0.508,5。公司成長性 Growth，均值為0.222,5，中位數為0.132,0。總資產週轉率 Aturn，均值為0.646,8，中位數為0.529,1。公司業績總資產收益率 ROA，均值為0.020,4，中位數為0.028,6。國際四大會計師事務所 Big 的占比為0.064,1，表明國際四大會計師事務所的市場份額在中國較低。公司業績虧損 Loss 的占比為0.138,4。被出示非標準審計意見 Mao 的概率為0.095,9。

表9.2　　　　　　　　描述性統計分析結果

變量	均值	最小值	中位數	最大值
AuditorChg	0.074,2	0.000,0	0.000,0	1.000,0
DA	0.073,3	0.000,0	0.049,5	0.379,8
RM	0.169,2	0.000,0	0.114,0	0.896,0
Size	21.296,5	18.723,8	21.191,0	24.887,0
Lev	0.528,5	0.069,8	0.508,5	2.244,2
Growth	0.222,5	−0.751,2	0.132,0	4.297,2

表9.2(續)

變　量	均值	最小值	中位數	最大值
Aturn	0.646,8	0.037,7	0.529,1	2.629,9
ROA	0.020,4	−0.413,1	0.028,6	0.205,3
Big	0.064,1	0.000,0	0.000,0	1.000,0
Loss	0.138,4	0.000,0	0.000,0	1.000,0
Mao	0.095,9	0.000,0	0.000,0	1.000,0

註：
①應計盈餘管理 DA，採用修正的 Jones 模型估計，取其絕對值。
②真實盈餘管理 RM = − AbCFO + AbProd − AbDisx，為異常經營現金流 AbCFO、異常生產成本 AbProd 和異常酌量性費用 AbDisx 三個指標的集合指標，取其絕對值。

9.4.2　迴歸分析

表 9.3 顯示了應計盈餘管理程度與審計師變更的多元迴歸結果，以及在新法律實施前後應計盈餘管理程度與審計師變更之間的關係。在全樣本的迴歸裡，應計盈餘管理 DA 對審計師變更 AuditorChg 的迴歸系數為 1.699，在 1% 的水平下顯著正相關。這表明應計盈餘管理的程度對事務所的行為產生了明顯的影響，並且應計盈餘管理程度越大，事務所與上市公司之間的客戶關係的保持越不穩定，越容易發生事務所變更的情形。在法律變遷前，即 2006 年新法律實施以前，應計盈餘管理 DA 的迴歸系數為 1.179，但是在統計上不顯著。這說明在新法律實施以前，上市公司的應計盈餘管理行為沒有對事務所變更行為產生明顯的影響。但是，在法律變遷後，即 2006 年新法律實施以後，應計盈餘管理 DA 的迴歸系數為 1.990，在 1% 的水平下顯著正相關。這說明在新法律實施以後，隨著法律環境改善和對投資者保護力度的加大，事務所面臨的訴訟風險顯著增加。因此，事務所並不願意無視上市公司的應計盈餘管理行為，應計盈餘管理的程度對事務所變更行為產生了明顯的影響，即公司的應計盈餘管理程度越大，與事務所之間的客戶關係保持越不穩定。

在控制變量的迴歸結果上，在法律變遷前，公司的銷售收入增長率 Growth、總資產淨利率 ROA 和總資產週轉率 Aturn 的迴歸系數都不顯著，對事務所變更行為沒有顯著的影響。在全樣本和變遷後的迴歸結果裡，公司的銷售收入增長率 Growth、總資產淨利率 ROA 和總資產週轉率 Aturn 的迴歸系數和顯著性水平與應計盈餘管理趨同，也是表現在新法律實施以後對事務所變更行為有明顯的影響。同時，無論是新法律實施以前還是新法律實施以後，如果上市公司上一年審計報告 Mao 得到的審計意見類型是非標準審計意見，則會對事

務所變更有顯著的正影響，促使會計師事務所變更。

表 9.3　　　　　　　應計盈餘管理與審計師變更的迴歸結果

	因變量：AuditorChg		
	全樣本	變遷前	變遷後
DA	1.699***	1.179	1.990***
	(3.77)	(1.44)	(3.61)
Size	0.034	-0.048	0.048
	(0.84)	(-0.69)	(0.93)
Lev	0.059	-0.091	0.168
	(0.49)	(-0.40)	(1.12)
Growth	0.122**	-0.020	0.201***
	(2.37)	(-0.23)	(3.08)
Aturn	-0.303***	-0.253	-0.344***
	(-3.27)	(-1.51)	(-3.00)
ROA	-1.294**	-1.163	-1.279*
	(-2.19)	(-1.05)	(-1.82)
Big	0.137	-0.304	0.392*
	(0.85)	(-1.11)	(1.89)
Loss	-0.048	-0.186	0.042
	(-0.32)	(-0.72)	(0.22)
Mao	1.074***	1.209***	0.949***
	(9.79)	(7.57)	(6.09)
Constant	-3.791***	-1.399	-4.255***
	(-4.03)	(-0.91)	(-3.52)
Year	Yes	Yes	Yes
Industry	Yes	Yes	Yes
N	11,125	4,279	6,946
Pseudo R^2	0.029,3	0.059,2	0.050,7
Chi^2	337.89***	159.88***	217.85***

註：
① 迴歸方法採用的是 Logit 模型。因變量 AuditorChg，審計師變更，如果公司發生審計師變更，取值為 1，否則為 0。解釋變量 DA，為應計盈餘管理。Year 和 Industry，分別表示年度變量和行業變量。
②「變遷前」為 2006 年法律變遷之前，「變遷後」為 2006 年法律變遷之後。

③括號裡的為z值，經過了White異方差矯正。「*」「**」和「***」分別表示在10%、5%和1%水平下統計顯著，下同。

表9.4顯示了真實盈餘管理程度與審計師變更的多元迴歸結果，以及在新法律實施前後真實盈餘管理程度與審計師變更之間的關係。在全樣本的迴歸結果裡，真實盈餘管理RM對審計師變更AuditorChg的迴歸系數為0.679，在1%的水平下顯著正相關。這表明真實盈餘管理的程度對會計師事務所變更產生了明顯的影響。真實盈餘管理程度越大，事務所與上市公司之間的客戶關係的保持越不穩定，即越容易發生會計師事務所變更的情形。在法律變遷前，即2006年新法律實施以前，真實盈餘管理RM的迴歸系數為0.957，在5%的水平下顯著正相關。這說明在新法律實施以前，上市公司的真實盈餘管理行為對會計師事務所變更行為產生明顯的影響。同時，在法律變遷後，即2006年新法律實施以後，真實盈餘管理RM的迴歸系數為0.636，在5%的水平下顯著正相關。這說明在新法律實施以後，真實盈餘管理的程度對會計師事務所變更行為產生了明顯的影響。上述結果表明，新法律的實施，法律環境的改善和對投資者保護力度的加大，並沒有對真實盈餘管理程度與事務所變更之間的關係產生明顯的影響。

在控制變量上，與表9.3的結果表現一致。在法律變遷前，公司的銷售收入增長率Growth、總資產淨利率ROA和總資產週轉率Aturn的迴歸系數都不顯著，表明對會計師事務所變更行為沒有顯著的影響。在全樣本和變遷後的迴歸結果裡，公司的銷售收入增長率Growth、總資產淨利率ROA和總資產週轉率Aturn的迴歸系數顯著為正，表明在新法律實施以後公司的成長性、公司業績和總資產週轉率對會計師事務所變更行為有明顯的影響。同時，無論是新法律實施以前還是新法律實施以後，如果上市公司上一年審計報告得到的審計意見類型Mao是非標準審計意見時，會對事務所變更產生明顯的影響。

結合表9.3和表9.4的結果可知，應計盈餘管理和真實盈餘管理，對會計師事務所的變更都會有促進作用，公司的應計盈餘管理和真實盈餘管理的程度越高，會計師事務所發生變更的可能性越大，支持本章的假設H1。但是，Chow檢驗結果表明，應計盈餘管理和真實盈餘管理對會計師事務所變更的影響，在變遷前和變遷後兩個時期沒有顯著差異。這意味著，中國的法律變遷，儘管提高了法律水平，加大了審計師的審計風險，但是並沒有增強應計盈餘管理和真實盈餘管理對會計師事務所變更的促進作用，不支持本章的假設H2。

表 9.4　真實盈餘管理與審計師變更的迴歸結果

	因變量：AuditorChg		
	全樣本	變遷前	變遷後
RM	0.679***	0.957**	0.636**
	(3.15)	(2.40)	(2.41)
Size	0.032	-0.056	0.048
	(0.78)	(-0.79)	(0.94)
Lev	0.094	-0.102	0.215
	(0.78)	(-0.45)	(1.44)
Growth	0.119**	-0.034	0.200***
	(2.29)	(-0.40)	(3.03)
Aturn	-0.339***	-0.296*	-0.384***
	(-3.55)	(-1.78)	(-3.21)
ROA	-1.686***	-1.443	-1.678**
	(-2.78)	(-1.30)	(-2.31)
Big	0.108	-0.338	0.356*
	(0.66)	(-1.22)	(1.70)
Loss	-0.059	-0.187	0.031
	(-0.39)	(-0.72)	(0.16)
Mao	1.079***	1.209***	0.965***
	(9.81)	(7.58)	(6.16)
Constant	-3.674***	-1.256	-4.160***
	(-3.90)	(-0.81)	(-3.44)
Year	Yes	Yes	Yes
Industry	Yes	Yes	Yes
N	11,125	4,279	6,946
Pseudo R^2	0.048,3	0.060,6	0.048,9
Chi^2	332.08***	163.04***	209.38***

註：

①迴歸方法採用的是 Logit 模型。因變量 AuditorChg，審計師變更，如果公司發生審計師變更，取值為 1，否則為 0。解釋變量 RM，為真實盈餘管理。Year 和 Industry，分別表示年度變量和行業變量。

②「變遷前」為 2006 年法律變遷之前，「變遷後」為 2006 年法律變遷之後。

③括號裡的為 z 值，經過了 White 異方差矯正。「*」「**」和「***」分別表示在 10%、5%和 1%水平下統計顯著，下同。

9.4.3 進一步分析

上市公司操縱利潤的原因主要表現在增加利潤扭虧為盈、增加投資者信心以及避免被證券交易所實施風險預警或者減少利潤避免較高的賦稅、降低分紅以及留存收益以滿足投資機會的資本需求。本章根據上市公司利用盈餘管理操縱利潤的方向，將應計盈餘管理和真實盈餘管理各自分為正向的盈餘管理和負向的盈餘管理。

表9.5顯示了正向應計盈餘管理與審計師變更的迴歸結果。結果顯示，在全樣本迴歸裡，正向應計盈餘管理DA，對審計師變更AuditorChg的迴歸係數為1.245，在10%的水平下顯著正相關，這說明正向應計盈餘管理對事務所變更有顯著的推動作用。

在進行樣本的分析迴歸後，在法律變遷前和法律變遷後的樣本迴歸裡，正向應計盈餘管理DA的迴歸係數分別為1.302和1.215，但是在統計上均不顯著。這表明新法律的實施對正向應計盈餘管理與事務所變更之間的關係並沒有產生明顯的影響，即正向的盈餘管理對事務所變更的影響在新法律實施前後沒有明顯的變化，正向盈餘管理沒有在推動審計師變更上產生積極作用。

表9.5　　正向應計盈餘管理與審計師變更的迴歸結果

	因變量：AuditorChg		
	全樣本	變遷前	變遷後
DA	1.245*	1.302	1.215
	(1.89)	(1.07)	(1.50)
Size	0.014	−0.036	0.010
	(0.23)	(−0.36)	(0.13)
Lev	0.109	−0.225	0.337
	(0.53)	(−0.64)	(1.29)
Growth	0.078	−0.229	0.197*
	(0.90)	(−1.33)	(1.96)
Aturn	−0.360**	−0.027	−0.535***
	(−2.46)	(−0.11)	(−2.92)
ROA	−0.208	−1.189	0.141
	(−0.18)	(−0.54)	(0.10)
Big	−0.000	−0.381	0.311
	(−0.00)	(−0.99)	(0.98)

表9.5(續)

	因變量：AuditorChg		
	全樣本	變遷前	變遷後
Loss	-0.078	-0.258	-0.045
	(-0.28)	(-0.53)	(-0.12)
Mao	1.049***	1.240***	0.906***
	(5.69)	(4.45)	(3.45)
Constant	-3.644**	-2.199	-3.529*
	(-2.55)	(-1.00)	(-1.87)
Year	Yes	Yes	Yes
Industry	Yes	Yes	Yes
N	5,858	2,252	3,606
Pseudo R^2	0.037,4	0.061,8	0.040,1
Chi^2	112.96***	83.94***	79.94***

註：

①迴歸方法採用的是 Logit 模型。因變量 AuditorChg，審計師變更，如果公司發生審計師變更，取值為 1，否則為 0。解釋變量 DA，為正向應計盈餘管理。Year 和 Industry，分別表示年度變量和行業變量。

②「變遷前」為 2006 年法律變遷之前，「變遷後」為 2006 年法律變遷之後。

③括號裡的為 z 值，經過了 White 異方差矯正。「*」「**」和「***」分別表示在 10%、5%和 1%水平下統計顯著，下同。

表 9.6 顯示的是負向應計盈餘管理與審計師變更的多元迴歸結果。在全樣本的迴歸裡，負向應計盈餘管理 DA，對審計師變更 AuditorChg 的迴歸系數為 -2.093，在 1%的水平下顯著負相關。這說明，負向應計盈餘管理的值越小，越容易發生事務所變更。也就是說，負向應計盈餘管理程度越大，減少的利潤越多，越容易發生事務所變更。

在細分樣本進行迴歸後，在法律變遷前，負向應計盈餘管理 DA 的迴歸系數為-0.801，但是不顯著；而在法律變遷後，負向應計盈餘管理 DA 的迴歸系數為-2.837，在 1%的水平下顯著負相關。這表明，在新法律實施以前，負向應計盈餘管理對事務所變更沒有產生明顯的影響；而在新法律實施以後，負向應計盈餘管理對事務所變更產生了明顯的影響，即負向應計盈餘管理的程度越大，越容易發生事務所變更。

表 9.6　　　　　負向應計盈餘管理與審計師變更的迴歸結果

	因變量：AuditorChg		
	全樣本	變遷前	變遷後
DA	-2.093***	-0.801	-2.837***
	(-3.03)	(-0.68)	(-3.32)
Size	0.046	-0.055	0.064
	(0.82)	(-0.53)	(0.93)
Lev	-0.001	-0.092	0.073
	(-0.01)	(-0.31)	(0.39)
Growth	0.139**	0.087	0.171**
	(2.11)	(0.88)	(1.98)
Aturn	-0.303**	-0.452**	-0.273*
	(-2.42)	(-1.98)	(-1.80)
ROA	-1.273*	-1.421	-1.123
	(-1.76)	(-1.03)	(-1.31)
Big	0.267	-0.268	0.484*
	(1.20)	(-0.68)	(1.71)
Loss	-0.049	-0.219	0.044
	(-0.26)	(-0.71)	(0.19)
Mao	1.103***	1.227***	0.974***
	(7.85)	(6.03)	(4.94)
Constant	-3.859***	-0.686	-4.614***
	(-2.97)	(-0.30)	(-2.84)
Year	Yes	Yes	Yes
Industry	Yes	Yes	Yes
N	5,367	2,027	3,340
Pseudo R^2	0.066,0	0.082,1	0.069,6
Chi^2	231.64***	107.87***	151.01***

註：
①迴歸方法採用的是 Logit 模型。因變量 AuditorChg，審計師變更，如果公司發生審計師變更，取值為 1，否則為 0。解釋變量 DA，為負向應計盈餘管理。Year 和 Industry，分別表示年度變量和行業變量。
②「變遷前」為 2006 年法律變遷之前，「變遷後」為 2006 年法律變遷之後。
③括號裡的為 z 值，經過了 White 異方差矯正。「*」「**」和「***」分別表示在 10%、5% 和 1% 水平下統計顯著，下同。

表 9.7 顯示了正向真實盈餘管理與審計師變更的迴歸結果。如表中所示，在全樣本的迴歸裡，正向真實盈餘管理 RM 對審計師變更的迴歸系數為 0.928，在 1% 的水平下顯著為正，這說明正向真實盈餘管理對事務所變更有顯著的影響，正向盈餘管理提高了審計師變更的可能性。

在進行樣本的細分迴歸後，在法律變遷前的樣本迴歸裡，正向真實盈餘管理 RM 對審計師變更的迴歸系數為 1.608，在 1% 的水平下顯著為正，在法律變遷後的樣本迴歸裡，正向真實盈餘管理 RM 的迴歸系數為 0.619，但是在統計上不顯著。這說明，法律變遷，儘管提高了中國的法律水平，加大了審計師的審計風險，但是沒有讓正向真實盈餘管理的風險被審計師的變更決策所考慮。

表 9.7　　正向真實盈餘管理與審計師變更的迴歸結果

	因變量：AuditorChg		
	全樣本	變遷前	變遷後
RM	0.928***	1.608***	0.619
	(2.87)	(2.86)	(1.52)
Size	0.046	−0.039	0.051
	(0.74)	(−0.35)	(0.64)
Lev	0.026	−0.746*	0.291
	(0.15)	(−1.82)	(1.39)
Growth	0.041	−0.076	0.136
	(0.55)	(−0.56)	(1.42)
Aturn	−0.353***	−0.385*	−0.360**
	(−2.70)	(−1.88)	(−2.07)
ROA	−1.228	0.375	−1.560
	(−1.23)	(0.18)	(−1.37)
Big	0.258	−0.299	0.512
	(1.00)	(−0.66)	(1.55)
Loss	−0.058	0.112	−0.131
	(−0.27)	(0.30)	(−0.48)
Mao	1.292***	1.572***	1.097***
	(7.87)	(6.48)	(4.65)
Constant	−4.526***	−2.192	−4.669**
	(−3.05)	(−0.92)	(−2.36)
Year	Yes	Yes	Yes

表9.7(續)

	因變量：AuditorChg		
	全樣本	變遷前	變遷後
Industry	Yes	Yes	Yes
N	4,453	1,737	2,716
Pseudo R^2	0.065,4	0.074,5	0.076,1
Chi^2	163.86***	92.62***	121.41***

註：

①迴歸方法採用的是 Logit 模型。因變量 AuditorChg，審計師變更，如果公司發生審計師變更，取值為1，否則為0。解釋變量 RM，為正向真實盈餘管理。Year 和 Industry，分別表示年度變量和行業變量。

②「變遷前」為 2006 年法律變遷之前，「變遷後」為 2006 年法律變遷之後。

③括號裡的為 z 值，經過了 White 異方差矯正。「*」「**」和「***」分別表示在 10%、5% 和 1% 水平下統計顯著，下同。

表 9.8 顯示了負向真實盈餘管理與審計師變更的 Logit 迴歸結果。在全樣本的迴歸結果裡，負向真實盈餘管理 RM 對審計師變更 AuditorChg 的迴歸系數為-0.482，在 10% 的水平下顯著負相關。這表明負向真實盈餘管理的值越小，越容易發生會計師事務所變更。換言之，負向真實盈餘管理程度越大，越容易發生事務所變更。

在將樣本進行細分迴歸之後，可以發現，在法律變遷前的樣本迴歸裡，負向真實盈餘管理 RM 對審計師變更 AuditorChg 的迴歸系數為-0.312，但是在統計上不顯著。在法律變遷後的樣本迴歸裡，負向真實盈餘管理 RM 的迴歸系數為-0.618，在 10% 的統計水平下顯著。這表明，在新法律實施以前，負向真實盈餘管理對會計師事務所變更沒有產生明顯的影響，而在新法律實施以後，負向真實盈餘管理對事務所變更產生了明顯的影響，即負向應計盈餘管理的程度越大，越容易發生會計師事務所變更。

表 9.8　　負向真實盈餘管理與審計師變更的迴歸結果

	因變量：AuditorChg		
	全樣本	變遷前	變遷後
RM	-0.482*	-0.312	-0.618*
	(-1.64)	(-0.53)	(-1.75)
Size	0.028	-0.038	0.043
	(0.52)	(-0.40)	(0.62)

表9.8(續)

	因變量：AuditorChg		
	全樣本	變遷前	變遷後
Lev	0.113	0.169	0.131
	(0.62)	(0.57)	(0.55)
Growth	0.185***	0.050	0.259***
	(2.65)	(0.44)	(2.92)
Aturn	-0.392***	-0.356	-0.446**
	(-2.58)	(-1.27)	(-2.42)
ROA	-1.889**	-2.405*	-1.531
	(-2.30)	(-1.66)	(-1.53)
Big	0.067	-0.285	0.293
	(0.32)	(-0.82)	(1.07)
Loss	-0.046	-0.495	0.220
	(-0.21)	(-1.31)	(0.83)
Mao	0.939***	1.045***	0.847***
	(6.31)	(4.85)	(4.03)
Constant	-3.345***	-1.292	-3.863**
	(-2.68)	(-0.62)	(-2.43)
Year	Yes	Yes	Yes
Industry	Yes	Yes	Yes
N	6,772	2,542	4,230
Pseudo R^2	0.048,5	0.068,6	0.050,1
Chi^2	197.72***	98.05***	128.57***

註：

①迴歸方法採用的是 Logit 模型。因變量 AuditorChg，審計師變更，如果公司發生審計師變更，取值為1，否則為0。解釋變量 RM，為負向真實盈餘管理。Year 和 Industry，分別表示年度變量和行業變量。

②「變遷前」為2006年法律變遷之前，「變遷後」為2006年法律變遷之後。

③括號裡的為 z 值，經過了 White 異方差矯正。「*」「**」和「***」分別表示在10%、5%和1%水平下統計顯著，下同。

9.4.4 穩健性測試

為了考察結果的穩健性，本章做了如下的敏感性測試：

（1）在迴歸檢驗中，按照公司個體進行 Cluster 參差處理，以此來控製可能存在的個體效應。控製個體效應後的迴歸結果顯示，從全樣本的迴歸結果來看，應計盈餘管理與真實盈餘管理對會計師事務所變更產生的影響與前文的結論基本一致。同時，將樣本進行細分迴歸後，在法律變遷前和變遷後的樣本迴歸結果裡，應計盈餘管理與真實盈餘管理對會計師事務所變更的影響也與前文的結果基本一致。

（2）採用 Jones（1991）模型對應計盈餘管理進行橫截面迴歸估計，然後按文中的模型進行迴歸，得到的結果與前文的結果基本一致。

（3）根據中國上市公司信息披露的規定，2005 年的公司年報是在 2006 年的 1 月至 4 月披露，因而 2005 年的公司年報會受到新《公司法》和《證券法》實施的影響。但是，2005 年的樣本同樣也會受到 2006 年法律變遷前的舊法律的影響。為了避免 2005 年的樣本受到法律變遷前後新舊法律的雙重影響，本章將 2005 年的樣本從原來的研究樣本中剔除。將剔除了 2005 年樣本的樣本進行迴歸，得到的結果與前文的結果基本一致。

（4）採用含有截距項的應計盈餘管理與真實盈餘管理的估計模型迴歸估計應計盈餘管理與真實盈餘管理，然後對本章的檢驗模型進行迴歸，得到的結果與前文的結果基本一致。

（5）在研究樣本中，有上市公司連續兩年以上變更會計師事務所的樣本。為了控製潛在的影響，只保留連續兩年以上變更會計師事務所的公司的第一年的樣本觀測值進行分析。迴歸的結果表明，本章的結論依然穩健。

9.5　本章小結

本章基於中國的法律變遷，考察應計盈餘管理與真實盈餘管理對審計師變更的影響。現有的研究對應計盈餘管理對審計師變更的影響比較豐富，但是結論存在爭議，有待於進一步研究。而目前考察真實盈餘管理對審計師變更的影響的研究比較有限。特別是結合轉型經濟國家的製度變遷特徵，綜合考察應計盈餘管理與真實盈餘管理對審計意見的影響的研究，更是比較缺乏。由此，本章結合中國的製度變遷特徵，系統考察應計盈餘管理與真實盈餘管理對審計師變更的影響。

鑒於 2006 年中國新《公司法》和《證券法》的實施，改善了中國投資者的利益保護環境，提高了中國的法律水平，這是中國經濟發展過程中的一個重

要的法律變遷。2006 年的法律變遷，增加了審計師的法律風險，同時也相應地增加了盈餘管理讓審計師承擔的審計風險。由此，本章選取 2006 年法律變遷前後的時期，即 2001—2009 年作為研究窗口，考察盈餘管理對審計師變更的影響，以及在不同法律變遷環境下是否有顯著差異。

盈餘管理分為應計盈餘管理和真實盈餘管理。如此，應計盈餘管理與真實盈餘管理都會給審計師帶來審計風險。而且，應計盈餘管理與真實盈餘管理的風險在法律水平高的環境下應該更明顯。由於審計風險會在審計師變更決策中得到考慮，因而，應計盈餘管理與真實盈餘管理會提高審計師變更的可能性，並且在法律水平高的環境，應計盈餘管理與真實盈餘管理對審計師變更的促進作用應該更明顯。

本章採用 2001—2009 年中國市場的數據研究發現，應計盈餘管理程度越高，公司與會計師事務所保持客戶關係越困難，越容易發生事務所變更。並且，在新法律實施以前，應計盈餘管理對事務所變更並不產生明顯的影響，只有在新法律實施以後，應計盈餘管理才對事務所變更產生明顯的影響。同時，公司的真實盈餘管理行為也會對事務所變更產生明顯的影響，但這種影響並沒有在新法律實施前後發生明顯的變化。這表明，法律環境的改善在一定程度上對外部審計機構的治理作用產生了積極的影響。

本章的啟示如下：

（1）在中國證券市場上，上市公司往往同時採用應計盈餘管理和真實盈餘管理兩種方式來操縱利潤，審計師在考慮公司盈餘管理行為帶來的審計風險時可能並不全面。因此，上市公司自身更完善的治理結構和監管機構更完善的監管製度對審視和規範上市公司的盈餘管理行為尤其重要。

（2）審計師在對上市公司的財務報表進行審計時，面對其盈餘管理行為，需要更加謹慎地識別、評估和應對上市公司的重大錯報風險，時刻保持職業懷疑的態度，把審計風險降低到可接受的水平。

（3）在處於轉型經濟的中國資本市場上，只有依法治理的法律製度建設不斷完善，審計師在發揮其外部審計的治理作用時才會表現得更加獨立、嚴謹和客觀公正。

10 盈餘管理與股價暴跌風險

本章基於中國特有的製度環境，考察盈餘管理對股價暴跌風險的影響。盈餘管理會降低會計信息質量，提高公司的股價暴跌風險。在不同的產權性質的公司中，盈餘管理的水平會有所差異，進而盈餘管理對公司的股價暴跌風險的影響也會所不同。那麼，在不同產權性質的公司中，盈餘管理對公司股價暴跌風險的影響到底是否存在差異？這是一個需要進行經驗考察的問題。

盈餘管理分為應計盈餘管理和真實盈餘管理。應計盈餘管理，是指通過會計政策的選擇和會計估計的變更進行盈餘管理，只是影響公司的應計利潤而不影響公司的現金流。真實盈餘管理，是指通過採用偏離正常經營模式的交易活動行為來調節利潤，它會影響公司的現金流和當期利潤從而損害公司的長期價值。因而，在對公司價值的損害上，真實盈餘管理比應計盈餘管理的影響更大。這意味著，真實盈餘管理比應計盈餘管理可能更容易提高公司的股價暴跌風險。

本章採用中國證券市場上 2004—2011 年的上市公司數據研究發現，應計盈餘管理並沒有提高公司的股價暴跌風險，真實盈餘管理顯著提高了公司的股價暴跌風險，但僅在非國有企業中體現。進一步分析發現，導致這一情形的原因在於，應計盈餘管理與真實盈餘管理在非國有企業中相對較高。同時，也可能是由於非國有企業沒有受到與國有企業一樣的政治庇護。

本章的結構安排如下：第一部分為引言，第二部分為理論分析和研究假設，第三部分為數據樣本和研究方法，第四部分為實證結果及分析，第五部分為研究結論和啟示。

10.1 引言

股價暴跌，不但讓投資者和公司蒙受巨大損失，也讓證券市場和國家經濟

的健康發展受到衝擊。股價暴跌風險（Stock Price Crash Risk）是公司危機管理的主要內容，也是資本市場研究的重要話題（Bates，2000；Chen，等，2001；Jin & Myers，2006）。然而，國內外關於應計盈餘管理與真實盈餘管理對上市公司股價暴跌風險的影響的研究還相對有限。特別是基於中國的製度背景，考察應計盈餘管理與真實盈餘管理在不同產權性質的公司中對股價暴跌風險的影響及其差異，這對中國證券市場的健康發展具有重要的理論意義和現實意義。

　　盈餘管理會降低會計信息質量，提高公司的股價暴跌風險。在不同產權性質的公司中，國有企業受到政府的庇護更多，包括在財政上的預算軟約束和在融資、產業發展上的政策扶持（Kornai，1986；Shleifer & Vishney，1994；林毅夫，等，2004）。因而，國有企業的盈餘管理水平可能相對於非國有企業較低。進而，在對股價暴跌風險的影響上，國有企業的盈餘管理可能沒有如非國有企業的盈餘管理那麼明顯。

　　同時，如Schipper（1989）所言，盈餘管理分為應計盈餘管理和真實盈餘管理。應計盈餘管理，是指通過會計政策的選擇和會計估計的變更進行盈餘管理，只影響公司的應計利潤而不影響公司的現金流。真實盈餘管理，是指通過採用偏離正常經營模式的交易活動行為來調節利潤，它會影響公司的現金流和當期利潤從而損害公司的長期價值。因而，在對公司價值的損害上，真實盈餘管理比應計盈餘管理的影響更大。這意味著，真實盈餘管理比應計盈餘管理可能更容易提高公司的股價暴跌風險。

　　本章採用中國證券市場上2004—2011年的上市公司數據研究發現，應計盈餘管理並沒有提高公司的股價暴跌風險，真實盈餘管理顯著提高了公司的股價暴跌風險，但僅在非國有企業中體現。進一步分析發現，導致這一情形的原因在於，應計盈餘管理與真實盈餘管理在非國有企業中相對較高。同時，也可能是由於非國有企業沒有受到與國有企業一樣的政治庇護。

　　本章的貢獻如下：

　　（1）從應計盈餘管理與真實盈餘管理系統考察盈餘管理對公司股價暴跌風險的影響，豐富了該領域的研究，提供了進一步的經驗證據。

　　（2）將產權性質納入分析，考察國有企業和非國有企業在應計盈餘管理與真實盈餘管理對股價暴跌風險的影響上的差異，拓展了盈餘管理和股價暴跌風險的研究領域。

10.2 理論分析和研究假設

國外學者對上市公司股價暴跌風險的研究，主要始於對 1987 年由美國引發的全球股市災難的關注（Roll，1988；Bates，1991）。公司隱藏壞消息抬高公司股價，隱藏的壞消息累積越多，公司股價被高估會越嚴重，股價泡沫隨之產生。然而，公司隱藏壞消息的能力存在極限，一旦超過極限，公司以前累積的所有壞消息立即被釋放出來，導致公司泡沫破滅，股價隨之暴跌（Jin & Myers，2006；Bleck & Liu，2007；Kothari，等，2009）。

盈餘管理是公司隱藏壞消息的一種主要手段（Sloan，1996；Cheng & Warfield，2005；Ball，2009）。就基於盈餘管理研究股價暴跌風險的內在運行機理而言，國外研究主要從應計盈餘管理進行分析，缺乏從真實盈餘管理進行考察。

Jin 和 Myers（2006）從國家層面考察，應計盈餘管理會使公司信息不透明，導致公司股價暴跌風險高。在公司層面，Hutton 等（2009）的研究也得到類似的結論，應計盈餘管理頻率高的公司，透明度不高，公司股價暴跌風險也就相應地高。此外，Kim 等（2011）從公司避稅行為分析股價暴跌風險的內在機理，避稅便於公司進行盈餘管理，從而使公司股價暴跌風險高。

類似地，國內研究對股價暴跌風險的考察，主要基於應計盈餘管理分析股價暴跌風險的內在機理。國內學者最早開始考察股價暴跌風險的研究是陳國進等（2009）的研究，其後的幾篇研究，如陶洪亮和申宇（2011）、潘越等（2011）、王衝和謝雅璐（2013）、施先旺等（2014），從應計盈餘管理分析中國上市公司股價暴跌風險。

Schipper（1989）及 Healy 和 Wahlen（1999）認為，盈餘管理分為應計盈餘管理和真實盈餘管理。應計盈餘管理，是指通過會計政策的選擇和會計估計的變更進行盈餘管理，只影響公司的應計利潤而不影響公司的現金流。真實盈餘管理，是指通過採用偏離正常經營模式的交易活動行為來調節利潤，它會影響公司的現金流和當期利潤從而損害公司的長期價值。因而，在對公司價值的損害上，真實盈餘管理比應計盈餘管理的影響更大。這意味著，真實盈餘管理比應計盈餘管理可能更容易提高公司的股價暴跌風險。進一步而言，應計盈餘管理和真實盈餘管理都會提高公司的股價暴跌風險，但是，真實盈餘管理對股價暴跌風險的提高更明顯。由此，提出假設 H1。

假設 H1：應計盈餘管理和真實盈餘管理都會提高公司的股價暴跌風險，但是真實盈餘管理的影響更明顯。

根據產權性質的不同，中國的上市公司分為國有上市公司和非國有上市公司。為了解決中國國有企業困難，同時為了促進中國國有企業改革，政府推動國有企業在證券市場上市，以此來塑造國有企業的現代化公司治理模式和經營模式。國有上市公司，是中國上市公司的主要構成部分，也是中國經濟的主體，同時也體現著政府的執政業績。因而，國有企業受到政府的庇護，如在財政上的預算軟約束和在融資、產業發展上的政策扶持（Kornai, 1986; Shleifer & Vishney, 1994; 林毅夫, 等, 2004）。

因而，國有企業在盈餘管理動機上，可能相對於非國有企業沒有那麼強烈。Chen 等（2011）研究發現，國有企業在融資上的優勢以及政府在資源分配上的支持和庇護，導致國有企業沒有強烈的動機進行盈餘管理，其盈餘管理水平相對於非國有企業偏低。這意味著，由於受到政府「父愛主義」的庇護，國有企業不但進行盈餘管理的動機較低，同時，即使國有企業的盈餘管理會給證券市場帶來風險，也會在政府的庇護下變得相對較低。因而，在對股價暴跌風險的影響上，國有企業的盈餘管理可能沒有像非國有企業的盈餘管理那麼明顯。由此，提出假設 H2。

假設 H2：應計盈餘管理和真實盈餘管理都會提高公司的股價暴跌風險，但是在非國有企業裡更明顯。

10.3 數據樣本和研究方法

10.3.1 樣本選取和數據來源

為了考察盈餘管理對股價暴跌風險的影響，本章選取了 2004—2011 年中國證券市場的上市公司作為研究樣本。所採用數據均來自國泰安數據庫（CSMAR），並對所選樣本按照以下條件進行篩選。考慮到金融行業的特殊性，故對金融行業樣本予以剔除；由於創業板上市公司的成長性風險與主板和中小板不同，剔除了創業板的上市公司樣本；對有數據缺失的樣本，同時也給予剔除。按照上述條件篩選後，最後得到 8,834 個研究樣本。表 10.1 是研究樣本按年度分布的情況。

表 10.1　　　　　　　　　研究樣本的年度分布情況

年 度	公司數	比率（%）
2004	853	9.66
2005	977	11.05
2006	1,033	11.69
2007	1,058	11.98
2008	1,128	12.77
2009	1,234	13.97
2010	1,241	14.05
2011	1,310	14.83
合 計	8,834	100

註：比率為百分比，為當年的樣本數占總樣本的百分比率。

10.3.2　股價暴跌風險的計量

參照 Kim 等（2011）及許年行等（2012）的研究方法，本章採用兩種方法來度量公司的股價暴跌風險。

根據股價暴跌風險的研究，股價暴跌風險的測量，是以公司股票的特有周收益（Firm-Specific Weekly Return）為基礎進行計算。由此，在度量公司的股價暴跌風險之前，需要先測算公司股票的特有周收益。具體而言，公司股票的特有周收益，按模型（10-1）估計。

$$r_{i,t} = \alpha_i + \beta_{1i} r_{m,t-2} + \beta_{2i} r_{m,t-1} + \beta_{3i} r_{m,t} + \beta_{4i} r_{m,t+1} + \beta_{5i} r_{m,t+2} + \varepsilon_{i,t}$$
(10-1)

在模型（10-1）中，$r_{i,t}$ 為公司股票 i 在 t 周的考慮現金紅利再投資的收益率，$r_{m,t}$ 為市場在 t 周的經流通市值加權的市場收益率。為了控製市場非同步交易的影響，控製了市場前後兩期的周收益（Dimson，1979）。

採用公司的周收益數據放入模型（10-1）按公司年度進行迴歸，以迴歸估計的參差 $\varepsilon_{i,t}$ 來計算公司股票的特有周收益率 $W_{i,t}$，即 $W_{i,t} = \ln(1+\varepsilon_{i,t})$，表示為公司股票的周收益參差 $\varepsilon_{i,t}$ 加 1 之和的自然對數。

1. 負收益偏態系數 Ncskew

負收益偏態系數 Ncskew（Negative Coefficient of Skewness），衡量公司股票的特有周收益在一個年度的負偏向程度，代表了股票暴跌的傾向。負收益偏態系數值越大，意味著股價暴跌風險越高。負收益偏態系數，是以公司年度的股票特有周收益三階距之和的相反數與其三次方的標準差的比值來計量。具體計

算方法如公式（10-2）。

$$\text{Ncskew}_i = -\left[n(n-1)^{3/2}\sum W_{i,t}^3\right] \Big/ \left[(n-1)(n-2)\left(\sum W_{i,t}^2\right)^{3/2}\right] \tag{10-2}$$

在公式（10-2）中，n 為公司股票在一個年度中的交易周數。

2. 收益上下波動比 Duvol

收益上下波動比 Duvol（Down-to-Up Volatility），衡量公司股票的特有周收益在一個年度的漲跌波動比率，代表了股票暴跌的傾向。收益上下波動比的值越大，意味著股價暴跌風險越高。收益上下波動比，是將公司股票的特有周收益根據其當年的均值分為兩組，即高於當年均值的為收益向上組，低於當年均值的為收益向下組，然後計算收益向下組的標準差與收益向上組的標準差的比值，最後取該比值的自然對數來衡量。具體計算方法如公式（10-3）。

$$\text{Duvol}_i = \log\left[(n_u-1)\sum_{\text{Down}} W_{i,t}^2 \Big/ (n_d-1)\sum_{\text{Up}} W_{i,t}^2\right] \tag{10-3}$$

在公式（10-3）中，n_u 為公司股票的特有周收益高於當年均值的周數，n_d 為公司股票的特有周收益低於當年均值的周數。

10.3.3 盈餘管理的計量

1. 應計盈餘管理

DeChow 等（1995）認為，非操縱性應計會隨著經營環境的變化而變化，修正後的 Jones 模型在衡量經營環境變動情形下的操縱性應計的效果比較好。DeFond 和 Subramanyan（1998）發現經行業橫截面修正的 Jones 模型比時間序列修正後的 Jones 模型效度要好。由於中國上市公司的上市時間普遍不長，因此，本章採用修正的 Jones 模型（DeChow，等，1995）來估計操縱性應計，以此表徵應計盈餘管理。

$$\frac{\text{TA}_{i,t}}{A_{i,t-1}} = a_0\left(\frac{1}{A_{i,t-1}}\right) + a_1\left(\frac{\Delta\text{REV}_{i,t}}{A_{i,t-1}}\right) + a_2\left(\frac{\text{PPE}_{i,t}}{A_{i,t-1}}\right) + \varepsilon_{i,t} \tag{10-4}$$

首先，依照模型（10-4）分年度分行業進行橫截面迴歸。參考 DeChow 等（1995）的做法，要求每個行業的樣本數不少於 10 個，如果少於 10 個，則將其歸屬於相近的行業。$\text{TA}_{i,t}$ 是公司總應計利潤，為經營利潤減去經營活動現金流之差；$\Delta\text{REV}_{i,t}$ 為公司主營業務收入的變化額；$\text{PPE}_{i,t}$ 是公司固定資產帳面價值；$A_{i,t-1}$ 是公司的總資產。

其次，用模型（10-4）得到的迴歸系數代入模型（10-5）計算每個樣本的正常性應計 $\text{NDA}_{i,t}$。

$$NDA_{i,t} = a_0\left(\frac{1}{A_{i,t-1}}\right) + a_1\left(\frac{\Delta REV_{i,t} - \Delta REC_{i,t}}{A_{i,t-1}}\right) + a_2\left(\frac{PPE_{i,t}}{A_{i,t-1}}\right) \qquad (10-5)$$

在模型（10-5）裡，$\Delta REC_{i,t}$ 是公司應收帳款的變化額。操縱性應計 $DA_{i,t} = TA_{i,t} - NDA_{i,t}$。

2. 真實盈餘管理

參照 Roychowdhury（2006）及 Cohen 等（2008）的模型來估計真實盈餘管理，包括三個方面：異常經營現金流 AbCFO、異常生產成本 AbProd 和異常酌量性費用（如研發、銷售及管理費用）AbDisx。[①]

異常經營現金流 AbCFO，指公司經營活動產生的現金流的異常部分。它是由公司通過價格折扣和寬鬆的信用條款來進行產品促銷引起的，雖然，公司的促銷提高了當期的利潤，但是，降低了當期單位產品的現金流量，從而導致公司的異常經營現金流 AbCFO 下降。公司為了抬高會計利潤，通過價格折扣和寬鬆的信用條款等促銷方式來增加銷量從而形成超常銷售，產生「薄利多銷」的帳上利潤放大效應。但是，促銷形成的超常銷售，會降低單位產品的現金流量，而且，在既定的銷售收入現金實現水平下，還會增加公司的銷售應收款，增大公司壞帳產生的財務風險，進而降低公司的當期現金流。並且，超常銷售實際上已經超過公司正常銷售水平，會在一定程度上增加公司相關的銷售費用，吞噬公司的部分現金流。然而，只要產品銷售能帶來正的邊際利潤，超常銷售還是會抬高公司的會計利潤。因而最終的結果是，促銷形成的超常銷售抬高了公司當年利潤，卻因單位產品現金流量的降低和銷售費用的上升，出現異常經營現金流 AbCFO 偏低。

異常生產成本 AbProd，Roychowdhury（2006）及 Cohen 等（2008）將之定義為銷售成本與當年存貨變動額之和的異常部分。換言之，生產成本為銷售成本與當年存貨變動額之和。異常生產成本 AbProd，是由公司超量產品生產引起的，雖然公司的超量生產能降低單位產品的成本，提高產品的邊際利潤，從而提高公司的當期利潤，但是超量生產增加了其他生產成本和庫存成本，最後導致異常生產成本 AbProd 偏高。公司為了抬高會計利潤，通過超量生產來攤低單位產品承擔的固定成本，但是，超量生產實際上已經超過公司正常生產水平，會增加單位產品的邊際生產成本，然而，只要單位固定成本下降的幅度高於單位邊際生產成本上升的幅度，單位銷售成本就會出現下降，從而達到提高

[①] 異常經營現金流 AbCFO、異常生產成本 AbProd 和異常酌量性費用 AbDisx，都用上一年的總資產進行標準化。

公司業績的目的。但是，超量生產會導致產品大量積壓，增加公司的存貨成本，同時，也會增加其他生產的成本。在既定的銷量水平下，儘管超量生產通過降低單位銷售成本抬高了公司業績，但是邊際生產成本上升和存貨成本增加，最終導致生產成本偏高，即在會計上表現為銷售成本與當年增加的存貨成本之和的提升，也導致異常生產成本 AbProd 偏高。

異常酌量性費用 AbDisx，指公司研發、銷售及管理費用等酌量性費用的異常部分。它是公司為了提高當期利潤，削減研發、銷售及管理費用引起的，同時也會導致當期的現金流上升。公司為了抬高會計利潤，通過削減研發、廣告、維修和培訓等銷售和管理費用，造成公司當期的酌量性費用偏低，從而也讓公司的異常酌量性費用偏低。

（1）異常經營現金流 AbCFO

$$\frac{\text{CFO}_{jt}}{A_{j,\,t-1}} = a_1 \frac{1}{A_{j,\,t-1}} + a_2 \frac{\text{Sales}_{jt}}{A_{j,\,t-1}} + a_3 \frac{\Delta \text{Sales}_{jt}}{A_{j,\,t-1}} + \varepsilon_{jt} \tag{10-6}$$

首先，按模型（10-6）分年度分行業進行橫截面迴歸，要求每個行業的樣本數不少於 10 個，如果少於 10 個，則將其歸屬於相近的行業，下同。CFO_{jt} 是公司的經營現金流，Sales_{jt} 是公司的銷售額，ΔSales_{jt} 是公司銷售變化額。其次，通過迴歸得到的系數估計出每個樣本公司的正常經營現金流。最後，可算出異常經營現金流 AbCFO 為實際經營現金流與正常經營現金流的差值。

（2）異常生產成本 AbProd

$$\frac{\text{Prod}_{jt}}{A_{j,\,t-1}} = a_1 \frac{1}{A_{j,\,t-1}} + a_2 \frac{\text{Sales}_{jt}}{A_{j,\,t-1}} + a_3 \frac{\Delta \text{Sales}_{jt}}{A_{j,\,t-1}} + a_4 \frac{\Delta \text{Sales}_{j,\,t-1}}{A_{j,\,t-1}} + \varepsilon_{jt} \tag{10-7}$$

用模型（10-7）進行分年度分行業橫截面迴歸得到估計參數並據此計算各個樣本公司的正常生產成本，異常生產成本 AbProd 為實際生產成本與正常生產成本之差。Prod_{jt} 是公司的生產成本，為銷售成本與存貨變動額之和；Sales_{jt} 是公司當期的銷售額；ΔSales_{jt} 是公司當期的銷售變化額；$\Delta \text{Sales}_{j,t-1}$ 是公司上期的銷售變化額。

（3）異常酌量性費用 AbDisx

$$\frac{\text{Disx}_{jt}}{A_{j,\,t-1}} = a_1 \frac{1}{A_{j,\,t-1}} + a_2 \frac{\text{Sales}_{j,\,t-1}}{A_{j,\,t-1}} + \varepsilon_{jt} \tag{10-8}$$

依照模型（10-8）分年度分行業橫截面迴歸得到估計參數並據此計算各個樣本公司的正常酌量性費用。異常酌量性費用 AbDisx 為實際酌量性費用與正常酌量性費用之差。Disx_{jt} 是公司的酌量性費用，為研發、銷售及管理費用之和，考慮到中國財務報表把研發費用合併到了管理費用的情況，本章用銷售和管理費用替代；$\text{Sales}_{j,t-1}$ 是公司上期的銷售額。

以上三個指標，即異常經營現金流 AbCFO、異常生產成本 AbProd 和異常酌量性費用 AbDisx，體現了真實盈餘管理的三種具體行為。公司向上操縱利潤，可能採用真實盈餘管理的一種行為或多種行為：低異常經營現金流 AbCFO，高異常生產成本 AbProd，抑或低異常酌量性費用 AbDisx。為了系統考量真實盈餘管理的三種具體行為，仿照 Cohen 等（2008）及 Badertscher（2011）的做法，將三個指標聚集成一個綜合指標，綜合真實盈餘管理 RM＝－AbCFO＋AbProd－AbDisx。綜合真實盈餘管理指標 RM，表示其值越高，公司通過真實盈餘管理向上操縱的利潤越大。

10.3.4 迴歸模型

為了檢驗本章的研究假設，本章參照 Hutton 等（2009）及 Kim 等（2011）的模型，構建如下檢驗模型：

$$\text{Crashrisk} = \alpha_0 + \alpha_1 \text{EM} + \sum \beta_i \text{Control}_i + \varepsilon \tag{10-9}$$

因變量：股價暴跌風險 Crashrisk，採用 Kim 等（2011）及許年行等（2012）的方法，分別用負收益偏態系數 Ncskew 和收益上下波動比 Duvol 來衡量。負收益偏態系數 Ncskew 越大，股價暴跌風險也就越大。同樣，收益上下波動比 Duvol 越大，股價暴跌風險也就越大。

解釋變量：盈餘管理 EM，以修正的 Jones 模型估計的應計盈餘管理 DA 和真實盈餘管理 RM＝－AbCFO＋AbProd－AbDisx 的前三年絕對值之和來分別衡量，其中，真實盈餘管理為異常經營現金流 AbCFO、異常生產成本 AbProd 和異常酌量性費用 AbDisx 三個指標的集合指標。

控制變量 Control，具體包括如下變量：

投資者異質信念 Dturn，採用當年的月平均換手率與上一年的月平均換手率之差衡量。放入該變量，用來控制投資者異質信念的影響。

分析師跟蹤人數 Analyst，採用 Analyst＝ln（1＋分析師跟蹤人數）來衡量。放入該變量，用來控制分析師跟蹤人數的影響。

資產負債率 Lev，採用負債與總資產的比率衡量。放入該變量，用來控制公司財務風險的影響。

公司業績 ROA，採用總資產營業利潤來衡量。放入該變量，用來控制公司業績的影響。

市淨率 MB，以股東權益的市值與其帳面價值之比來衡量。放入該變量，用來控制公司成長性的影響。

公司的市值規模 Size，採用公司市值的自然對數衡量。放入該變量，用來控制公司規模的影響。

年度變量 Year，用來控製年度固定效應的影響。

行業變量 Industry，用來控製行業固定效應的影響。

此外，為了控製連續變量的極端值的影響，本章對模型中的所有連續變量均進行 1% 水平的 Winsorize 處理。

10.4 實證結果及分析

10.4.1 描述性統計分析

表 10.2 是迴歸模型中各變量的描述性統計分析結果。可以發現，負收益偏態系數 Ncskew，在國有企業的均值為 -0.173,3，在統計上顯著低於非國有企業的均值 -0.130,3。同樣，收益上下波動比 Duvol，在國有企業的均值為 -0.061,9，在統計上顯著低於非國有企業的均值 -0.047,7。這表明，從負收益偏態系數 Ncskew 和收益上下波動比 Duvol 來看，國有企業的股價暴跌風險要顯著低於非國有企業。應計盈餘管理的前三年絕對值 DA，在國有企業的均值為 0.197,2，在統計上顯著低於非國有企業的均值 0.248,1。真實盈餘管理的前三年絕對值 RM，在國有企業的均值為 0.461,3，在統計上顯著低於非國有企業的均值 0.562,6。這表明，國有企業的應計盈餘管理和真實盈餘管理的前三年絕對值都要顯著低於非國有企業。

投資者異質信念 Dturn，在國有企業的均值為 -0.012,0，要低於非國有企業的均值 0.001,9。這表明投資者對非國有企業的異質信念更嚴重。分析師跟蹤數量 Analyst，在國有企業的均值為 0.963,9，進行自然對數轉換減 1 後為 1.62，在統計上顯著高於非國有企業的均值 0.762,0，進行自然對數轉換減 1 後為 1.14。這表明國有企業受到更多的分析師跟蹤。資產負債率 Lev，在國有企業的均值為 0.527,4，在統計上顯著低於非國有企業的均值 0.572,6。這表明國有企業的財務風險要低於非國有企業。公司業績 ROA，在國有企業的均值為 0.026,9，在統計上顯著高於非國有企業的均值 0.014,6。這表明國有企業的業績要好於非國有企業。市淨率 MB，在國有企業的均值為 3.334,0，在統計上顯著低於非國有企業的均值 4.127,0。這表明國有企業的成長性要低於非國有企業。公司的市值規模 Size，在國有企業的自然對數均值為 21.838,0，進行自然對數轉換後為 30.5 億元，在統計上顯著高於非國有企業的均值 21.484,3，進行自然對數轉換後為 21.4 億元。這表明國有企業的市值規模普遍要高於非國有企業。

表 10.2　　　　　　　　　描述性統計分析結果

	國有企業 均值	非國有企業 均值	t	z
Ncskew	−0.173,3	−0.130,3	−3.71***	−3.99***
Duvol	−0.061,9	−0.047,7	−3.44***	−3.74***
DA	0.197,2	0.248,1	−13.36***	−14.70***
RM	0.461,3	0.562,6	−10.28***	−10.53***
Dturn	−0.012,0	0.001,9	−1.58	−1.72*
Analyst	0.963,9	0.762,0	8.67***	8.78***
Lev	0.527,4	0.572,6	−6.91***	−3.78***
ROA	0.026,9	0.014,6	4.98***	1.76*
MB	3.334,0	4.127,0	−7.29***	−10.65***
Size	21.838,0	21.484,3	14.44***	13.16***

註：
①應計盈餘管理 DA，採用其前三年的絕對值之和來衡量。真實盈餘管理 RM，採用其前三年的絕對值之和來衡量。
②t 值是均值檢驗得到的統計值，z 值是 Wilcoxon 秩檢驗得到統計值。「*」「**」和「***」分別表示在 10%、5%和 1%水平下統計顯著（雙尾檢驗），下同。

10.4.2　迴歸分析

1. 相關性分析

表 10.3 為因變量與解釋變量的 Pearson 相關性分析結果。可以發現，負收益偏態系數 Ncskew 與應計盈餘管理 DA 正相關，但在統計上不顯著。負收益偏態系數 Ncskew 與真實盈餘管理 RM 正相關，但在統計上不顯著。收益上下波動比 Duvol 與應計盈餘管理 DA 正相關，但在統計上不顯著。收益上下波動比 Duvol 與真實盈餘管理 RM 正相關，但在統計上不顯著。進一步的分析有待於多元迴歸的檢驗。

表 10.3　　　　　　因變量與解釋變量的相關性分析結果

	Ncskew	Duvol	DA	RM
Ncskew	1			
Duvol	0.863,7***	1		
DA	0.011,6	0.003,3	1	
RM	0.014,0	0.008,6	0.382,9***	1

註：相關性分析採用的是 Pearson 相關性分析。「*」表示在 10%水平下統計顯著，「**」表示在 5%水平下統計顯著，「***」表示在 1%水平下統計顯著，下同。

2. 迴歸結果及分析

表 10.4 是應計盈餘管理和真實盈餘管理與股價暴跌風險的迴歸結果。可以發現，在以負收益偏態系數 Ncskew 衡量股價暴跌風險 Crashrisk 的迴歸結果裡，應計盈餘管理 DA 的迴歸系數為 0.011,9，在統計上不顯著，真實盈餘管理 RM 的迴歸系數為 0.035,4，在統計上顯著為正。在細分樣本迴歸後，應計盈餘管理 DA 的迴歸系數仍然不顯著。真實盈餘管理 RM 的迴歸系數，在國有企業的樣本裡統計上不顯著，在非國有企業的樣本裡統計上顯著為正。並且，對真實盈餘管理 RM 和應計盈餘管理 DA 的迴歸系數進行差異檢驗，發現兩者沒有顯著差異。這表明，應計盈餘管理沒有提高公司的股價暴跌風險，真實盈餘管理顯著提高了公司的股價暴跌風險，但是僅體現在非國有企業。本章的假設 H1 和假設 H2 得到部分支持。

在以收益上下波動比 Duvol 衡量股價暴跌風險 Crashrisk 的迴歸結果裡，應計盈餘管理 DA 的迴歸系數為 -0.001,8，在統計上不顯著，真實盈餘管理 RM 的迴歸系數為 0.012,5，在統計上顯著為正。在細分樣本迴歸後，應計盈餘管理 DA 的迴歸系數仍然不顯著；真實盈餘管理 RM 的迴歸系數，在國有企業的樣本裡統計上不顯著，在非國有企業的樣本裡統計上顯著為正。並且，對真實盈餘管理 RM 和應計盈餘管理 DA 的迴歸系數進行差異檢驗，發現兩者沒有顯著差異。這表明，應計盈餘管理沒有提高公司的股價暴跌風險，真實盈餘管理顯著提高了公司的股價暴跌風險，但是僅體現在非國有企業。本章的假設 H1 和假設 H2 得到部分支持。

在控製變量的迴歸結果方面，投資者異質信念 Dturn 的迴歸系數顯著為正，表明投資者異質信念越大，公司股價暴跌風險越高。分析師跟蹤人數 Analyst 的迴歸系數在統計上顯著為正，表明分析師跟蹤人數越多，公司股價暴跌風險越高。公司業績 ROA 對股價暴跌風險 Crashrisk 的迴歸系數在統計上顯著為負，表明公司的業績越好，公司股價暴跌風險越小。公司市淨率 MB 的迴歸系數在統計上顯著為正，表明公司的成長性越大，公司股價暴跌風險越高。公司市值規模 Size 的迴歸系數在統計上顯著為負，表明公司的市值規模越大，公司股價暴跌風險越小。

表 10.4　應計盈餘管理和真實盈餘管理與股價暴跌風險的迴歸結果

	因變量：Crashrisk					
	Crashrisk = Ncskew			Crashrisk = Duvol		
	全樣本	國有企業	非國有企業	全樣本	國有企業	非國有企業
Constant	0.499,5	0.278,1	0.639,8	0.171,7	0.100,7	0.203,8
	(2.78)***	(1.32)	(1.70)*	(2.74)***	(1.38)	(1.50)
DA	0.011,9	−0.007,5	0.015,5	−0.001,8	−0.013,6	0.009,9
	(0.32)	(−0.16)	(0.24)	(−0.14)	(−0.82)	(0.44)
RM	0.035,4	0.018,7	0.047,1	0.012,5	0.006,9	0.017,6
	(2.27)**	(0.93)	(1.88)*	(2.27)**	(0.99)	(1.95)*
Dturn	0.078,7	0.039,3	0.150,5	0.036,3	0.018,7	0.068,8
	(3.86)***	(1.61)	(4.05)***	(4.80)***	(2.05)**	(5.10)***
Analyst	0.042,1	0.040,6	0.049,4	0.013,4	0.013,5	0.014,3
	(5.53)***	(4.50)***	(3.37)***	(4.95)***	(4.22)***	(2.69)***
Lev	0.013,9	−0.017,1	0.044,7	−0.003,5	−0.011,9	0.002,6
	(0.61)	(−0.57)	(1.22)	(−0.43)	(−1.07)	(0.21)
ROA	−0.308,5	−0.367,1	−0.235,9	−0.123,6	−0.148,2	−0.094,1
	(−4.98)***	(−4.48)***	(−2.43)**	(−5.40)***	(−4.81)***	(−2.68)***
MB	0.006,7	0.009,9	0.002,9	0.002,3	0.003,1	0.001,3
	(4.93)***	(5.27)***	(1.47)	(4.58)***	(4.55)***	(1.72)*
Size	−0.037,6	−0.028,8	−0.042,5	−0.012,4	−0.009,4	−0.013,7
	(−4.57)***	(−2.98)***	(−2.45)**	(−4.32)***	(−2.81)***	(−2.19)**
Year	Yes	Yes	Yes	Yes	Yes	Yes
Industry	Yes	Yes	Yes	Yes	Yes	Yes
N	8,834	6,290	2,544	8,834	6,290	2,544
Adj. R^2	0.098	0.096	0.106	0.092	0.089	0.102
F	29.633,9***	21.635,4***	10.265,5***	27.986,7***	20.261,7***	9.666,4***

註：

①因變量為股價暴跌風險 Crashrisk，分別採用負收益偏態系數 Ncskew 和收益上下波動比 Duvol 衡量。解釋變量 DA，為應計盈餘管理，以其前三年的絕對值之和計量，RM 為真實盈餘管理，以其前三年的絕對值之和計量。Year 和 Industry，為年度和行業變量。

②括號裡的為 t 值，經過了 White 異方差矯正。「*」「**」和「***」分別表示在 10%、5% 和 1% 水平下統計顯著，下同。

10.4.3 穩健性測試

為了檢驗上述結論的穩健性，本章進行了如下敏感性測試。

(1) 採用 Hutton 等（2009）及潘越等（2011）的方法衡量股價暴跌風險。同樣以負收益偏態系數 Ncskew1 和收益上下波動比 Duvol1 這兩個指標來分別衡量股價暴跌風險。在計算公司股票的特有周收益上，採用下列模型（10-10）進行估計。

$$r_{i,t} = \alpha_i + \beta_{1i} r_{m,t-1} + \beta_{2i} r_{i,t-1} + \beta_{3i} r_{m,t} + \beta_{4i} r_{i,t} + \beta_{5i} r_{m,t+1} + \beta_{6i} r_{i,t+2} + \varepsilon_{i,t}$$
(10-10)

在模型（10-10）中，$r_{i,t}$ 為公司股票 i 在 t 周的考慮現金紅利再投資的收益率，$r_{m,t}$ 為市場在 t 周的經流通市值加權的收益率，$\varepsilon_{i,t}$ 為公司所在行業在 t 周的經流通市值加權的行業收益率。為了控制市場非同步交易的影響，控制了市場前後一期的周收益（Dimson，1979）。

採用公司的周收益數據放入模型（10-10）按公司年度進行迴歸，以迴歸估計的參差 $\varepsilon_{i,t}$ 來計算公司股票的特有周收益率 $W_{i,t}$，即 $W_{i,t} = \ln(1 + \varepsilon_{i,t})$，表示為公司股票的周收益參差 $\varepsilon_{i,t}$ 加 1 之和的自然對數。

負收益偏態系數 Ncskew1 和收益上下波動比 Duvol1 的計算方法與上文的一致，並以這兩者計算的數值來衡量公司的股價暴跌風險。負收益偏態系數 Ncskew1 和收益上下波動比 Duvol1 的值越大，公司的股價暴跌風險越高。

表 10.5 是採用 Hutton 等（2009）及潘越等（2011）的方法估計的股價暴跌風險的迴歸結果。可以發現，迴歸結果與前文的結論一致。

在以負收益偏態系數 Ncskew1 和收益上下波動比 Duvol1 的迴歸結果裡，應計盈餘管理 DA 的迴歸系數在統計上不顯著，真實盈餘管理 RM 的迴歸系數在統計上顯著為正。在細分樣本迴歸後，應計盈餘管理 DA 的迴歸系數仍然不顯著，真實盈餘管理 RM 的迴歸系數，在國有企業的樣本裡統計上不顯著，在非國有企業的樣本裡統計上顯著為正。並且，對真實盈餘管理 RM 和應計盈餘管理 DA 的迴歸系數進行差異檢驗，發現兩者沒有顯著差異。這表明，應計盈餘管理沒有提高公司的股價暴跌風險，真實盈餘管理顯著提高了公司的股價暴跌風險，但是僅體現在非國有企業。經驗數據表明，本章的結論依然穩健。

表 10.5　應計盈餘管理和真實盈餘管理與股價暴跌風險的迴歸結果

	因變量：Crashrisk					
	Crashrisk = Ncskew1			Crashrisk = Duvol1		
	全樣本	國有企業	非國有企業	全樣本	國有企業	非國有企業
Constant	−0.395,1	−0.668,2	−0.051,6	−0.122,8	−0.237,3	0.006,5
	(−2.23)**	(−3.19)***	(−0.14)	(−1.96)**	(−3.21)***	(0.05)
DA	0.054,2	0.030,7	0.054,6	0.018,9	0.005,4	0.023,7
	(1.44)	(0.65)	(0.87)	(1.43)	(0.32)	(1.09)
RM	0.025,7	0.008,7	0.045,8	0.008,7	0.000,4	0.019,1
	(1.70)*	(0.44)	(1.91)*	(1.62)	(0.06)	(2.23)**
Dturn	0.035,4	0.036,7	0.034,9	0.034,0	0.028,7	0.045,4
	(1.75)*	(1.49)	(0.98)	(4.67)***	(3.22)***	(3.58)***
Analyst	0.031,3	0.034,8	0.021,3	0.012,6	0.014,5	0.007,0
	(4.09)***	(3.79)***	(1.50)	(4.65)***	(4.46)***	(1.37)
Lev	0.040,9	0.042,9	0.020,3	0.013,9	0.014,8	0.003,9
	(1.79)*	(1.42)	(0.55)	(1.69)*	(1.36)	(0.30)
ROA	−0.290,9	−0.341,9	−0.232,0	−0.111,0	−0.140,6	−0.077,0
	(−4.66)***	(−4.16)***	(−2.37)**	(−4.88)***	(−4.58)***	(−2.20)**
MB	0.006,8	0.009,8	0.002,9	0.002,1	0.003,0	0.000,8
	(5.02)***	(5.27)***	(1.43)	(4.33)***	(4.44)***	(1.10)
Size	0.002,0	0.012,1	−0.009,7	0.000,3	0.004,9	−0.004,5
	(0.25)	(1.27)	(−0.59)	(0.09)	(1.45)	(−0.78)
Year	Yes	Yes	Yes	Yes	Yes	Yes
Industry	Yes	Yes	Yes	Yes	Yes	Yes
N	8,834	6,290	2,544	8,834	6,290	2,544
Adj. R^2	0.071	0.074	0.066	0.075	0.076	0.077
F	21.059,3***	16.265,8***	6.515,3***	22.333,7***	16.769,9***	7.491,9***

註：

①因變量為股價暴跌風險 Crashrisk，採用 Hutton 等（2009）及潘越等（2011）的方法估計的負收益偏態系數 Ncskew1 和收益上下波動比 Duvol1 來衡量。解釋變量 DA，為應計盈餘管理，以其前三年的絕對值之和計量；RM 為真實盈餘管理，以其前三年的絕對值之和計量。Year 和 Industry，為年度和行業變量。

②括號裡的為 t 值，經過了 White 異方差矯正。「*」「**」和「***」分別表示在 10%、5% 和 1% 水平下統計顯著，下同。

（2）在前文的分析中，採用的是修正的 Jones 模型（DeChow，等，1995）來估計應計盈餘管理。在這裡，採用 Jones 模型（Jones，1991）來估計應計盈餘管理，以此檢驗上述結論的穩健性。採用 Jones 模型估計的應計盈餘管理的迴歸結果，顯示於表 10.6 和表 10.7。可以發現，本章的結論仍然穩健。

（3）在前面的考察中，借鑑 Roychowdhury（2006）及 Cohen 等（2008）的方法，採用 RM = -AbCFO+AbProd-AbDisx 來綜合衡量真實盈餘管理。由於異常經營現金流 AbCFO 對真實盈餘管理的影響方向並不是非常確定的，借鑑 Zang（2012）的方法，採用 RM_1 = +AbProd-AbDisx 來衡量真實盈餘管理，即真實盈餘管理 RM_1 是異常生產成本 AbProd 與異常酌量性費用 AbDisx 的集合變量。重新檢驗的結果見表表 10.6 和表 10.7。可以發現，本章的結論仍然穩健。

表 10.6 是採用 Jones 模型估計的應計盈餘管理和以 RM_1 = +AbProd-AbDisx 衡量的真實盈餘管理對股價暴跌風險進行迴歸的結果。可以發現，在以負收益偏態係數 Ncskew 和收益上下波動比 Duvol 的迴歸結果裡，應計盈餘管理 DA 的迴歸係數在統計上不顯著，真實盈餘管理 RM_1 的迴歸係數在統計上顯著為正。在細分樣本迴歸後，應計盈餘管理 DA 的迴歸係數仍然不顯著，真實盈餘管理 RM_1 的迴歸係數，在國有企業的樣本裡統計上不顯著，而在非國有企業的樣本裡統計上顯著為正。並且，對真實盈餘管理 RM_1 和應計盈餘管理 DA 的迴歸係數進行差異檢驗，發現兩者沒有顯著差異。這表明，應計盈餘管理沒有提高公司的股價暴跌風險，真實盈餘管理顯著提高了公司的股價暴跌風險，但是僅體現在非國有企業。經驗數據表明，上述的結論依然穩健。

表 10.6 應計盈餘管理和真實盈餘管理與股價暴跌風險的迴歸結果

	因變量：Crashrisk					
	Crashrisk = Ncskew			Crashrisk = Duvol		
	全樣本	國有企業	非國有企業	全樣本	國有企業	非國有企業
Constant	0.480,6	0.270,4	0.611,9	0.165,7	0.098,7	0.193,4
	(2.67)***	(1.28)	(1.63)	(2.63)***	(1.35)	(1.42)
DA	0.013,5	-0.009,8	0.022,8	0.000,5	-0.012,0	0.012,3
	(0.37)	(-0.22)	(0.37)	(0.04)	(-0.76)	(0.56)
RM_1	0.066,3	0.038,2	0.083,8	0.021,1	0.010,0	0.031,7
	(3.29)***	(1.44)	(2.62)***	(2.95)***	(1.09)	(2.74)***
Dturn	0.078,7	0.039,4	0.150,1	0.036,3	0.018,7	0.068,7
	(3.86)***	(1.62)	(4.05)***	(4.79)***	(2.05)**	(5.09)***
Analyst	0.041,4	0.040,3	0.047,5	0.013,2	0.013,5	0.013,6
	(5.44)***	(4.47)***	(3.22)***	(4.89)***	(4.23)***	(2.55)**

表10.6(續)

	因變量：Crashrisk					
	Crashrisk = Ncskew			Crashrisk = Duvol		
	全樣本	國有企業	非國有企業	全樣本	國有企業	非國有企業
Lev	0.012,2	−0.017,7	0.040,7	−0.004,2	−0.012,1	0.001,2
	(0.54)	(−0.59)	(1.11)	(−0.51)	(−1.09)	(0.09)
ROA	−0.315,1	−0.370,8	−0.246,3	−0.124,8	−0.147,6	−0.098,1
	(−5.09)***	(−4.53)***	(−2.53)**	(−5.48)***	(−4.81)***	(−2.80)***
MB	0.006,6	0.009,9	0.002,7	0.002,3	0.003,1	0.001,2
	(4.83)***	(5.24)***	(1.34)	(4.50)***	(4.54)***	(1.58)
Size	−0.037,0	−0.028,6	−0.041,5	−0.012,2	−0.009,3	−0.013,3
	(−4.50)***	(−2.96)***	(−2.41)**	(−4.25)***	(−2.78)***	(−2.14)**
Year	Yes	Yes	Yes	Yes	Yes	Yes
Industry	Yes	Yes	Yes	Yes	Yes	Yes
N	8,834	6,290	2,544	8,834	6,290	2,544
Adj. R^2	0.099	0.096	0.107	0.093	0.089	0.103
F	29.770,5***	21.644,6***	10.404,1***	28.078,4***	20.258,7***	9.834,6***

註：

①因變量為股價暴跌風險 Crashrisk，分別採用負收益偏態系數 Ncskew 和收益上下波動比 Duvol 衡量。解釋變量 DA，為採用 Jones 模型估計的應計盈餘管理，以其前三年的絕對值之和計量，真實盈餘管理 RM_1 = +AbProd−AbDisx，以其前三年的絕對值之和計量。Year 和 Industry，為年度和行業變量。

②括號裡的為 t 值，經過了 White 異方差矯正。「*」「**」和「***」分別表示在10%、5%和1%水平下統計顯著，下同。

表 10.7 是採用 Jones 模型估計的應計盈餘管理和以 RM_1 = +AbProd−AbDisx 衡量的真實盈餘管理對股價暴跌風險進行迴歸的結果。股價暴跌風險 Crashrisk，採用 Hutton 等（2009）及潘越等（2011）的方法估計的負收益偏態系數 Ncskew1 和收益上下波動比 Duvol1 來衡量。可以發現，在以負收益偏態系數 Ncskew1 和收益上下波動比 Duvol1 的迴歸結果裡，應計盈餘管理 DA 的迴歸系數在統計上顯著為正，真實盈餘管理 RM_1 的迴歸系數在統計上顯著為正。但是，在細分樣本迴歸後，應計盈餘管理 DA 的迴歸系數，在國有企業和非國有企業樣本裡都不顯著。真實盈餘管理 RM_1 的迴歸系數，在國有企業的樣本裡統計上不顯著，而在非國有企業的樣本裡統計上顯著為正。並且，對真實盈餘管理 RM_1 和應計盈餘管理 DA 的迴歸系數進行差異檢驗，發現兩者沒有顯著差異。這表明，應計盈餘管理沒有提高公司的股價暴跌風險，真實盈餘管理顯著提高了公司的股價暴跌風險，但是僅體現在非國有企業。經驗數據表明，上

述的結論依然穩健。

表 10.7　應計盈餘管理和真實盈餘管理與股價暴跌風險的迴歸結果

	因變量：Crashrisk						
	Crashrisk = Ncskew1			Crashrisk = Duvol1		
	全樣本	國有企業	非國有企業	全樣本	國有企業	非國有企業
Constant	−0.406,8	−0.670,4	−0.082,7	−0.126,3	−0.237,0	−0.006,8
	(−2.29)**	(−3.20)***	(−0.23)	(−2.02)**	(−3.21)***	(−0.05)
DA	0.061,6	0.034,1	0.066,7	0.021,9	0.006,9	0.027,8
	(1.70)*	(0.75)	(1.08)	(1.72)*	(0.43)	(1.32)
RM_1	0.041,5	0.018,1	0.064,5	0.011,7	−0.000,2	0.025,5
	(2.12)**	(0.70)	(2.10)**	(1.69)*	(−0.02)	(2.31)**
Dturn	0.035,3	0.036,8	0.034,5	0.034,0	0.028,7	0.045,3
	(1.75)*	(1.49)	(0.97)	(4.66)***	(3.22)***	(3.57)***
Analyst	0.031,1	0.034,7	0.020,5	0.012,6	0.014,5	0.006,7
	(4.06)***	(3.78)***	(1.43)	(4.65)***	(4.48)***	(1.30)
Lev	0.039,8	0.042,0	0.018,1	0.013,7	0.014,7	0.003,3
	(1.75)*	(1.40)	(0.49)	(1.67)*	(1.35)	(0.25)
ROA	−0.293,3	−0.344,1	−0.235,0	−0.110,8	−0.140,3	−0.077,5
	(−4.71)***	(−4.19)***	(−2.40)**	(−4.88)***	(−4.59)***	(−2.21)**
MB	0.006,7	0.009,7	0.002,7	0.002,1	0.003,0	0.000,7
	(4.96)***	(5.25)***	(1.34)	(4.30)***	(4.44)***	(1.01)
Size	0.002,4	0.012,1	−0.008,4	0.000,4	0.004,9	−0.003,9
	(0.30)	(1.27)	(−0.51)	(0.14)	(1.44)	(−0.68)
Year	Yes	Yes	Yes	Yes	Yes	Yes
Industry	Yes	Yes	Yes	Yes	Yes	Yes
N	8,834	6,290	2,544	8,834	6,290	2,544
Adj. R^2	0.071	0.074	0.066	0.075	0.076	0.077
F	21.087,4***	16.271,4***	6.519,9***	22.332,5***	16.771,4***	7.481,7***

註：

①因變量為股價暴跌風險 Crashrisk，採用 Hutton 等（2009）及潘越等（2011）的方法估計的負收益偏態系數 Ncskew1 和收益上下波動比 Duvol1 來衡量。解釋變量 DA，為採用 Jones 模型估計的應計盈餘管理，以其前三年的絕對值之和計量，真實盈餘管理 RM_1 = +AbProd−AbDisx，以其前三年的絕對值之和計量。Year 和 Industry，為年度和行業變量。

②括號裡的為 t 值，經過了 White 異方差矯正。「*」「**」和「***」分別表示在 10%、5% 和 1% 水平下統計顯著，下同。

10.5 本章小結

本章基於中國證券市場的數據，考察應計盈餘管理和真實盈餘管理對股價暴跌風險的影響以及在不同產權性質企業中可能存在的差異。國內外關於應計盈餘管理與真實盈餘管理對上市公司股價暴跌風險影響的研究，還相對有限。特別是基於中國的製度背景，考察應計盈餘管理與真實盈餘管理在不同產權性質公司中對股價暴跌風險的影響及其差異，更是比較缺乏。由此，本章結合中國的製度背景，系統考察應計盈餘管理與真實盈餘管理對股價暴跌風險的影響以及在不同產權性質企業中的差異。

盈餘管理會降低會計信息質量，提高公司的股價暴跌風險。在不同的產權性質公司中，盈餘管理的水平會有所差異，進而盈餘管理對公司的股價暴跌風險的影響也會有所不同。在中國的製度背景下，中國國有企業受政府的庇護比發達市場國家的國有企業所受更多，包括在財政上的預算軟約束和在融資、產業發展上的政策扶持。因而，國有企業的盈餘管理水平可能相對於非國有企業較低。進而，在對股價暴跌風險的影響上，國有企業的盈餘管理可能沒有如非國有企業的盈餘管理那麼明顯。這意味著，在不同產權性質的公司中，盈餘管理對公司股價暴跌風險的影響可能存在差異。

本章採用中國證券市場上 2004—2011 年的上市公司數據研究發現，應計盈餘管理並沒有提高公司的股價暴跌風險，真實盈餘管理顯著提高了公司的股價暴跌風險，但僅在非國有企業中體現。進一步分析發現，導致這一情形的原因在於，應計盈餘管理與真實盈餘管理在非國有企業中相對較高。同時，也可能是由於非國有企業沒有受到與國有企業一樣的政治庇護。

本章的啟示如下：

（1）真實盈餘管理會提高公司的股價暴跌風險，因而，加大對真實盈餘管理的治理，對中國證券市場的健康發展具有重要的意義。

（2）真實盈餘管理顯著提高了非國有企業的股價暴跌風險，而對國有企業的股價暴跌風險沒有產生作用。這說明需要進一步加強中國上市公司的治理，特別需要充分揭露國有企業的風險並強化市場機制的作用，從而促進中國資本市場的健康發展。

11　性別差異、職業階段與審計獨立性

　　本章基於中國資本市場的數據，從職業風險、法律風險和職業道德考察簽字會計師的性別差異對審計獨立性的影響。現有的研究關於簽字會計師的性別差異對審計獨立性影響的經驗考察比較有限，並且研究觀點存在爭議。

　　在中國這樣一個典型的轉型經濟國家，法律保護水平較低，規避由審計失敗帶來的法律風險，對審計人員而言就顯得不是最重要。同時，低法律風險會導致對堅守職業道德的激勵不夠，從而容易讓審計人員出現「懈怠」問題。這樣，法律風險和職業道德可能不足以有效促使女性審計人員的獨立性比男性更高，而職業風險可能導致性別差異對審計獨立性具有顯著影響。原因在於，中國傳統的「重男輕女」思想形成的性別差異，讓女性審計人員面臨的職業風險更大。由於其規避風險的本性偏好，為了個人的職業發展，女性審計人員的獨立性可能比男性偏低。

　　此外，根據 Super 的職業階段（Career Stages）理論，職業風險會隨著職業階段的不同而出現波動。這意味著，性別差異對審計獨立性的影響可能會遭受來自審計人員不同職業階段的調節作用。因此，本章將職業階段納入分析性別差異對審計獨立性的影響。

　　本章從中國註冊會計師協會網站手工收集 2007—2010 年中國上市公司審計報告的簽字會計師信息，以此為研究樣本進行考察。研究發現，在中國資本市場上，簽字會計師的性別差異在總體上對審計獨立性沒有顯著影響。而將職業階段納入分析時，簽字會計師的性別差異對審計獨立性有顯著影響，但只體現在職業階段的早期和晚期，說明性別差異對審計獨立性的影響會受到職業階段的調節作用。並且，這種影響表現為，相對於男性簽字會計師，女性的獨立性偏低，說明性別差異對審計獨立性的影響主要受職業風險的驅動，而非法律

風險和職業道德。本研究拓展和豐富了審計獨立性個體層面的研究，並提供直接的經驗證據，也為中國證券審計市場的健康發展提供一定的啟示。

本章的結構安排如下：第一部分為引言，第二部分為理論分析和研究假設，第三部分為數據樣本和研究方法，第四部分為實證結果及分析，第五部分為研究結論和啟示。

11.1 引言

審計獨立性會受到會計師事務所審計工作人員的個體特徵影響。DeFond 和 Francis（2005）明確指出，審計獨立性的研究應拓展到會計師事務所的個體層面進行考察。在會計師事務所審計工作人員的個體特徵中，性別差異（Gender Differences）① 是影響審計獨立性的一個尤其重要的因素（Birnberg, 2011）。

然而，學術界考察簽字會計師的性別差異對審計獨立性影響的經驗研究比較有限，並且存在爭議，究其原因受到三個方面的挑戰。其一，絕大多數國家僅要求審計報告上簽署會計師事務所的名字，無須簽署負責該公司審計的會計師名字，使得很難獲得簽字會計師的個體信息進行經驗研究。其二，儘管在澳大利亞、歐盟國家、中國等少數國家和地區，要求簽署負責審計的會計師名字，但是在不同國家或地區的製度背景下，會計師面臨的風險壓力會有差異。其三，簽字會計師的性別差異對審計獨立性的影響，可能會受到簽字會計師職業階段等因素的調節作用。

關於性別差異對審計獨立性的影響，學術界存在兩種觀點。一種觀點認為，由於審計人員受到會計師事務所一致的訓練和管理，審計人員的獨立性會表現出等同性，因而性別差異不會顯著影響審計獨立性（Jeppesen, 2007）。另外一種觀點認為，不同性別的審計人員在審計過程中，其風險偏好、判斷和決策上具有個體差異，因而審計人員之間的性別差異會顯著影響審計獨立性（Miller, 1992; Church, 等, 2008）。

儘管性別差異會影響審計獨立性的觀點得到學術界大多數學者的認同，但是在其影響的表現上存在爭議。爭議的一方認為，女性審計人員的獨立性更

---

① 性別差異（Gender Differences），指男性與女性之間的差異，即男女有別。本章的性別差異，指簽字會計師在性別上的差異。

高，因為她們更規避風險並有更高的職業道德（Bernardi & Arnold, 1997; Byrnes, 等, 1999）。而爭議的另一方認為，女性審計人員的獨立性可能更低，原因在於：為了規避職業風險，她們不願與客戶公司出現分歧而影響個人的職業發展（Hossain & Chapple, 2012）。

本章利用中國證券市場數據，著重從職業風險、法律風險和職業道德考察性別差異對審計獨立性的影響，旨在為該領域的研究提供新的認識和經驗證據。

在中國這樣一個典型的轉型經濟國家，法律保護水平較低，規避由審計失敗帶來的法律風險①，對審計人員而言就顯得不是最重要。同時，低法律風險會導致對堅守職業道德的激勵不夠而容易出現「懈怠」問題。這樣，法律風險和職業道德可能不足以有效促使女性審計人員的獨立性比男性更高，而職業風險②可能導致性別差異對審計獨立性具有顯著影響。原因在於：中國傳統的「重男輕女」思想形成的性別差異，讓女性審計人員面臨的職業風險更大。由於其規避風險的本性偏好，為了個人的職業發展，女性審計人員的獨立性可能比男性偏低。

此外，根據Super（1957）的職業階段（Career Stages）理論，職業風險會隨著職業階段的不同而出現波動。這意味著，性別差異對審計獨立性的影響可能會遭受來自審計人員不同職業階段的調節作用。因此，本章將職業階段納入分析性別差異對審計獨立性的影響。

本章從中國註冊會計師協會網站手工收集2007—2010年中國上市公司審計報告的簽字會計師信息為樣本進行考察。研究發現，在中國資本市場上，簽字會計師的性別差異在總體上對審計獨立性沒有顯著影響。而將職業階段納入分析時，簽字會計師的性別差異對審計獨立性有顯著影響，但只體現在職業階段的早期和晚期，說明性別差異對審計獨立性的影響會受到職業階段的調節作用。並且，這種影響表現為，相對於男性簽字會計師，女性的獨立性偏低，說明性別差異對審計獨立性的影響，主要受職業風險的驅動，而非法律風險和職業道德。

本章可能的貢獻如下：

（1）拓展和細化了審計獨立性個體層面的研究，為理解性別差異對審計

---

① 法律風險，參照Carcello和Palmrose（1994）的分析，指審計失敗被訴訟和承擔法律賠償數量的聯合概率。

② 職業風險，依照Hossain和Chapple（2012）的分析，可表述為因丟失審計客戶而承受的經濟損失和職業安全及其發展受損的聯合概率。

獨立性影響提供來自轉型經濟國家的經驗證據，從職業風險、法律風險和職業道德對比分析中增添新的認識。

（2）將職業階段納入分析，發現不同職業階段的性別差異對審計獨立性的影響不同，從而細化和豐富了該領域的研究，同時說明，在考察性別差異對審計獨立性的影響時，需要考慮職業階段的調節作用。

11.2　理論分析和研究假設

1. 文獻回顧

自從 DeFond 和 Francis（2005）、Nelson 和 Tan（2005）等學者強調審計人員的性別差異會影響到審計獨立性以來，學術界開始關注這方面的經驗研究（Archival Research）。然而，由於獲得審計人員個體信息的經驗數據限制①，經驗研究比較有限，而進行的實驗研究（Experiment Research）相對較多，如 Chung 和 Monroe（2001）、Breesch 和 Branson（2009）、Gold 等（2009）的研究。

不管在經驗研究還是在實驗研究方面，研究結論都不統一，存在分歧。Chin 和 Chi（2008）及 Hardies 等（2013）分別以臺灣地區和比利時的數據進行經驗研究，結果表明，女性簽字會計師的審計獨立性更高，比男性更可能簽發非標意見，說明性別差異對審計獨立性具有顯著影響。這與 O'Donnell 和 Johnson（2001）、Gold 等（2009）的實驗研究結論一致，女性更規避風險並具有更高的職業道德。然而，Hossain 和 Chapple（2012）以澳大利亞地區的數據經驗研究發現了不同的結論，即女性簽字會計師的審計獨立性偏低，比男性更不可能簽發非標意見，這與他們提出的女性職業風險壓力更大的假說基本一致。不過，在實驗研究方面，Breesch 和 Branson（2009）發現，審計獨立性在女性與男性之間沒有系統差異，表明性別差異對審計獨立性沒有顯著影響，原因在於女性在發現會計報表錯報方面有優勢，而在分析錯報準確性方面不如男性。

國內的研究主要從盈餘管理角度考察性別差異對審計質量的影響，並且研究結論存在爭議。丁利等（2012）研究發現女性簽字會計師在對應計盈餘管理的約束上與男性沒有顯著差異，表明性別差異對審計質量沒有影響。而葉瓊

---

① 到目前為止，澳大利亞、歐盟國家、中國和臺灣地區，其審計報告要求強制簽署負責該審計項目的合夥人或會計師的名字。美國也將從 2017 年開始要求在審計報告上簽署負責該審計項目的合夥人或會計師的名字。

燕和於忠伯（2011）研究發現，女性簽字會計師對應計盈餘管理的抑制不如男性，表明性別差異對審計質量有顯著影響，不過表現為女性的審計質量比男性偏低。施丹和程堅（2011）的研究發現，女性簽字會計師只在負向的應計盈餘管理上與男性有差異。此外，Gul 等（2013）研究中國的數據發現，女性簽字會計師發表非標審計意見的可能性與男性沒有顯著差異。

2. 理論分析與研究假設

獨立性是簽字會計師的靈魂，也是維繫審計行業生存和發展的關鍵所在。然而，在現實的審計活動中，獨立性會受到簽字會計師職業壓力和法律監管的影響，而這兩者對審計獨立性的影響，歸根究柢是對其成本收益的權衡。換言之，即使某項審計判斷或業務會損害獨立性，如果其收益高於成本，簽字會計師作為一個理性的經濟人，會堅定地選擇去做；反之亦然。

儘管職業道德對簽字會計師的約束會降低審計獨立性被損害的可能性，但是，如果缺乏足夠的激勵和動力去支撐堅守職業道德對簽字會計師帶來的個人收益，職業道德的約束也會因激勵不足而逐漸鬆懈，職業道德水平會因此而下滑。因而，職業道德的約束力量需要硬性的法律力量來支撐，強大的法律監管使職業道德的約束得到有效保障。因此，從這個層面講，職業道德對簽字會計師的約束是內生於法律監管的有效和完善，原因在於，低效的法律監管會導致對堅守職業道德的激勵不足而出現「懈怠」問題。

基於上述的理論分析，本章從職業風險、法律風險和職業道德考察性別差異對審計獨立性的影響，可以聚焦為從職業風險和法律風險兩股力量進行考察。因為對簽字會計師而言，職業壓力會帶來職業風險，法律監管也會帶來法律風險，相當於一枚硬幣的兩面。

一般而言，簽字會計師是會計師事務所的合夥人或高級經理，負責整個審計項目工作的計劃、開展、實施與監督，並最終決定審計意見的簽發類型。[①] 在審計報告上簽字，意味著對整個審計工作過程和形成的審計意見承擔最終責任和風險。當發現公司的財務報告存在錯誤和不當行為時，簽字會計師能否客觀、公正、獨立地發表非標準審計意見，會對兩方面風險的成本收益進行權衡。一方面，如果不客觀獨立地發表非標準審計意見，會計師事務所會面臨法律訴訟的風險，簽字會計師將承擔最終法律責任，因而，法律風險會促使簽字會計師提高審計獨立性，避免承受法律懲罰帶來的成本。另一方面，如果客觀

---

① 審計意見在中國大致可分為標準審計意見和非標準審計意見兩種類型。標準審計意見，指標準無保留意見。非標準審計意見，包含帶強調事項段的無保留意見、保留意見、否定意見、無法表示意見。

獨立地發表非標準審計意見，會計師事務所會失去審計客戶，簽字會計師會被置換簽字權而損失客戶資源和經濟收入，面臨職業安全和職業晉升受損的風險，因而，職業風險會降低簽字會計師的審計獨立性，他們會盡量避免出現職業危機和經濟收入下降。

職業風險和法律風險兩股力量對簽字會計師審計獨立性此消彼長的影響，使得兩股力量的對抗情形會體現到簽字會計師獨立性的高低。如果職業風險高於法律風險，簽字會計師的獨立性會處於低水平狀態；反之亦然。

在中國證券審計市場上，職業風險和法律風險兩股力量的對抗呈現一邊倒的情形，即法律風險低，職業風險相對較高，導致簽字會計師的審計獨立性普遍偏低。中國證券審計市場是一個典型的新興經濟市場，法律條文的制定和執行的力度都不夠完善，投資者受法律保護水平不高，高質量審計有效需求不足，規避由審計失敗帶來的法律風險和懲罰成本，對簽字會計師而言不是最重要的。同時，低法律風險會導致對堅守職業道德的激勵不夠而容易出現「懈怠」問題。因而，中國證券市場上的法律風險和職業道德不足以促使簽字會計師的審計獨立性提高。

然而，在中國證券審計市場上，簽字會計師的職業風險相對較高。在職業風險和法律風險兩股力量的對抗中，職業風險對中國簽字會計師獨立性的影響占據主導作用，從而使其審計獨立性下降。首先，中國證券審計市場是一個過度競爭的市場，爭搶客戶是會計師事務所生存和發展的先決條件，這對簽字會計師更是如此，客戶資源是簽字會計師在事務所中職位晉升和影響力擴大的依存基礎，因而，對客戶的依賴性降低了簽字會計師對獨立性的追求。其次，與客戶公司保持良好關係，簽字會計師可以以客戶公司為橋樑躋入其高管行列[1]，獲得更高的經濟收入和社會地位。因而，這種以「旋轉門」為目的的投機性職業規劃大大降低了簽字會計師對獨立性的追求。此外，簽字會計師的客戶資源越多，越有利於會計師事務所規模的壯大和排名的提升[2]，更有利於簽字會計師獲得更多的政治便利，如進入中國證監會證券發行審核委員會成為審核委員。[3] 因而，這種對排名和政治利益的追求也會降低簽字會計師的審計獨

---

[1] Geiger 等（2005）及 Lennox（2005）將會計師離開事務所到客戶公司任職稱為審計市場上的「旋轉門（Revolving Door）」現象。

[2] 中國會計師協會每年都對國內會計師事務所進行綜合排名，主要依據會計師事務所的收入和會計師的人數進行排名。

[3] 根據《中國證券監督管理委員會發行審核委員會辦法》規定，證券發行審核委員會的會計師專職委員，要求從綜合排名前 30 的具有證券期貨資格的會計師事務所合夥人中推薦。

立性。

中國一個顯著的製度特徵是傳統的「重男輕女」的封建思想仍然存在，加上女性生育和身體機能等特有的原因，性別歧視在中國比較普遍和嚴重，使得不同性別的簽字會計師面臨的職業風險不同，表現為女性簽字會計師比男性的職業風險更大。女性在就業、晉升和收入報酬上會受到不公平待遇。因而，對於女性簽字會計師而言，她們更看重已經取得的事務所合夥人或高級經理的職位，並更在乎其職業的穩定和發展。為了規避職業風險，女性簽字會計師不願與客戶公司出現分歧而影響個人發展，加之比男性更厭惡風險的天然特徵，女性簽字會計師可能更不願簽署非標準審計意見，因而表現出的獨立性偏低。

然而，誠如前人的研究理論所言，相比於男性簽字會計師，女性的職業道德可能更高，更不願從事有損審計質量的行為，因而表現出更高的獨立性，更可能發表非標準意見來堅守職業道德和規避潛在的法律風險。由於這是一個有待檢驗的經驗問題，本章提出一個備擇性假設 H1。

假設 H1：在其他條件相同的情況下，女性簽字會計師的獨立性比男性更低。

此外，根據職業階段（Career Stages）理論①，職業風險可能會隨著職業階段的不同而出現波動。職業發展如同生命週期一樣，隨著工作環境和職業壓力的變化而表現出特有的階段特性，並呈現在不同的職業階段。按照這一理論邏輯，簽字會計師的職業生涯也會隨著職業壓力的變化而呈現出不同的職業階段，從而影響到其風險偏好和行為。然而，根據上述分析，即使在同一職業階段，性別差異也會使職業風險在不同性別的會計師身上表現不同。因而，在職業發展的不同階段，職業風險不但會表現出階段特性，而且在不同性別的會計師身上的表現也不同。換言之，在不同的職業階段，職業風險因性別差異表現出的差異化呈現出階段性，進而對簽字會計師審計獨立性的影響也會出現相應的變化。

上述分析意味著，性別差異對審計獨立性的影響可能會受到來自簽字會計師不同職業階段的調節作用。具體而言，在職業階段早期，簽字會計師急於開拓市場占據一席之地，提升個人能力，面臨的職業壓力更大，這在充滿性別歧視的職場競爭中，女性簽字會計師的職業壓力尤甚，因而，其審計獨立性會更低。在職業階段中期，由於已經取得一定的簽字權市場份額，能力得到了市場

---

① 職業階段理論由 Super（1957）提出，認為在職業發展過程中會存在不同的階段，並呈現出不同的特徵和行為。

的認同，職業壓力減小，此時市場不會顯著區分簽字會計師的性別差異，因而，女性簽字會計師的獨立性可能與男性沒有顯著差異。在職業階段晚期，保持現狀，安穩退休，女性比男性求穩的願望更重，並且，女性進入老年化後，工作時間的分配比男性更少，效率下降幅度比男性更大，維持現有的市場份額變得更加困難。因而，女性簽字會計師面臨的職業風險更大，加之規避風險的天然偏好，審計獨立性相對男性會更低。

當然，也可能出現相反的情況。在職業階段的早期和晚期，女性簽字會計師的獨立性比男性更高。在職業階段早期，由於不熟悉業務和技術不嫻熟，對工作的態度和細節的關注是更加謹慎和小心翼翼，加之女性規避風險的天然偏好，女性簽字會計師的獨立性可能比男性更高。同樣，在職業階段晚期，為了安穩退休會選擇謹慎的態度。由於女性在規避風險方面的天然偏好而表現得更加謹慎，女性簽字會計師的獨立性可能比男性更高。由於這是一個有待檢驗的經驗問題，本章提出一個備擇性假設H2。

假設H2：在其他條件相同的情況下，職業階段早期和晚期的女性簽字會計師的獨立性比男性更低。

11.3　數據樣本和研究方法

11.3.1　樣本選取和數據來源

本章選擇中國證券市場上2007—2010年上市公司作為初始研究樣本。上市公司財務年報的審計報告一般由兩名會計師簽字蓋章，並加蓋會計師事務所公章，其簽字會計師的個體信息可從中國會計師協會（CICPA）網站查詢獲取，並作以下篩選：①剔除金融類公司；②剔除性別和財務數據信息不完全的樣本。最後得到5,510個研究樣本，樣本的分行業分布情況見表11.1。本章的其他數據來自CSMAR數據庫。

表11.1　　　　　　　　研究樣本的分布情況

行業代碼	公司數	百分比	累計百分比
A	133	2.41	2.41
B	127	2.31	4.72
C0	227	4.12	8.84
C1	259	4.7	13.54

表11.1(續)

行業代碼	公司數	百分比	累計百分比
C2	16	0.29	13.83
C3	116	2.11	15.93
C4	598	10.85	26.79
C5	247	4.48	31.27
C6	496	9	40.27
C7	974	17.68	57.95
C8	335	6.08	64.03
C9	79	1.43	65.46
D	216	3.92	69.38
E	131	2.38	71.76
F	215	3.9	75.66
G	374	6.79	82.45
H	338	6.13	88.58
J	168	3.05	91.63
K	174	3.16	94.79
L	37	0.67	95.46
M	250	4.54	100
合計	5,510	100	

註：行業代碼來源於中國證監會《上市公司行業分類指引》。

11.3.2 研究設計

為了檢驗本章的研究假設，參照 DeFond 等（2000）及 Chan 和 Wu（2011）的研究構建如下迴歸模型：

$$Mao = \alpha_0 + \alpha_1 Gender + \sum \alpha_i Control_i + \varepsilon \qquad (11-1)$$

因變量：審計意見 Mao，虛擬變量，如果簽字會計師出具非標準審計意見，取值為1，否則取值為0，用來衡量簽字會計師的審計獨立性。[1] 本章將帶

---

[1] 本章將簽字會計師是否出具非標準審計意見作為審計獨立性的衡量，是基於 DeFond 等（2000）及 Chan 和 Wu（2011）等前人的研究。Watts 和 Zimmerman（1986）明確指出，審計質量是審計人員工作能力和獨立性的聯合生產函數，換言之，工作能力體現為發現財務年報錯報的可能性，獨立性體現為發現錯報後報告的可能性，因而審計質量也可以表述為審計人員發現錯報和報告錯報的聯合概率。因此，學術界在衡量審計獨立性上，通常遵循這一理論邏輯，採用是否出具非標準審計意見來衡量審計獨立性。

強調事項段的無保留意見、保留意見、否定意見、無法表示意見歸為非標準審計意見，將標準無保留意見歸為標準審計意見。

自變量：性別差異 Gender，虛擬變量，如果審計報告上的兩名簽字會計師含有女性，取值為 1，否則取值為 0。根據《中國會計師獨立審計準則》規定，中國上市公司的審計報告由兩名會計師簽字、蓋章並加蓋事務所公章。由此，如果兩名簽字會計師中至少有一名為女性簽字會計師，本章將 Gender 取值為 1，否則取值為 0。

控制變量 Control，具體包含如下變量：

大型規模會計師事務所 Big，如果會計師事務所規模①在前十大，歸為大型會計師事務所，取值為 1，否則取值為 0；放入該變量為了控制事務所規模對審計意見簽發的影響。

客戶重要性 CI，參照 Chen 等（2010）的研究，用客戶資產占事務所所有客戶資產的比例表示，用以控制客戶重要性對審計意見簽發的影響。

法律環境指數 Legal，採用樊綱等（2011）的研究數據，用以控制法律環境水平對審計意見簽發的影響。

總資產週轉率 Aturn，衡量公司的經營風險，放入模型是為了控制公司的經營風險對審計意見簽發的影響。

流動比率 CR，衡量公司的財務風險，放入此變量是為了控制公司的財務風險對審計意見簽發的影響。

應收帳款占總資產的比率 Rec，衡量公司的財務風險，放入此變量是為了控制公司的財務風險對審計意見簽發的影響。

存貨占總資產的比率 Inv，衡量公司的經營風險，放入模型是為了控制公司的經營風險對審計意見簽發的影響。

資產負債率 Lev，衡量公司的財務風險，放入此變量是為了控制公司的財務風險對審計意見簽發的影響。

總資產收益率 ROA，衡量公司業績，放入模型是為了控制公司業績對審計意見簽發的影響。

公司規模 Size，採用公司總資產的自然對數進行衡量，放入此變量是為了控制公司規模對審計意見簽發的影響。

此外，為了控制連續變量極值的影響，對模型中的連續變量進行了 1% 水平的 Winsorize 處理。

---

① 會計師事務所規模以其客戶公司的總資產計算。

11.4 實證結果及分析

11.4.1 描述性統計分析

表 11.2 是女性組和男性組簽字會計師的描述性統計分析結果。可以發現，女性組出具非標準意見 Mao 的概率為 0.061,6，低於男性組出具非標準意見 Mao 的概率 0.071,8，表明女性組簽發非標準審計意見的可能性更低，但是在統計上不顯著。

女性組在大型會計師事務所 Big 的概率 0.338,5 要高於男性組的概率 0.294,9，並在統計上顯著。女性組客戶公司的法律環境 Legal 的數值為 6.785,2，在統計上顯著高於男性組的客戶公司法律環境 Legal 的數值 6.337,6。女性組的客戶公司的資產週轉率 Aturn、資產規模 Size 顯著高於男性組的客戶公司，而流動比率 CR 低於男性組的客戶公司，應收帳款占總資產的比率 Rec 要顯著高於男性組的客戶公司，表明女性組的客戶公司經營效率要好於男性組的客戶公司，但是其財務風險要高於男性組的客戶公司。女性組的客戶公司數為 2,709 家，男性組的客戶公司數為 2,801 家，表明女性組與男性組的客戶數量相當。

表 11.2　女性組和男性組簽字會計師的描述性統計分析

	女性組 均值	男性組 均值	均值檢驗 t	秩檢驗 z
Mao	0.061,6	0.071,8	−1.51	−1.50
Big	0.338,5	0.294,9	3.49***	3.48***
CI	0.032,7	0.031,4	1.39	1.83*
Legal	6.785,2	6.337,6	5.35***	3.71***
Aturn	0.716,0	0.668,4	3.56***	4.00***
CR	1.884,5	2.021,9	−2.09**	−0.16
Rec	0.086,0	0.079,5	2.92***	1.83*
Inv	0.174,8	0.167,4	1.75*	1.22
Lev	0.534,3	0.530,8	0.35	0.48
ROA	0.037,8	0.039,2	−0.68	−1.38

表11.2(續)

	女性組 均值	男性組 均值	均值檢驗 t	秩檢驗 z
Size	21.572,0	21.497,8	2.14**	1.50
N	2,709	2,801		

註：
①女性組，指審計報告上的兩名簽字會計師，至少一名為女性；男性組，指審計報告上的兩名簽字會計師皆為男性。N 為公司樣本數。
②秩檢驗為 Wilcoxon 秩檢驗。「*」「**」和「***」分別表示在10%、5%和1%水平下統計顯著（雙尾檢驗）。

11.4.2 迴歸分析

性別差異對審計獨立性影響的全樣本迴歸結果見表 11.3。從全樣本的迴歸結果可知，性別差異 Gender 對非標準審計意見 Mao 的迴歸系數為 -0.112，但是在統計上不顯著。這說明，女性組簽字會計師的獨立性與男性組簽字會計師沒有顯著差異，女性組簽字會計師在簽發非標準審計意見的概率上，並不比男性組簽字會計師高。由此，本章的假設 H1 沒得到經驗數據的支持。

但是，性別差異對審計獨立性的影響可能會受到簽字會計師職業階段的調節作用。參照 Adler 和 Aranya（1984）、Morrow 和 McElroy（1987）及 Bedeian 等（1991）對職業階段的劃分，本章將簽字會計師的職業階段分為職業早期、職業中期和職業晚期。具體而言，如果審計報告上的兩名簽字會計師的年齡均小於 39 歲，則認定該組簽字會計師的職業階段屬於職業早期；如果審計報告上的兩名簽字會計師中的年齡較大者在 39 歲和 50 歲之間，則認定該組簽字會計師的職業階段屬於職業中期；如果審計報告上的兩名簽字會計師中的年齡較大者大於 50 歲，則認定該組簽字會計師的職業階段屬於職業晚期。①

不同職業階段的性別差異對審計獨立性影響的迴歸結果見表 11.3。從各

---

① 根據 Super（1957）、Levinson（1986）等學者的理論，在職業階段的劃分上，根據其生命年齡可以很好地捕捉其職業階段的特徵。《中國註冊會計師獨立審計準則》規定，上市公司審計報告的簽字註冊會計師是該項目的審計負責人和事務所合夥人。換言之，審計工作人員取得註冊會計師執業資格後，成為審計項目的負責人或事務所合夥人，才可能獲得簽字機會，而在事務所從事審計工作的會計師，一般需要 10 年才能做到審計項目的負責人或事務所合夥人。在獲得簽字機會的早期，也就是簽字會計師職業階段的早期，需要開拓市場占據一席之地，同時提升個人的業務能力，大概到 39 歲完成這一階段的任務。從 39 歲到 50 歲，處於職業階段的中期，由於已經取得一定的簽字權市場份額，能力得到了市場的認同，穩定中求發展是這一階段的職業特徵。50 歲後為職業階段的晚期，力求保持現狀，安穩退休，是這一階段的主要特徵。

個職業階段的迴歸結果可知，性別差異 Gender 在職業早期和職業晚期對非標準審計意見 Mao 的迴歸係數都在統計上顯著為負，而在職業中期的迴歸係數在統計上不顯著。這表明，在職業早期和職業晚期，女性組簽字會計師的獨立性比男性組低，更不可能出具非標準審計意見，本章的假設 H2 得到支持。

在控制變量的迴歸結果中，大型會計師事務所 Big 對審計意見 Mao 的迴歸係數，在職業早期的樣本裡顯著為正。這表明在職業早期，大型會計師事務所簽發非標準審計意見的可能性更高。資產週轉率 Aturn 的迴歸係數，在職業晚期的樣本裡顯著為負。這表明在職業晚期，公司資產週轉率越高，越不容易收到非標準審計意見。應收帳款佔總資產的比率 Rec 的迴歸係數，在職業早期和中期統計上顯著為負，在職業晚期的迴歸係數統計上顯著為正。這表明在職業早期和中期，公司應收帳款佔比越高，越不容易收到非標準審計意見；而在職業晚期，公司應收帳款佔比越高，越容易收到非標準審計意見。存貨佔總資產的比率 Inv 的迴歸係數，在職業晚期，在統計上顯著為負。這表明在職業晚期，公司的存貨佔比越高，越不可能收到非標準審計意見。資產負債率 Lev 的迴歸係數，在統計上顯著為正，表明資產負債率高的公司，被簽發非標準審計意見的概率也高。總資產收益率 ROA 的迴歸係數，在統計上顯著為負，表明公司的業績越好，被簽發非標準審計意見的概率越低。公司規模 Size 的迴歸係數，在統計上顯著為負，表明公司規模越大，審計師簽發非標準審計意見的可能性越小。

表 11.3　性別差異對審計獨立性影響的迴歸結果：女性組 VS 男性組

	因變量：Mao			
	全樣本	職業早期	職業中期	職業晚期
Gender	-0.112	-0.796	0.141	-1.109
	(-0.77)	(-1.86)*	(0.76)	(-2.64)***
Big	0.206	0.708	0.025	0.507
	(1.14)	(1.72)*	(0.11)	(0.88)
CI	1.001	3.610	-0.828	0.100
	(0.39)	(0.76)	(-0.21)	(0.01)
Legal	0.000	-0.072	0.025	-0.057
	(0.01)	(-0.98)	(0.74)	(-0.95)
Aturn	-0.448	-0.030	-0.338	-1.773
	(-1.80)*	(-0.08)	(-1.03)	(-2.72)***
CR	-0.119	-0.018	-0.149	-0.178
	(-1.34)	(-0.19)	(-1.07)	(-1.15)

表11.3(續)

	因變量：Mao			
	全樣本	職業早期	職業中期	職業晚期
Rec	−3.365	−9.602	−3.701	3.728
	(−2.57)**	(−1.89)*	(−2.04)**	(1.77)*
Inv	−1.641	−1.352	−1.328	−6.128
	(−2.44)**	(−0.91)	(−1.52)	(−3.33)***
Lev	2.864	3.467	2.314	6.998
	(6.40)***	(4.14)***	(4.19)***	(5.71)***
ROA	−6.352	−6.403	−6.775	−7.297
	(−7.66)***	(−3.59)***	(−6.22)***	(−2.78)***
Size	−1.089	−1.250	−1.194	−1.003
	(−12.09)***	(−5.30)***	(−10.30)***	(−3.88)***
Constant	−19.798	−22.031	−22.339	−18.122
	(−10.60)***	(−4.48)***	(−9.48)***	(−3.21)***
Year	Yes	Yes	Yes	Yes
Industry	Yes	Yes	Yes	Yes
N	5,510	1,182	3,542	786
Pseudo R^2	0.465	0.515	0.474	0.591
Chi^2	408.538***	5,136.516***	302.564***	4,887.829***

註：
①Gender 為虛擬變量，如果審計報告上的兩名簽字會計師至少一名為女性，即屬於女性組，取值為1，否則屬於男性組，取值為0。
②職業早期，指審計報告上兩名簽字會計師的年齡均小於39歲；職業中期，指審計報告上兩名簽字會計師中的年齡較大者在39歲和50歲之間；職業晚期，指審計報告上兩名簽字會計師中的年齡較大者大於50歲，下同。
③Year 和 Industry 是年度和行業控制變量；括號裡的為 t 值，經過了 White 異方差矯正；「*」「**」和「***」分別表示在10%、5%和1%水平下統計顯著（雙尾檢驗），下同。

11.4.3 進一步分析

在上述研究中，性別差異 Gender 被定義為：審計報告上的兩名簽字會計師至少有一名為女性取值為1；否則取值為0。因此，女性組的兩名簽字會計師可能是均為女性的純女組合，也可能是一男一女的混合組合。為了進一步考察性別差異對審計獨立性的影響，將女性組簽字會計師細分為純女組和混合組，即審計報告上的兩名簽字會計師，均為女性則屬於純女組，一男一女則屬於混合組，以此區分純女組 VS 男性組與混合組 VS 男性組兩種不同組合的性

别差異對審計獨立性的影響。

表 11.4 是純女組 VS 男性組組合的性別差異對審計獨立性影響的迴歸結果。與表 11.3 的結果相似，在全樣本的迴歸結果中，性別差異 Gender 對非標準審計意見 Mao 的迴歸係數為負，但是在統計上不顯著。在各個職業階段性別差異的迴歸結果中，只有職業早期和職業晚期的性別差異 Gender 對非標準審計意見 Mao 的迴歸係數顯著為負。

表 11.4 的迴歸結果表明，總體而言，純女組 VS 男性組組合的性別差異對審計獨立性沒有顯著影響，本章的研究假設 H1 沒有得到支持。但是在簽字會計師職業階段的早期和晚期，純女組 VS 男性組組合的性別差異對審計獨立性具有顯著影響，而這種影響表現為，相對於男性組簽字會計師，純女組簽字會計師的獨立性偏低，本章的研究假設 H2 得到支持。

表 11.4　性別差異對審計獨立性影響的迴歸結果：純女組 VS 男性組

	因變量：Mao			
	全樣本	職業早期	職業中期	職業晚期
Gender	−0.267	−2.161	0.217	−1.776
	(−0.94)	(−1.87)*	(0.58)	(−2.54)**
Big	0.390	1.312	0.133	0.597
	(1.68)*	(2.99)***	(0.45)	(0.71)
CI	−2.474	5.507	−4.059	−15.067
	(−0.56)	(0.88)	(−0.63)	(−0.95)
Legal	0.006	−0.090	0.018	−0.111
	(0.16)	(−0.89)	(0.36)	(−1.60)
Aturn	−0.756	0.193	−1.026	−1.518
	(−2.13)**	(0.42)	(−1.92)*	(−1.41)
CR	−0.134	0.019	−0.166	−0.272
	(−1.18)	(0.22)	(−0.98)	(−1.05)
Rec	−3.893	−15.540	−2.708	1.136
	(−2.40)**	(−2.33)**	(−1.22)	(0.44)
Inv	−3.745	−2.350	−5.342	−8.774
	(−2.98)***	(−1.21)	(−2.28)**	(−2.25)**
Lev	3.023	3.681	2.616	8.458
	(5.74)***	(3.52)***	(3.77)***	(3.85)***

表11.4(續)

	因變量：Mao			
	全樣本	職業早期	職業中期	職業晚期
ROA	−5.624	−3.927	−6.133	−6.340
	(−5.41)***	(−2.02)**	(−4.19)***	(−1.69)*
Size	−0.996	−1.470	−1.139	−0.966
	(−9.36)***	(−5.09)***	(−7.28)***	(−2.53)**
Constant	−18.508	−26.691	−22.131	−17.443
	(−8.22)***	(−4.41)***	(−6.83)***	(−2.08)**
Year	Yes	Yes	Yes	Yes
Industry	Yes	Yes	Yes	Yes
N	3,330	706	2,203	421
Pseudo R^2	0.484	0.575	0.535	0.591
Chi^2	316.431***	2,898.641***	4,003.772***	5,606.999***

註：

①Gender 為虛擬變量，如果審計報告上的兩名簽字會計師均為女性，即屬於純女組，取值為1，如果審計報告上的兩名簽字會計師均為男性，即屬於男性組，取值為 0。

②職業早期，指審計報告上兩名簽字會計師的年齡均小於 39 歲；職業中期，指審計報告上兩名簽字會計師中的年齡較大者在 39 歲和 50 歲之間；職業晚期，指審計報告上兩名簽字會計師中的年齡較大者大於 50 歲，下同。

③Year 和 Industry 是年度和行業控制變量；括號裡的為 t 值，經過了 White 異方差矯正；「*」「**」和「***」分別表示在 10%、5%和 1%水平下統計顯著（雙尾檢驗），下同。

表 11.5 是混合組 VS 男性組組合的性別差異對審計獨立性影響的迴歸結果。在全樣本的迴歸結果中，性別差異 Gender 對非標準審計意見 Mao 的迴歸係數為負，但是在統計上不顯著。在各個職業階段性別差異的迴歸結果中，只有職業晚期的性別差異 Gender 對非標準審計意見 Mao 的迴歸係數顯著為負。

表 11.5 的迴歸結果表明，只有在職業晚期的混合組 VS 男性組組合的性別差異對審計獨立性具有顯著影響，這種影響同樣表現為，混合組簽字會計師的獨立性比男性組偏低。

表 11.4 和表 11.5 進一步檢驗的經驗數據表明，混合組中有男性簽字會計師，使得混合組 VS 男性組組合的性別差異對審計獨立性影響不如純女組 VS 男性組組合的性別差異明顯，從而說明，相對於男性組，純女組的審計獨立性比混合組低得更明顯。進而證實了本章的結論，女性簽字會計師的獨立性比男性更低，只不過體現在其職業階段的早期和晚期。

表 11.5　性別差異對審計獨立性影響的迴歸結果：混合組 VS 男性組

	因變量：Mao			
	全樣本	職業早期	職業中期	職業晚期
Gender	-0.079	-0.673	0.124	-0.905
	(-0.52)	(-1.52)	(0.64)	(-2.02)**
Big	0.144	0.793	-0.102	0.647
	(0.77)	(1.80)*	(-0.43)	(1.04)
CI	0.214	3.919	-1.890	-0.285
	(0.08)	(0.82)	(-0.45)	(-0.02)
Legal	0.010	-0.062	0.049	-0.066
	(0.37)	(-0.82)	(1.36)	(-1.09)
Aturn	-0.430	0.006	-0.319	-1.724
	(-1.68)*	(0.02)	(-0.92)	(-2.61)***
CR	-0.199	-0.020	-0.303	-0.171
	(-2.06)**	(-0.20)	(-1.69)*	(-1.12)
Rec	-3.999	-8.811	-4.909	3.686
	(-2.85)***	(-1.74)*	(-2.43)**	(1.81)*
Inv	-1.703	-2.012	-1.184	-6.107
	(-2.39)**	(-1.21)	(-1.29)	(-3.31)***
Lev	2.653	3.648	2.014	6.570
	(5.86)***	(4.13)***	(3.51)***	(5.29)***
ROA	-6.289	-6.196	-6.653	-7.395
	(-7.39)***	(-3.36)***	(-5.87)***	(-2.87)***
Size	-1.061	-1.150	-1.184	-0.956
	(-11.41)***	(-5.02)***	(-9.78)***	(-3.65)***
Constant	-19.422	-19.798	-22.345	-17.415
	(-9.98)***	(-4.13)***	(-8.95)***	(-3.07)***
Year	Yes	Yes	Yes	Yes
Industry	Yes	Yes	Yes	Yes
N	4,981	1,049	3,235	697
Pseudo R^2	0.456	0.501	0.469	0.585
Chi^2	389.911***	4,680.625***	288.140***	5,080.889***

註：
①Gender 為虛擬變量，如果審計報告上的兩名簽字會計師為一男一女，即屬於混合組，取值為 1，如果審計報告上的兩名簽字會計師均為男性，即屬於男性組，取值為 0。
②職業早期，指審計報告上兩名簽字會計師的年齡均小於 39 歲；職業中期，指審計報告上兩名簽字會計師中的年齡較大者在 39 歲和 50 歲之間；職業晚期，指審計報告上兩名簽字會計師中的年齡較大者大於 50 歲，下同。
③Year 和 Industry 是年度和行業控制變量；括號裡的為 t 值，經過了 White 異方差矯正；「 * 」「 ** 」和「 *** 」分別表示在 10%、5% 和 1% 水平下統計顯著（雙尾檢驗），下同。

11.4.4 穩健性分析

為了考察結果的穩健性，本章做了如下的敏感性測試：

其一，考慮到女性簽字會計師在事務所和客戶公司選擇上可能存在的內生性，進行了兩階段迴歸。迴歸結果表明，上述結論依然成立。

其二，對性別差異 Gender 的計量採用順序取值放入模型進行迴歸，即審計報告上兩名簽字會計師，屬於男性組則取值為 0，屬於混合組則取值為 1，屬於純女組則取值為 2。迴歸結果表明，上述結論基本穩健。

其三，為了控製橫截面和時間序列上的自相關性，進行了 Cluster 的參差矯正。經驗結果顯示，上述結論沒有出現實質性差異。

11.5 本章小結

學術界考察簽字會計師的性別差異對審計獨立性影響的經驗研究比較有限，並且存在爭議。本章以 2007—2010 年中國證券審計市場的數據，從職業風險、法律風險和職業道德對簽字會計師的性別差異對審計獨立性影響進行經驗研究，以此提供來自轉型經濟國家的證據和新的製度解釋。

本章研究發現，在中國市場上，簽字會計師的性別差異在總體上對審計獨立性沒有顯著影響。而當考慮到不同職業階段的性別差異時，簽字會計師的性別差異對審計獨立性有顯著影響，但只體現在職業階段的早期和晚期。這說明，簽字會計師的性別差異對審計獨立性的影響會受到其職業階段的調節作用，並且，這種影響表現為，女性簽字會計師的獨立性比男性偏低。

對於上述經驗結果，本章提供的解釋是：在中國這樣一個有著「重男輕女」思想的東方文化國度，女性簽字會計師面臨的職業風險壓力比男性更大。由於所處環境的法律風險壓力較小，加上女性規避風險的天然偏好，法律風險和職業道德不能產生主導作用，女性簽字會計師的獨立性比男性偏低。這表明，簽字會計師的職業風險占主導作用，而非法律風險和職業道德。同時，由於職業風險在各個職業階段表現不同，因而，職業風險促使女性簽字會計師獨立性偏低的狀況，會受到職業階段的影響。

本章的啟示如下：

（1）女性簽字會計師獨立性偏低主要來源於職業風險壓力，因而正視性別差異，降低職業風險壓力，提高法律風險壓力和職業道德，促使中國簽字會

計師獨立性的良性發展，是中國證券審計市場改革的重中之重。

（2）性別差異對審計獨立性的影響會受到其職業階段的調節作用，說明加強簽字會計師的職業規劃和培訓及風險意識和控製，是避免審計獨立性隨著職業階段的發展出現波動的一個有效手段，也是提高中國證券審計市場獨立性的根本所在。

12 研究結論和啟示

本章為全書的結束語，主要說明本書的研究結論及其理論和政策含義。

12.1 研究結論

本書結合中國特殊的制度背景，研究一個轉型經濟新興資本市場中上市公司的盈餘管理與審計治理效應，主要包含以下幾個問題：

（1）應計盈餘管理與真實盈餘管理，在中國市場上到底是什麼關係，是替代還是互補。在中國轉型加新興市場的制度背景下，上市公司到底是偏向於選擇應計盈餘管理還是偏向於選擇真實盈餘管理，其面臨的成本和收益及其之間的權衡，可能與發達市場不同，從而可能會影響應計盈餘管理與真實盈餘管理之間的相互關係。

（2）應計盈餘管理與真實盈餘管理在中國的市場反應會呈現什麼情況，審計是否在其中具有治理效應。在中國這樣一個弱式有效的市場上，對應計盈餘管理與真實盈餘管理投資者是否會有所反應，反應是理性還是非理性，以及反應的程度如何。高質量的審計是否在其中扮演了積極的作用。

（3）監管者是否識別中國上市公司的盈餘管理，而在線下真實盈餘管理、應計盈餘管理和真實盈餘管理方面，監管者的識別是否有差異。特別是在中國制度變遷比較快的情景下，監管者識別盈餘管理的能力是否會受到管制變遷的影響。

（4）盈餘管理是否影響審計意見的監管有用性，並且，非經營性盈餘管理、應計盈餘管理和真實盈餘管理對審計意見監管有用性的影響是否存在差異。進一步，盈餘管理對審計意見監管有用性的影響會產生什麼樣的經濟後果，是否降低了資源配置的效率。具體而言，在非經營性盈餘管理、應計盈餘

管理和真實盈餘管理對審計意見監管有用性的影響方面，其產生的經濟後果是否有差異。

（5）盈餘管理是否影響審計定價，並且在不同的法律變遷時期，盈餘管理對審計定價的影響是否存在差異。盈餘管理會讓審計師承擔一定的風險，是否會由此讓審計師提高審計定價。在法律變遷後，中國的法律水平提高，審計師面臨的風險也在增加，審計定價對盈餘管理的敏感性是否也會由此得到加強。同時，應計盈餘管理和真實盈餘管理對審計定價的影響也可能存在差異。

（6）盈餘管理是否影響審計意見，並且在不同的法律變遷時期，盈餘管理對審計意見的影響是否存在差異。盈餘管理會讓審計師承擔一定的風險，是否由此讓審計師在簽發審計意見時對其進行考慮，並在審計意見中得到反應。在法律變遷後，中國的法律水平提高，審計師面臨的風險也在增加，審計意見對盈餘管理的敏感性是否也會由此得到加強。同時，應計盈餘管理和真實盈餘管理對審計意見的影響也可能存在差異。

（7）盈餘管理是否影響審計師變更，並且在不同的法律變遷時期，盈餘管理對審計師變更的影響是否存在差異。盈餘管理會讓審計師承擔一定的風險，是否會由此提高審計師變更的可能性。在法律變遷後，中國的法律水平提高，審計師面臨的風險也在增加，審計師變更對盈餘管理的敏感性是否也會由此得到加強。同時，應計盈餘管理和真實盈餘管理對審計師變更的影響也可能存在差異。

（8）盈餘管理是否影響公司的股價暴跌風險，並且在不同產權性質的企業中，盈餘管理對股價暴跌風險的影響是否存在差異。相對於非國有企業，國有企業與政府具有天然的聯繫，受到更多的「政治庇護」。因而，國有企業和非國有企業在盈餘管理方面可能存在差異，導致其對股價暴跌風險的影響可能存在差異。同時，應計盈餘管理和真實盈餘管理對公司股價暴跌風險的影響也可能存在差異。

（9）簽字會計師的性別差異是否會影響審計獨立性，並且在簽字會計師不同的職業階段，簽字會計師的性別差異對審計獨立性的影響是否存在差異。在中國這樣歷史悠久的東方文化國度裡，「重男輕女」的思想比較流行，女性簽字會計師面臨的職業風險可能比男性大，進而影響其獨立性。在不同的職業階段，女性簽字會計師和男性簽字會計師面臨的職業風險可能存在差異而具有階段性，同樣，這可能會影響到簽字會計師性別差異的審計獨立性。

本書採用中國證券市場的經驗數據，進行理論分析和實證檢驗，得到的研究結論如下：

(1) 在中國市場上，應計盈餘管理與真實盈餘管理之間存在著「二元」關係，即替代關係和互補關係。具體而言，市場競爭壓力在應計盈餘管理與真實盈餘管理之間具有明顯的成本比較優勢，使得兩者具有替代關係。控製利益、管制壓力在應計盈餘管理與真實盈餘管理之間不具有顯著的成本比較優勢，而是應計盈餘管理與真實盈餘管理的驅動因素，使得兩者具有互補關係。

(2) 中國證券市場的投資者只對應計盈餘管理做出負面反應，沒有對真實盈餘管理做出有效反應。高質量的審計只幫助投資者對應計盈餘管理的信息含量做有效區分，而對真實盈餘管理的信息含量不能明顯區分。這說明高質量的審計在應計盈餘管理上的治理得到市場投資者的認可，做出正面的市場反應，也證實了審計的治理效應。然而，由於真實盈餘管理相對於應計盈餘管理更不容易發現，高質量的審計可能無法有效幫助投資者區分真實盈餘管理的信息含量。

(3) 監管者對上市公司盈餘管理具有一定的識別能力，並且會受到管制環境變遷的影響，存在管制效應和演進效應。具體而言，在審核公司的配股資格過程中，監管者能識別線下真實盈餘管理。但是，在管制環境變遷後，由於線下真實盈餘管理被納入管制範圍，監管者不再對其進行關注，而是關注應計盈餘管理並能識別。在線上真實盈餘管理方面，由於其隱蔽性強，監管者並沒有表現出顯著的識別能力。

(4) 非經營性盈餘管理和應計盈餘管理，在審計意見納入配股管制時期和未納入配股管制時期都被審計意見反應，並且反應的程度有上升的趨勢，這表明中國證券市場上的審計意見的治理功能在逐漸提高。但是，真實盈餘管理在變遷前和變遷後兩個時期都沒有被審計意見反應，印證了真實盈餘管理具有較強的隱蔽性。進一步發現，審計意見的監管有用性僅在管制變遷前具有統計上的顯著性，並且會受到非經營性盈餘管理的影響，表現為非經營性盈餘管理削弱了審計意見的監管有用性，但這僅體現在非國有企業，這表明監管者和審計意見在盈餘管理的治理上具有替代關係。在經濟後果的考察上，審計意見與配股後的經營業績具有相關性，即非標準審計意見與配股後的經營業績顯著負相關，但只在變遷後的國有企業得到體現，這表明中國的配股管制具有有效性。並且，審計意見與配股後的經營業績的相關性會受到真實盈餘管理的影響，表現為真實盈餘管理降低了審計意見與配股後的經營業績的相關性，但只在國有企業得到體現。導致這一情形的原因在於，由於真實盈餘管理隱蔽性強，審計意見不能對之進行有效反應。

(5) 在 2006 年法律變遷之前和法律變遷之後，應計盈餘管理與真實盈餘

管理對審計定價都沒有顯著影響，並且，法律變遷也不會增強應計盈餘管理與真實盈餘管理對審計定價的推高作用。這意味著，中國的審計定價在盈餘管理的治理上沒有發揮應有的功能，同時，法律的變遷也沒有提升審計定價在盈餘管理上的治理功能。

（6）在 2006 年法律變遷之前和法律變遷之後，應計盈餘管理與真實盈餘管理都沒有顯著提高審計師簽發非標準審計意見的可能性，並且，法律變遷也不會增強應計盈餘管理與真實盈餘管理對非標準審計意見的提升作用。這意味著，中國的審計意見在盈餘管理的治理上沒有發揮應有的功能，同時，法律的變遷也沒有提升審計意見在盈餘管理上的治理功能。

（7）應計盈餘管理程度越高，上市公司與會計師事務所保持客戶關係越困難，越容易發生事務所變更。並且，在 2006 年中國新法律實施以前，應計盈餘管理對事務所變更並不產生明顯的影響，只有在新法律實施以後，應計盈餘管理才對事務所變更產生明顯的影響。同時，公司的真實盈餘管理行為也會對事務所變更產生明顯的影響，但這種影響並沒有在新法律實施前後發生明顯的變化。這表明，法律環境的改善在一定程度上對外部審計機構的治理作用產生了積極的影響。

（8）應計盈餘管理並沒有提高公司的股價暴跌風險，真實盈餘管理顯著提高了公司的股價暴跌風險，但僅在非國有企業中體現。進一步分析發現，導致這一情形的原因在於，應計盈餘管理與真實盈餘管理在非國有企業中相對較高。同時，也可能是由於非國有企業沒有受到與國有企業一樣的「政治庇護」。

（9）在中國資本市場上，簽字會計師的性別差異在總體上對審計獨立性沒有顯著影響。而將職業階段納入分析時，簽字會計師的性別差異對審計獨立性有顯著影響，但只體現在職業階段的早期和晚期，說明性別差異對審計獨立性的影響會受到職業階段的調節作用。並且，這種影響表現為，相對於男性簽字會計師，女性的獨立性偏低，說明性別差異對審計獨立性的影響主要受職業風險的驅動而非法律風險和職業道德。

12.2　理論和政策含義

本書的特點是扎根於中國特殊的製度背景，研究新興資本市場中國上市公司盈餘管理與審計治理效應問題，以期從中國證券市場的實踐問題出發，從理論上進行分析，並以經驗數據進行實證檢驗。

希望本書的結論一方面為中國經濟改革發展的大浪潮提供一個截面或者是其中一個點的反應和解讀，另一方面為今後中國經濟的建設尤其是中國證券審計市場的建設提供經驗證據和政策啟示。

具體而言，從本書研究結論可以得到如下理論和政策含義：

（1）在中國市場上，應計盈餘管理與真實盈餘管理，既存在替代關係，也存在互補關係，這對審視和規範上市公司的盈餘管理行為具有重要的指導意義。市場競爭壓力讓應計盈餘管理與真實盈餘管理具有替代關係，市場競爭壓力是規範上市公司的盈餘管理行為必須考慮的一個因素。控製利益、管制壓力讓應計盈餘管理與真實盈餘管理具有互補關係，在保護投資者利益和推動證券市場健康發展的過程中，必將其作為關注的重點。

（2）中國的市場投資者只對應計盈餘管理做出負面反應，沒有對真實盈餘管理做出有效反應。這說明在中國證券市場上，市場投資者具備一定的理性價值分析和投資能力，但是有待於進一步提高，特別是加強對證券市場上機構投資者的培育和提升市場投資環境的基礎建設質量，對形成一個有效的資本市場和完善證券市場的資源配置功能極其重要。大型會計師事務所具有高審計質量，可以幫助投資者對應計盈餘管理的信息含量做有效區分，表明在中國證券市場上會計師事務所做大做強的重要性和必要性，也為當前中國政府推動事務所合併做大做強的宏偉政策提供了進一步的經驗數據支持。

（3）中國監管者不但能識別線下真實盈餘管理，而且還能識別應計盈餘管理，表明監管者識別盈餘管理的能力存在演進效應，加強監管者識別能力的培養和提高顯得非常必要。管制環境的變遷會影響到監管者識別盈餘管理的具體方式，因而，管制效應的存在提示市場需要合理使用政府管制的宏觀力量和微觀力量，這是中國證券市場改革必須關注的一個重點。線上真實盈餘管理由於隱蔽性強還不能被識別，加強對線上真實盈餘管理的外部監管和內部治理，對中國證券市場健康發展具有重要的意義。

（4）加強中國證券市場審計意見對盈餘管理的治理功能，特別是加強審計意見對真實盈餘管理的治理功能，有利於中國證券市場的健康發展。提高中國監管者的監管能力和製度變遷的有效性，有助於上市公司質量的提高和資源的優化配置。充分有效利用審計意見和監管的治理效力，有助於規範和提高上市公司的行為和治理水平，共同推動中國資本市場的健康發展。

（5）中國的審計定價不能有效反應應計盈餘管理與真實盈餘管理帶來的風險，因而，需要強化中國審計定價的治理功能。中國的法律變遷沒有推升審計定價在盈餘管理上的治理功能，因而，需要中國進一步完善中國的法律建設

和治理環境，從而促進中國資本市場的健康發展。

（6）中國審計師簽發的審計意見並不能有效反應應計盈餘管理與真實盈餘管理帶來的風險，因而，需要強化中國審計意見的治理功能。中國的法律變遷沒有推升審計意見在盈餘管理上的治理功能，因而，需要中國進一步完善中國的法律建設和治理環境，從而促進中國資本市場的健康發展。

（7）在中國證券市場上，上市公司往往同時採用應計盈餘管理和真實盈餘管理兩種方式來操縱利潤，審計師在考慮公司盈餘管理行為帶來的審計風險時可能並不全面。因此，上市公司自身更完善的治理結構和監管機構更完善的監管製度對審視和規範上市公司的盈餘管理行為尤其重要。審計師在對上市公司的財務報表進行審計時，面對其盈餘管理行為，需要更加謹慎地識別、評估和應對上市公司的重大錯報風險，時刻保持職業懷疑的態度，把審計風險降低到可接受的水平。在轉型經濟的中國資本市場上，只有依法治理的法律製度建設不斷完善，審計師在發揮其外部審計的治理作用時才會表現得更加獨立、嚴謹和客觀公正。

（8）真實盈餘管理會提高中國上市公司的股價暴跌風險，因而，加大對真實盈管理的治理，對中國證券市場的健康發展具有重要的意義。真實盈餘管理顯著提高了非國有企業的股價暴跌風險，而對國有企業的股價暴跌風險沒有產生作用。這說明需要進一步加強對中國上市公司的治理，特別需要充分揭露國有企業的風險並強化市場機制的作用，從而促進中國資本市場的健康發展。

（9）中國女性簽字會計師獨立性偏低主要緣於職業風險壓力，因而正視性別差異，降低職業風險壓力，提高法律風險壓力和職業道德，促使中國簽字會計師獨立性的良性發展，是中國證券審計市場改革的重中之重。性別差異對審計獨立性的影響會受到其職業階段的調節作用，說明加強簽字會計師的職業規劃和培訓及風險意識和控製，是避免審計獨立性隨著職業階段的發展出現波動的一個有效手段，也是提高中國證券審計市場獨立性的根本所在。

參考文獻

[1] Abbott, L. J., S. Parker, G. F. Peters. Earnings Management, Litigation Risk, and Asymmetric Audit Fee Responses [J]. Auditing: A Journal of Practice and Theory, 2006, 25 (1): 85-98.

[2] Adler, S., N. Aranya. A Comparison of the Work Needs, Attitudes, and Preferences of Professional Accountants at Different Career Stages [J]. Journal of Vocational Behavior, 1984, 25 (1): 45-57.

[3] Aharony, Joseph, Jiwei Wang, Hongqi Yuan. Tunneling as an Incentive for Earnings Management During the IPO Process in China [J]. Journal of Accounting and Public Policy, 2010, 29: 1-26.

[4] Ahmed, A. S., M. Neel, E. Wang. Does Mandatory Adoption of IFRS Improve Accounting Quality? Preliminary Evidence [J]. Contemporary Accounting Research, 2013, Forthcoming.

[5] Ajona, L. A., F. L. Dallo, S. S. Alegria. Discretionary Accruals and Auditor Behaviour in Code-Law Contexts: An Application to Failing Spanish Firms [J]. European Accounting Review, 2008, 17 (4): 641-666.

[6] Ali, A., X. Chen, T. Yao, T. Yu. Do Mutual Funds Profit from the Accruals Anomaly? [J]. Journal of Accounting Research, 2008, 46 (1): 1-26.

[7] Allen, F., J. Qian, M. Qian. Law, Finance, and Economic Growth in China [J]. Journal of Financial Economics, 2005, 77: 57-116.

[8] Altman, E. Financial Ratios, Discriminate Analysis and the Prediction of Corporate Bankruptcy [J]. Journal of Finance, 1968, 23 (4): 589-609.

[9] Ashbaugh, H., R. Lafond, and B. W. Mayhew. Do Nonaudit Services Compromise Auditor Independence? Further Evidence [J]. The Accounting Review, 2003, 78 (3): 611-639.

[10] Ashton, A. H., J. T. Willingham, R. K. Elliott. An Empirical Analysis of Audit Delay [J]. Journal of Accounting Research, 1987, 25 (2): 275-292.

[11] Baber, William R., Krishna R. Kumar, Thomas Verghese. Client Security Price Reactions to the Laventhol and Horwath Bankruptcy [J]. Journal of Accounting Research (Autumn), 1995, 33 (2): 385-395.

[12] Badertscher, B. A. Overvaluation and the Choice of Alternative Earnings Management Mechanisms [J]. The Accounting Review, 2011, 86 (5): 1491-1518.

[13] Bai, Chong-en, Jiangyong Lu, Zhigang Tao. The Multitask Theory of State Enterprise Reform: Empirical Evidence from China [J]. The American Economic Review, 2006, 96 (2): 353-357.

[14] Ball, R. Market and Political/Regulatory Perspectives on the Recent Accounting Scandals [J]. Journal of Accounting Research, 2009, 47 (2): 277-323.

[15] Ball, Ray. Infrastructure Requirements for an Economically Efficient System of Public Financial Reporting and Disclosure [J]. Brookings-Wharton Papers on Financial Services, 2001: 127-169.

[16] Ball, Ray, S. P. Kothari, A. Robin. The Effect of International Institutional Factors on Properties of Accounting Earnings [J]. Journal of Accounting and Economics, 2000, 29: 1-51.

[17] Bamber, E. M., L. S. Bamber, M. P. Schoderbek. Audit Structure and Other Determinants of Audit Report Lag: An Empirical Analysis [J]. Auditing: A Journal of Practice and Theory, 1993, 12 (1): 1-23.

[18] Barth, M. E., W. R. Landsman, M. H. Lang. International Accounting Standards and Accounting Quality [J]. Journal of Accounting Research, 2008, 46: 467-498.

[19] Barton, J., P. J. Simko. The Balance Sheet as an Earnings Management Constraint [J]. The Accounting Review, Supplement, 2002, 77: 1-27.

[20] Bartov, E., F. A. Gul, Judy S. L. Tsui. Discretionary-Accruals Models and Audit Qualifications [J]. Journal of Accounting and Economics, 2001, 30: 421-452.

[21] Baskin, E. F. The Communicative Effectiveness of Consistency Exceptions [J]. The Acconting Review, 1972, 47 (1): 38-51.

[22] Bates, D. S. The Crash of '87: Was It Expected? The Evidence from Op-

tions Markets [J]. Journal of Finance, 1991, 46 (3): 1009-1044.

[23] Bates, D. S. Post-'87 Crash Fears in the S&P 500 Futures Option Market [J]. Journal of Econometrics, 2000, 94: 181-238.

[24] Battalio, R. H., A. Lerman, J. Livnat, R. R. Mendenhall. Who, If Anyone, Reacts to Accrual Information? [J]. Journal of Accounting and Economics, 2012, 53: 205-224.

[25] Becker, C. L., M. L. Defond, J. Jiambalvo, K. R. Subramanyan. The Effect of Audit Quality on Earnings Management [J]. Contemporary Accounting Research (Spring), 1998, 15 (1): 1-24.

[26] Bedeian, A. G., A. B. Pizzolatto, R. G. Long, R. W. Griffeth. The Measurement and Conceptualization of Career Stages [J]. Journal of Career Development, 1991, 17 (3): 153-166.

[27] Bernardi, R. A., D. F. Arnold. An Examination of Moral Development Within Public Accounting by Gender, Staff Level, and Firm [J]. Contemporary Accounting Research, 1997, 14 (4): 653-668.

[28] Bertrand, M., P. Mehta, S. Mullainathan. Ferreting Out Tunneling: An Application to Indian Business Groups [J]. Quarterly Journal of Economics, 2002, 117: 121-148.

[29] Bessell, M., A. Anandarajan, A. Umar. Information Content, Audit Reports and Going-Concern: An Australian Study [J]. Accounting and Finance, 2003, 43: 261-282.

[30] Bielby, W. T., J. N. Baron. Sex Segregation Within Occupations [J]. The American Economic Review, 1986, 76 (2): 43-47.

[31] Birnberg, J. G. A Proposed Framework for Behavioral Accounting Research [J]. Behavioral Research in Accounting, 2011, 23 (1): 1-43.

[32] Bleck, A., X. Liu. Market Transparency and the Accounting Regime [J]. Journal of Accounting Research, 2007, 45: 229-256.

[33] Bradshaw, M. T., S. A. Richardson, R. G. Sloan. Do Analysts and Auditors Use Information in Accruals? [J]. Journal of Accounting Research, 2001, 39 (1): 45-74.

[34] Breesch, D., J. Branson. The Effects of Auditor Gender on Audit Quality [J]. The IUP Journal of Accounting Research and Audit Practices, 2009, 8 (3/4): 78-107.

[35] Burgstahler, D., I. Dichev. Earnings Management to Avoid Earnings Decreases and Losses [J]. Journal of Accounting and Economics, 1997, 24: 99-126.

[36] Bushee, B. J. The Influence of Institutional Investors on Myopic R&D Investment Behavior [J]. The Accounting Review, 1998, 73: 305-333.

[37] Bushman, R. M., A. J. Smith. Financial Accounting Information and Corporate Governance [J]. Journal of Accounting and Economics, 2001, 32: 237-333.

[38] Butler, M., A. J. Leone, M. Willenborg. An Empirical Analysis of Auditor Reporting and Its Association with Abnormal Accruals [J]. Journal of Accounting and Economics, 2004, 37: 139-165.

[39] Buysschaert, A., M. Deloof, M. Jegers. Equity Sales in Belgian Corporate Groups: Expropriation of Minority Shareholders? A Clinical Study [J]. Journal of Corporate Finance, 2004, 10: 81-103.

[40] Byrnes, J. P., D. C. Miller, W. D. Schafer. Gender Differences in Risk Taking: A Meta-analysis [J]. Psychological Bulletin, 1999, 125 (3): 367-383.

[41] Carcello, J. V., T. L. Neal. Audit Committee Characteristics and Auditor Dismissals Following New Going-Concern Reports [J]. The Accounting Review, 2003, 78 (1): 95-117.

[42] Carcello, J. V., Z. V. Palmrose. Auditor Litigation and Modified Reporting on Bankrupt Clients [J]. Journal of Accounting Research, 1994, 32 (Supplement): 1-30.

[43] Carey, P. J., M. A. Geiger, B. T. O'Connell. Costs Associated with Going-Concern-Modified Audit Opinions: An Analysis of the Australian Audit Market [J]. Abacus, 2008, 44 (1): 61-81.

[44] Chan, K. H., Donghui Wu. Aggregate Quasi Rents and Auditor Independence: Evidence from Audit Firm Mergers in China [J]. Contemporary Accounting Research, 2011, 28 (1): 175-213.

[45] Chan, K. H., K. Z. Lin, P. L. Mo. A Political-Economic Analysis of Auditor Reporting and Auditor Switches [J]. Review of Accounting Studies, 2006, 11: 21-48.

[46] Chaney, Paul K., Debra C. Jeter, Lakshmanan Shivakumar. Self-Selection of Auditors and Audit Pricing in Private Firms [J]. The Accounting Review

(January), 2004, 79 (1): 51-72.

[47] Chaney, Paul K., Kirk L. Philipich. Shredded Reputation: The Cost of Audit Failure [J]. Journal of Accounting Research (September), 2002, 40 (4): 1221-1245.

[48] Chen, Hanwen, Jeff Z. Chen, Gerald Lobo, Yanyan Wang. Association Between Borrower and Lender State Ownership and Accounting Conservatism [J]. Journal of Accounting Research, 2010, 48 (5): 973-1014.

[49] Chen, Hanwen, Jeff Z. Chen, Gerald Lobo, Yanyan Wang. Effects of Audit Quality on Earnings Management and Cost of Equity Capital: Evidence from China [J]. Contemporary Accounting Research, 2011, 28 (3): 892-925.

[50] Chen, J., H. Hong, J. C. Stein. Forecasting Crashes: Trading Volume, Past Returns, and Conditional Skewness in Stock Prices [J]. Journal of Financial Economics, 2001, 61: 345-381.

[51] Chen, Kevin C. W., Hongqi Yuan. Earnings Management and Capital Resource Allocation: Evidence from China's Accounting-Based Regulation of Rights Issues [J]. The Accounting Review (July), 2004, 79: 645-665.

[52] Chen, Shimin, Sunny Y. J. Sun, Donghui Wu. Client Importance, Institutional Improvements, and Audit Quality in China: An Office and Individual Auditor Level Analysis [J]. The Accounting Review, 2010, 85 (1): 127-158.

[53] Chen, Charles J. P., Shimin Chen, Xijia Su. Profitability Regulation, Earnings Management, and Modified Audit Opinions: Evidence from China [J]. Auditing: A Journal of Practice & Theory (September), 2001, 20 (2): 9-30.

[54] Chen, Charles J. P., Xijia Su, Ronald Zhao. An Emerging Market's Reaction to Initial Modified Audit Opinions: Evidence from the Shanghai Stock Exchange [J]. Contemporary Accounting Research (Fall), 2000, 17 (3): 129-455.

[55] Cheng, Q., T. D. Warfield. Equity Incentives and Earnings Management [J]. The Accounting Review, 2005, 80 (2): 441-476.

[56] Chi, Wuchun, L. L. Lisic, M. Pevzner. Is Enhanced Audit Quality Associated with Greater Real Earnings Management [J]. Accounting Horizons, 2011, 25 (2): 315-335.

[57] Chin, Chen-Lung, Hsin-Yi Chi. Gender Differences in Audit Quality [J]. Working Paper, 2008.

[58] Choi, Jong-Hag, T. J. Wong. Auditors' Governance Functions and Legal

Environments: An International Investigation [J]. Contemporary Accounting Research, 2007, 24 (1): 13-46.

[59] Choi, Jong-Hag, Jeong-Bon Kim, Y. Zang. Do Abnormally High Audit Fees Impair Audit Quality? [J]. Auditing: A Journal of Practice and Theory, 2010, 29 (2): 115-140.

[60] Choi, S. K., D. C. Jeter. The Effect of Qualified Audit Opinion on Earnings Response Coefficients [J]. Journal of Accounting and Economics, 1992, 14 (2/3): 229-247.

[61] Choi, Jong-Hag, Jeong-Bon Kim, Xiaohong Liu, Dan A. Simunic. Audit Pricing, Legal Liability Regimes, and Big 4 Premiums: Theory and Cross-Country Evidence [J]. Contemporary Accounting Research (Spring), 2008, 25 (1): 55-99.

[62] Chow, C. W., S. J. Rice. Qualified Audit Opinions and Auditor Switching [J]. The Accounting Review, 1982, 57 (2): 326-335.

[63] Chow, C. W., S. J. Rice. Qualified Audit Opinions and Share Prices: An Investigation [J]. Auditing: A Journal of Practice and Theory, 1982, 1: 35-53.

[64] Chung, J., G. S. Monroe. A Research Note on the Effects of Gender and Task Complexity on an Audit Judgment [J]. Behavior Research in Accounting, 2001, 13 (1): 111-125.

[65] Church, B. K., S. M. Davis, S. A. McCracken. The Auditor's Reporting Model: A Literature Overview and Research Synthesis [J]. Accounting Horizons, 2008, 22 (1): 69-90.

[66] Cohen, Daniel A., A. Dey, Thomas Z. Lys. Real and Accrual-Based Earnings Management in the Pre- and Post-Sarbanes-Oxley Periods [J]. The Accounting Review, 2008, 83 (3): 757-787.

[67] Cohen, Daniel A., Paul Zarowin. Accrual-Based and Real Earnings Management Activities Around Seasoned Equity Offerings [J]. Journal of Accounting and Economics, 2010, 50: 2-19.

[68] Craswell, A. T. The Association Between Qualified Opinions and Auditor switches [J]. Accounting and Business Research, 1988, 19: 23-31.

[69] DeAngelo, L. E. Auditor Size and Audit Quality [J]. Journal of Accounting and Economics (December), 1981, 3: 183-99.

[70] DeAngelo, Linda E. Accounting Numbers as Market Valuation Substitutes: A Study of Management Buyouts of Public Stockholders [J]. The Ac-

counting Review, 1986, 61 (3): 400-420.

[71] DeChow, P. M., R. G. Sloan, A. P. Sweeney. Detecting Earnings Management [J]. The Accounting Review (April), 1995, 70 (2): 193-225.

[72] DeFond, M. L. Earnings Quality Research: Advances, Challenges and Future Research [J]. Journal of Accounting and Economics, 2010, 50: 402-409.

[73] DeFond, M. L., K. R. Subramanyam. Auditor Changes and Discretionary Accruals [J]. Journal of Accounting and Economics, 1998, 25: 35-67.

[74] DeFond, M. L., T. J. Wong, S. Li. The Impact of Improved Auditor Independence on Audit Market Concentration in China [J]. Journal of Accounting and Economics, 2000, 28: 269-305.

[75] DeFond, M. L., J. Jiambalvo. Debt Covenant Violation and Manipulation of Accruals [J]. Journal of Accounting and Economics, 1994, 17: 145-176.

[76] DeFond, Mark, Mingyi Hung, Robert Trezevant. Investor Protection and the Information Content of Annual Earnings Announcements: International Evidence [J]. Journal of Accounting and Economics, 2007, 43: 37-67.

[77] DeFond, M. L., J. R. Francis. Audit Research After Sarbanes-Oxley [J]. Auditing: A Journal of Practice & Theory, 2005, 24 (Supplement): 5-30.

[78] DeFond, Mark, Jieying Zhang. A Review of Archival Audit Research [J]. Journal of Accounting and Economics, 2014, 58: 275-326.

[79] Degeorge, F., J. Patel, R. Zeckhauser. Earnings Management to Exceed Thresholds [J]. Journal of Business, 1999, 72: 1-33.

[80] Dimson, E. Risk Measurement When Shares Are Subject to Infrequent Trading [J]. Journal of Financial Economics, 1979, 7: 197-226.

[81] Dye, Ronald A. Auditing Standards, Legal Liability, and Auditor Wealth [J]. The Journal of Political Economy (October), 1993, 101 (5): 887-914.

[82] Elliot, J. A. Subject to Audit Opinions and Abnormal Security Returns-Outcomes and Ambiguities [J]. Journal of Accounting Research, 1982, 20 (2): 617-638.

[83] Estes, R., M. Reimer. A Study of the Effect of Qualified Auditors' Opinions on Bankers' Lending Decisions [J]. Accounting and Business Research (Autumn), 1977: 250-259.

［84］Ewert, F., A. Wagenhonfer. Economic Effects of Tightening Accounting Standards to Restrict Earnings Management ［J］. The Accounting Review, 2005, 80: 1101-1124.

［85］Fama, Eugene F., James D. MacBeth. Risk, Return, and Equilibrium: Empirical Tests ［J］. The Journal of Political Economy, 1973, 81 (3): 607-636.

［86］Fan, Joseph P. H., T. J. Wong. Do External Auditors Perform a Corporate Governance Role in Emerging Markets? Evidence from East Asia ［J］. Journal of Accounting Research (March), 2005, 43 (1): 35-72.

［87］Fan, Joseph P. H., T. J. Wong, Tianyu Zhang. Politically Connected CEOs, Corporate Governance, and Post-IPO Performance of China's Newly Partially Privatized Firms ［J］. Journal of Financial Economics, 2007, 84: 330-357.

［88］Firth, Michael. Qualified Audit Reports: Their Impact on Investment Decisions ［J］. The Accounting Review, 1978, 53 (3): 642-650.

［89］Francis, Jere R. A Framework for Understanding and Researching Audit Quality ［J］. Auditing: A Journal of Practice and Thoery, 2011, 30 (2): 125-152.

［90］Francis, Jere R., J. Krishnan. Accounting Accruals and Auditor Reporting Conservatism ［J］. Contemporary Accounting Research, 1999, 16 (1): 135-165.

［91］Francis, Jere R., Daniel T. Simon. A Test of Audit Pricing in the Small-Client Segment of the U. S. Audit Market ［J］. The Accounting Review (January), 1987, 62 (1): 145-157.

［92］Francis, Jere R., Donald J. Stokes. Audit Price, Product Differentiation, and Scale Economies: Further Evidence from the Australian Market ［J］. Journal of Accounting Research (Autumn), 1986, 24 (2): 383-393.

［93］Francis, Jere R. The Effect of Audit Firm Size on Audit Prices: A Study of the Australian Market ［J］. Journal of Accounting and Economics (August), 1984, 6: 133-151.

［94］Frankel, R. M., M. F. Johnson, K. K. Nelson. The Relation Between Auditors' Fees for Nonaudit Services and Earnings Management ［J］. The Accounting Review, 2002, 77: 71-105.

［95］Frye, Timothy, and Andrei Shleifer. The Invisible Hand and the Grabbing Hand ［J］. The American Economic Review, 1997, 87 (2): 354-358.

［96］Geiger, M. A., D. S. North, B. T. O'Connell. The Auditor-to-Client

Revolving Door and Earnings Management [J]. Journal of Accounting, Auditing & Finance, 2005, 20 (1): 1-26.

[97] Geiger, M. A., K. Raghunandan, D. V. Rama. Costs Associated with Going-Concern Modified Audit Opinions: An Analysis of Auditor Changes, Subsequent Opinions, and Client Failures [J]. Advances in Accounting, 1998, 16: 117-139.

[98] Glaeser, Edward, Simon Johnson, Andrei Shleifer. Coase vs. Coasians [J]. Quarterly Journal of Economics, 2001, 116: 853-899.

[99] Gold, A., J. E. Hunton, M. I. Gomma. The Impact of Client and Auditor Gender on Auditors' Judgments [J]. Accounting Horizons, 2009, 23 (1): 1-18.

[100] Gow, Ian. D., G. Ormazabal, D. J. Taylor. Correcting for Cross-Sectional and Time-Series Dependence in Accounting Research [J]. The Accounting Review, 2010, 85 (2): 483-512.

[101] Graham, J. R., C. R. Harvey, S. Rajgopal. The Economic Implications of Corporate Financial Reporting [J]. Journal of Accounting and Economics, 2005, 40: 3-73.

[102] Gramling, Audrey A., Jeffrey W. Schatzberg, Andrew D. Bailey, Jr., Hao Zhang. The Impact of Legal Liability Regimes and Differential Client Risk on Client Acceptance, Audit Pricing, and Audit Effort Decisions [J]. Journal of Accounting, Auditing, and Finance, 1998, 13: 437-460..

[103] Guiral-Contreras, A., J. A. Gonzalo-Angulo, W. Rodgers. Information Content and Redency Effect of the Audit Report in Loan Rating Decisions [J]. Accounting and Finance, 2007, 47: 285-304.

[104] Gul, F. A., Donghui Wu, Zhifeng Yang. Do Individual Auditors Affect Quality? Evidence from Archival Data [J]. The Accounting Review, 2013, 88 (6): 1993-2023.

[105] Gul, Ferdinand A., H. Sami, Haiyan Zhou. Auditor Disaffiliation Program in China and Auditor Independence [J]. Auditing: A Journal of Practice & Theory, 2009, 28 (1): 29-51.

[106] Han, Jerry C. Y., Shiing-wu Wang. Political Costs and Earnings Management of Oil Companies During the 1990 Persian Gulf Crisis [J]. The Accounting Review, 1998, 73: 103-117.

［107］Hardies, K., D. Breesch, J. Branson. Do Female Auditors Impair Audit Quality? Evidence from Going-Concern Opinions［J］. Working Paper, 2013.

［108］Haw, In-Mu, Daqing Qi, Donghui Wu, Woody Wu. Market Consequences of Earnings Management in Response to Security Regulations in China［J］. Contemporary Accounting Research（Spring）, 2005, 22（1）：95-140.

［109］Healy, P. M., J. M. Wahlen. A Review of the Earnings Management Literature and Its Implications for Standard Setting［J］. Accounting Horizons（December）, 1999, 13（4）：365-386.

［110］Healy, P. M. The Effect on Bonus Schemes on Accounting Decisions［J］. Journal of Accounting and Economics, 1985, 7：85-107.

［111］Heninger, W. G. The Association Between Auditor Litigation and Abnormal Accruals［J］. The Accounting Review, 2001, 76（1）：111-126.

［112］Hossain, S., L. Chapple. Does Auditor Gender Affect Issuing a Going-Concern Opinion?［J］. Working Paper, 2012.

［113］Houghton, K. A. Audit Reports：Their Impact on the Loan Decision Process and Outcome：An Experiment［J］. Accounting and Business Research（Winter）, 1983：15-20.

［114］Hutton, A. P., A. J. Marcus, H. Tehranian. Opaque Financial Reports, R2, and Crash Risk［J］. Journal of Financial Economics, 2009, 94：67-86.

［115］Jensen, M. C., W. H. Meckling. Theory of the Firm：Managerial Behavior, Agency Costs and Ownership Structure［J］. Journal of Financial Economics, 1976, 3：305-360.

［116］Jeppesen, K. K. Organizational Risk in Large Audit Firms［J］. Managerial Auditing Journal, 2007, 22（6）：590-603.

［117］Jian, M., T. J. Wong. Propping Through Related Party Transactions［J］. Reviews of Accounting Studies, 2010, 15：70-105.

［118］Jiang, Guohua, Charles M. C. Lee, Heng Yue. Tunneling Through Intercorporate Loans：The China Experience［J］. Journal of Financial Economics, 2010, 98：1-20.

［119］Jin, L., S. C. Myers. R2 Around the World：New Theory and New Tests［J］. Journal of Financial Economics, 2006, 79：257-292.

［120］Johl, S., C. A. Jubb, K. A. Houghton. Earnings Management and the

Audit Opinion: Evidence from Malaysia [J]. Managerial Auditing Jouranl, 2007, 22 (7): 688-715.

[121] Jones Jennifer J. Earnings Management During Import Relief Investigations [J]. Journal of Accounting Research, 1991, 29 (2): 193-228.

[122] Ke, Bin, Clive S. Lennox, Qingquan Xin. The Effect of China's Weak Institutional Environment on the Quality of Big 4 Audits [J]. The Accounting Review, 2015, 90 (4): 1591-1619.

[123] Kim, Jeong-Bon, Y. Li, L. Zhang. Corporate Tax Avoidance and Stock Price Crash Risk: Firm-Level Analysis [J]. Journal of Financial Economics, 2011, 100: 639-662.

[124] Kim, Jeong-Bon, R. Chung, M. Firth. Auditor Conservatism, Asymmetric Monitoring, and Earnings Management [J]. Contemporary Accounting Research (Summer), 2003, 20 (2): 323-359.

[125] Kim, Y., M. S. Park. Real Activities Manipulation and Auditors' Client-Retention Decisions [J]. The Accounting Review, 2014, 89 (1): 367-401.

[126] Klein, A. Audit Committee, Board of Director Characteristics, and Earnings Management [J]. Journal of Accounting and Economics, 2002, 33: 375-400.

[127] Kornai, Janos. The Soft Budget Constraint [J]. Kyklos, 1986, 39 (1): 3-30.

[128] Kothari, S. P. Capital Markets Research in Accounting [J]. Journal of Accounting and Economics, 2001, 31: 105-231.

[129] Kothari, S. P., S. Shu, P. D. Wysocki. Do Managers Withhold Bad News? [J]. Journal of Accounting Research, 2009, 47: 241-276.

[130] Kothari, S. P., A. J. Leone, C. E. Wasley. Performance Matched Discretionary Accrual Measures [J]. Journal of Accounting and Economics, 2005, 39 (1): 163-197.

[131] Krishnan, J. Auditor Switching and Conservatism [J]. The Accounting Review, 1994, 69 (1): 200-215.

[132] Krishnan, J., R. G. Stephens. Evidence on Opinion Shopping from Audit Opinion Conservatism [J]. Journal of Accounting and Public Policy, 1995, 14 (3): 170-201.

[133] Krishnan, Jagan, Jayanthi Krishnan. The Role of Economic Trade-Offs in the Audit Opinion Decision: An Empirical Analysis [J]. Journal of Accounting, Au-

diting & Finance, 1996, 11 (4): 565-586.

[134] La Porta, Rafael, F. Lopez-de-Silanes, A. Shleifer. Corporate Ownership Around the World [J]. Journal of Finance, 1999, 54: 471-517.

[135] La Porta, R., F. Lopes-de-Silanes, A. Shleifer, R. Vishny. Investor Protection and Corporate Governance [J]. Journal of Financial Economics, 2000, 58: 3-27.

[136] Larcker, D. F., S. A. Richardson. Fees Paid to Audit firms, Accrual Choices, and Corporate Governance [J]. Journal of Accounting Research, 2004, 42 (3): 625-658.

[137] Lennox, C. Do Companies Successfully Engage in Opinion-Shopping? Evidence form the UK [J]. Journal of Accounting and Economics, 2000, 29: 321-337.

[138] Lennox, Clive S., Asad Kausar. Estimation Risk and Auditor Conservatism [J]. Review of Accounting Studies, 2017, 22 (1): 185-216.

[139] Lennox, Clive S. Audit Quality and Executive Officers' Affiliations with CPA Firms [J]. Journal of Accounting and Economics, 2005, 39 (2): 201-231.

[140] Leuz, C., D. Nanda, P. D. Wysocki. Earnings Management and Investor Protection: An International Comparison [J]. Journal of Financial Economics, 2003, 69: 505-527.

[141] Leventis, S., P. Weetman. Timeliness of Financial Reporting Applicability of Disclosure Theories in an Emerging Capital Market [J]. Accounting and Business Research, 2004, 34 (1): 43-56.

[142] Levinson, D. J. A Conception of Adult Development [J]. American Psychologist, 1986, 41 (1): 3-13.

[143] Libby, R. The Impact of Uncertainty Reporting on the Loan Decision [J]. Journal of Accounting Research, 1979, 17: 35-57.

[144] Lin, Z. Jun, Qingliang Tang, Jason Xiao. An Experimental Study of User's Response to Qualified Audit Reports in China [J]. Journal of International Accounting, Auditing and Taxation, 2003, 12: 1-22.

[145] Lys, T., Ross L. Watts. Lawsuits Against Auditors [J]. Journal of Accounting Research, 1994, 32: 65-93.

[146] Miller, T. Do We Need to Consider the Individual Auditor When Discussing Auditor Independence? [J]. Accounting, Auditing & Accountability Journal,

1992, 5 (2): 74-84.

[147] Morrow, P. C., J. C. McElory. Work Commitment and Job Satisfaction over Three Career Stages [J]. Journal of Vocational Behavior, 1987, 30 (3): 330-346.

[148] Mutchler, J. F. Auditors' Perceptions of the Going-Concern Opinion Decision [J]. Auditing: A Journal of Practice and Theory, 1984, 3 (2): 17-30.

[149] Nelson, M., H. Tan. Judgment and Decision Making Research in Auditing: A task, Person, and Interpersonal Interaction Perspective [J]. Auditing: A Journal of Practice & Theory, 2005, 24 (Supplement): 41-71.

[150] Nelson, M. W., J. A. Elliott, R. L. Tarpley. Evidence from Auditors About Managers' and Auditors' Earnings Management Decisions [J]. The Accounting Review (Supplement), 2002, 77: 175-202.

[151] O'Donnell, E., E. N. Johnson. The Effects of Auditor Gender and Task Complexity on Information Processing Efficiency [J]. International Journal of Auditing, 2001, 5 (2): 91-105.

[152] Palmrose, Zoe-Vonna. Audit Fees and Auditor Size: Further Evidence [J]. Journal of Accounting Research (Spring), 1986, 24 (1): 97-110.

[153] Peng, Winnie Qian, K. C. John Wei, Zhishu Yang. Tunneling or Propping: Evidence from Connected Transactions in China [J]. Journal Corporate Finance, 2011, 17: 306-325.

[154] Petersen, M. A. Estimating Standard Errors in Finance Panel Data Sets: Comparing Approaches [J]. The Review of Financial Studies, 2009, 22: 435-480.

[155] Pistor, Katharina, Chenggang Xu. Governing Emerging Stock Markets: Legal vs Administrative Governance [J]. Corporate Governance, 2005a, 13 (1): 5-10.

[156] Pistor, Katharina, Chenggang Xu. Governing Stock Markets in Transition Economies: Lessons from China [J]. American Law and Economics Review, 2005b, 7: 184-210.

[157] Pratt, Jamie, James D. Stice. The Effects of Client Characteristics on Auditor Litigation Risk Judgments, Required Audit Evidence, and Recommended Audit Fees [J]. The Accounting Review (October), 1994, 69 (4): 639-656.

[158] Rangan, S. Earnings Management and the Performance of Seasoned Equity Offerings [J]. Journal of Financial Economics, 1998, 50: 101-122.

[159] Rankin, K. Peat Cancels Supermail International [N]. Accounting Today, 1992, 6: 12.

[160] Roll, R. R2 [J]. Journal of Finance, 1988, 43 (3): 541-566.

[161] Rosner, R. L. Earnings Manipulation in Failing Firms [J]. Contemporary Accounting Research, 2003, 20 (2): 361-408.

[162] Roychowdhury, S. Earnings Management Through Real Activities Manipulation [J]. Journal of Accounting and Economics, 2006, 42: 335-370.

[163] Schelleman, C., W. R. Knechel. Short-Term Accruals and the Pricing and Production of Audit Services [J]. Auditing: A Journal of Practice & Theory, 2010, 29 (1): 221-250.

[164] Schipper, K. Commentary on Earnings Management [J]. Accounting Horizons (December), 1989, 3: 91-102.

[165] Seetharaman, Ananth, Ferdinand A. Gul, Stephen G. Lynn. Litigation Risk and Audit Fees: Evidence from UK Firms Cross-Listed on US Markets [J]. Journal of Accounting and Economics, 2002, 33: 91-115.

[166] Shleifer, Andrei, and Robert W. Vishny. Politicians and Firms [J]. Quarterly Journal of Economics, 1994, 109 (4): 995-1025.

[167] Shleifer, Andrei, Robert W. Vishny. A Survey of Corporate Governance [J]. The Journal of Finance, 1997, 52 (2): 737-783.

[168] Simunic, Dan A. The Pricing of Audit Services: Theory and Evidence [J]. Journal of Accounting Research (Spring), 1980, 18 (1): 161-190.

[169] Simunic, Dan A., Michael T. Stein. The Impact of Litigation Risk on Audit Pricing: A Review of the Economics and the Evidence [J]. Auditing: A Journal of Practice & Theory (Supplement), 1996, 15: 120-134.

[170] Simunic, Dan. A., M. T. Stein. Audit Risk in a Client Portfolio Context [J]. Contemporary Accounting Research, 1990, 6 (2): 329-343.

[171] Sloan, R. G. Do Stock Prices Fully Reflect Information in Accruals and Cash Flows About Future Earnings? [J]. The Accounting Review, 1996, 71 (3): 289-315.

[172] Srinidhi, B. N., F. A. Gul. The Differential Effects of Auditors' Nonaudit and Audit Fees on Accrual Quality [J]. Contemporary Accounting Research, 2007, 24 (2): 595-629.

[173] Stumpf, S. A., S. Rabinowitz. Career Stage as a Moderator of Perform-

ance Relationships with Facets of Job Satisfaction and Role Perceptions [J]. Journal of Vocational Behavior, 1981, 18 (2): 202-218.

[174] Subramanyam, K. R. The Pricing of Discretionary Accruals [J]. Journal of Accounting and Economics, 1996, 22: 249-281.

[175] Super, D. E. The Psychology of Careers [M]. New York: Harper and Row, 1957.

[176] Szczesny, A., A. Lenk, T. Huang. Substitution, Availability and Preferences in Earnings Management: Empirical Evidence from China [J]. Review of Managerial Science, 2008, 2: 129-160.

[177] Teoh, S. H., I. Welch, T. J. Wong. Earnings Management and the Long-Run Market Performance of Initial Public Offerings [J]. Journal of Finance, 1998, 53: 1935-1974.

[178] Wallace, W. A. The Economic Role of the Audit in Free and Regulated Markets: A Look Back and Look Forward [J]. Research in Accounting Regulation, 2004, 17: 267-298.

[179] Wan, Wongsunwai. The Effect of External Monitoring on Accrual-Based and Real Earnings Management: Evidence from Venture-Backed Initial Public Offerings [J]. Contemporary Accounting Research, 2013, 30 (1): 296-324.

[180] Wang, Qian, T. J. Wong, Lijun Xia. State Ownership, the Institutional Environment, and Auditor Choice: Evidence from China [J]. Journal of Accounting and Economics, 2008, 46: 112-134.

[181] Watts, R. L., J. L. Zimmerman. Positive Accounting Theory [M]. Englewood Cliffs, NJ: Prentice Hall, 1986.

[182] Watts, R. L., J. L. Zimmerman. Positive Accounting Theory: A Ten-Year Perspective [J]. The Accounting Review (January), 1990, 65: 131-156.

[183] Whittred, G. P. Audit Qualification and the Timeliness of Corporate Annual Reports [J]. The Accounting Review, 1980, 55 (4): 563-577.

[184] Woo, C. Evaluation of the Strategies and Performance of Low ROI Market Share Leaders [J]. Strategic Management Journal, 1983, 4 (2): 123-135.

[185] Xu, R. Zhaohui, G. K. Taylor, M. T. Dugan. Review of Real Earnings Management Literature [J]. Journal of Accounting Literature, 2007, 26: 195-228.

[186] Zang, Amy. Y. Evidence on the Trade-Off Between Real Activities Ma-

nipulation and Accrual-Based Earnings Management [J]. The Accounting Review, 2012, 87 (2): 675-703.

[187] 薄仙慧, 吳聯生. 國有控股與機構投資者的治理效應: 盈餘管理的視角 [J]. 經濟研究, 2009 (2).

[188] 薄仙慧, 吳聯生. 盈餘管理、信息風險與審計意見 [J]. 審計研究, 2011 (1).

[189] 蔡春, 黃益建, 趙莎. 關於審計質量對盈餘管理影響的實證研究——來自滬市製造業的經驗證據 [J]. 會計研究, 2005 (2).

[190] 蔡春, 李明, 和輝. 約束條件、IPO盈餘管理方式與公司業績 [J]. 會計研究, 2013 (10).

[191] 蔡春, 謝贊春, 葉建明. 盈利率變化與審計意見購買的方式 [J]. 中國會計與財務研究, 2010, 8 (3).

[192] 蔡春, 朱榮, 謝柳芳. 真實盈餘管理研究述評 [J]. 經濟學動態, 2011 (12).

[193] 蔡利, 畢銘悅, 蔡春. 真實盈餘管理與審計師認知 [J]. 會計研究, 2015 (11).

[194] 曹強, 胡南薇, 王良成. 客戶重要性、風險性質與審計質量 [J]. 審計研究, 2012 (6).

[195] 陳冬華, 陳信元, 萬華林. 國有企業的薪酬管制與在職消費 [J]. 經濟研究, 2005 (2).

[196] 陳冬華, 周春泉. 自選擇問題對審計收費的影響——來自中國上市公司的經驗證據 [J]. 財經研究, 2006 (3).

[197] 陳關亭, 高曉明. 審計意見及其變通行為分析——來自2001—2001年的經驗證據 [J]. 審計研究, 2004 (3).

[198] 陳國進, 張貽軍. 異質信念、賣空限制與中國股市的暴跌現象研究 [J]. 金融研究, 2009 (4).

[199] 陳漢文. 註冊會計師職業行為準則研究 [M]. 北京: 中國財政經濟出版社, 2001.

[200] 陳漢文, 陳向民. 證券價格的事件性反應——方法、背景和基於中國證券市場的應用 [J]. 經濟研究, 2002 (1).

[201] 陳漢文, 劉啓亮, 余勁松. 國家、股權結構、誠信與公司治理——以宏智科技為例 [J]. 管理世界, 2005 (8).

[202] 陳漢文, 王華, 鄭鑫成. 安達信: 事件與反思 [M]. 廣州: 暨南

大學出版社，2003.

[203] 陳漢文，鄭鑫成. 可操縱應計的市場反應 [J]. 財會通訊，2004 (2).

[204] 陳漢文. 審計理論 [M]. 北京：機械工業出版社，2009.

[205] 陳漢文. 實證審計理論 [M]. 北京：中國人民大學出版社，2012.

[206] 陳梅花. 股票市場審計意見信息含量研究：1995—1999 上市公司年報的實證證據 [J]. 中國會計與財務研究，2002, 4 (1).

[207] 陳小林，林昕. 盈餘管理、盈餘管理屬性與審計意見 [J]. 會計研究，2011 (6).

[208] 陳小悅，肖星，過曉燕. 配股權與上市公司利潤操縱 [J]. 經濟研究，2000 (1).

[209] 陳曉，王琨. 關聯交易、公司治理與國有股改革——來自中國資本市場的實證證據 [J]. 經濟研究，2005 (4).

[210] 陳曉，王鑫. 股票市場對保留審計意見報告公告的反應 [J]. 經濟科學，2001 (3).

[211] 程小可，鄭立東，姚立杰. 內部控製能否抑制真實活動盈餘管理？——兼與應計盈餘管理之比較 [J]. 中國軟科學，2013 (3).

[212] 鄧川. 審計師變更方向、盈餘管理與市場反應——基於公司在內資審計師之間變更的研究 [J]. 中國工業經濟，2011 (11).

[213] 丁利，李明輝，呂偉. 簽字註冊會計師個人特徵與審計質量 [J]. 山西財經大學學報，2012 (8).

[214] 杜沔，王良成. 中國上市公司配股前後業績變化影響因素的實證研究 [J]. 管理世界，2006 (3).

[215] 樊綱，王小魯，朱恒鵬. 中國市場化指數——各地區市場化相對進程2009報告 [M]. 北京：經濟科學出版社，2011.

[216] 範經華，張雅曼，劉啓亮. 內部控製、審計師行業專長、應計與真實盈餘管理 [J]. 會計研究，2013 (4).

[217] 葛家澍，黃世忠. 安然事件的反思——對安然公司會計審計問題的剖析 [J]. 會計研究，2002 (2).

[218] 葛家澍，張金若. FASB與IASB聯合趨同框架（初步意見）的評介 [J]. 會計研究，2007 (2).

[219] 韓洪靈. 中國審計市場的結構、行為與績效 [D]. 廈門：廈門大學，2006.

[220] 胡奕明，唐松蓮. 審計、信息透明度與銀行貸款利率 [J]. 審計研

究，2007（6）．

［221］黃崑，張立民．監管政策、審計師變更與後任審計師謹慎性［J］．審計研究，2010（1）．

［222］江金鎖．審計意見與債務期限約束——來自中國上市家族企業的經驗證據［J］．審計與經濟研究，2011（6）．

［223］雷光勇，劉慧龍．大股東控制、融資規模與盈餘操縱程度［J］．管理世界，2006（1）．

［224］李彬，張俊瑞，郭慧婷．會計彈性與真實活動操控的盈餘管理關係研究［J］．管理評論，2009（6）．

［225］李補喜，王平心．上市公司審計費用率影響因素實證研究［J］．南開管理評論，2005（2）．

［226］李春濤，宋敏，黃曼麗．審計意見的決定影響因素：來自中國上市公司的證據［J］．中國會計與財務研究，2006，4（2）．

［227］李東平，黃德華，王震林．「不清潔」審計意見、盈餘管理與會計師事務所變更［J］．會計研究，2001（6）．

［228］李留闖，李彬．真實活動盈餘管理影響審計師的風險決策嗎？［J］．審計與經濟研究，2015（5）．

［229］李爽，吳溪．不利審計意見的改善與自願性審計師變更——來自1997—2003年間的趨勢描述及含義［J］．審計研究，2004（5）．

［230］李爽，吳溪．監管信號、風險評價與審計定價：來自審計師變更的證據［J］．審計研究，2004（1）．

［231］董志強，連玉君．應計項目盈餘管理還是真實活動盈餘管理——基於中國2007年所得稅改革的研究［J］．管理世界，2011（1）．

［232］李增福，鄭友環，連玉君．股權再融資，盈餘管理與上市公司業績滑坡［J］．中國管理科學，2011（2）．

［233］李增泉．實證分析：審計意見的信息含量［J］．會計研究，1999（8）．

［234］李增泉，孫錚，王志偉．掏空與所有權安排——來自中國上市公司大股東資金占用的經驗證據［J］．會計研究，2004（12）．

［235］李志文，宋衍蘅．影響中國上市公司配股決策的因素分析［J］．經濟科學，2003（3）．

［236］厲國威，廖義剛，韓洪靈．持續經營不確定性審計意見的增量決策有用性研究——來自財務困境公司的經驗證據［J］．中國工業經濟，2010（2）．

［237］廖義剛．審計意見的決策有用性及其出具動因：研究框架與研究述

評［J］.審計與經濟研究，2012（5）.

［238］林舒，魏明海.中國 A 股發行公司首次公開募股過程中的盈利管理［J］.中國會計與財務研究，2000（2）.

［239］林毅夫，劉明興，章奇.政策性負擔與企業的預算軟約束［J］.管理世界，2004（8）.

［240］劉斌，葉建中，廖瑩毅.中國上市公司審計收費影響因素的實證分析——深滬市 2001 年報的經驗證據［J］.審計研究，2003（1）.

［241］劉峰，許菲.風險導向型審計.法律風險.審計質量——兼論「五大」在中國審計市場的行為［J］.會計研究，2002（2）.

［242］劉峰，周福源.國際四大意味著高審計質量嗎？——基於會計穩健性角度的檢驗［J］.會計研究，2007（3）.

［243］劉鋒，賀建剛，魏明海.控制權、業績與利益輸送——基於五糧液的案例研究［J］.管理世界，2004（8）.

［244］劉啟亮，何威風，羅樂.IFRS 的強制採用、新法律實施與應計及真實盈餘管理［J］.中國會計與財務研究，2011，13（1）.

［245］劉啟亮，李祎，張建平.媒體負面報導，訴訟風險與審計契約穩定性——基於外部治理視角的研究［J］.管理世界，2013（11）.

［246］劉啟亮，周連輝，付杰，等.政治聯繫、私人關係、事務所選擇與審計合謀［J］.審計研究，2010（4）.

［247］劉俏，陸洲.公司資源的「隧道效應」——來自中國上市公司的證據［J］.經濟學季刊，2004，3（2）.

［248］劉偉，劉星.審計師變更、盈餘操縱與審計師獨立性［J］.管理世界，2007（9）.

［249］劉運國，麥劍青，魏哲妍.審計費用與盈餘管理實證分析［J］.審計研究，2006（2）.

［250］陸正飛，童盼.審計意見、審計師變更與監管政策——一項以 14 號規則為例的經驗研究［J］.審計研究，2003（3）.

［251］陸正飛，魏濤.配股後業績下降：盈餘管理後果與真實業績滑坡［J］.會計研究，2006（8）.

［252］羅宏，黃文華.國企分紅、在職消費與公司業績［J］.管理世界，2008（9）.

［253］羅雲輝，夏大慰.市場經濟中過度競爭存在性的理論基礎［J］.經濟科學，2002（4）.

[254] 呂長江，肖成民. 民營上市公司所有權安排與掏空行為——基於陽光集團的案例研究 [J]. 管理世界，2006（10）.

[255] 歐進士，蘇瓜藤，周玲臺. 審計報告對預測銀行授信失敗有用性之實證研究 [J]. 會計研究，2011（5）.

[256] 潘越，戴亦一，林超群. 信息不透明、分析師關注與個股暴跌風險 [J]. 金融研究，2011（9）.

[257] 漆江娜，陳慧霖，張陽. 事務所規模、品牌、價格與審計質量——國際「四大」中國審計市場收費與質量研究 [J]. 審計研究，2004（3）.

[258] 沈藝峰，許年行，楊熠. 中國中小投資者法律保護歷史實踐的實證檢驗 [J]. 經濟研究，2004（9）.

[259] 施丹，程堅. 審計師性別組成對審計質量、審計費用的影響 [J]. 審計與經濟研究，2011（5）.

[260] 施先旺，胡沁，徐芳婷. 市場化進程、會計信息質量與股價崩盤風險 [J]. 中南財經政法大學學報，2014（4）.

[261] 宋衍蕾，殷德全. 會計師事務所變更、審計收費與審計質量 [J]. 審計研究，2005（2）.

[262] 宋一欣. 2006年證券民事賠償重新活躍 [N]. 中國證券報，2006第A15版.

[263] 孫剛. 機構投資者持股動機的雙重性與企業真實盈餘管理 [J]. 山西財經大學學報，2012（6）.

[264] 孫新憲，田利軍. 審計意見與銀行貸款續新決策關係研究 [J]. 審計與經濟研究，2010（2）.

[265] 唐躍軍. 審計收費、審計委員會與意見購買——來自2004—2005年中國上市公司的證據 [J]. 金融研究，2007（4）.

[266] 陶洪亮，申宇. 股價暴跌、投資者認知與信息透明度 [J]. 投資研究，2011（10）.

[267] 佟嚴，王化成. 關聯交易、控製權收益與盈餘質量 [J]. 會計研究，2007（4）.

[268] 王衝，謝雅璐. 會計穩健性、信息不透明與股價暴跌風險 [J]. 管理科學，2013（1）.

[269] 王克敏，王志超. 高管控製權、報酬與盈餘管理——基於中國上市公司的實證研究 [J]. 管理世界，2007（7）.

[270] 王良成. 應計與真實盈餘管理：替代抑或互補 [J]. 財經理論與實

踐，2014（2）．

［271］王良成，曹強，廖義剛．政府管制、融資行為與審計治理效應——來自中國上市公司配股融資的經驗證據［J］．山西財經大學學報，2011（5）．

［272］王良成，董霖，楊達理，等．性別差異、職業階段與審計獨立性［J］．審計與經濟研究，2014（6）．

［273］王良成，韓洪靈．大型會計師事務所的審計質量一貫的高嗎？——來自中國上市公司配股融資的經驗證據［J］．審計研究，2009（3）．

［274］王良成，廖義剛，曹強．政府管制變遷與審計意見監管有用性［J］．經濟科學，2011（2）．

［275］王良成，宋娟，曹強．監管者識別盈餘管理的實證研究［J］．財經理論與實踐，2015（2）．

［276］王天夫，李博柏，賴揚恩．城市性別收入差異及其演變［J］．社會學研究，2008（2）．

［277］王豔豔，陳漢文．審計質量與會計信息透明度——來自中國上市公司的經驗數據［J］．會計研究，2006（4）．

［278］王豔豔，陳漢文，於李勝．代理衝突與高質量審計需求——來自中國上市公司的經驗證據［J］．經濟科學，2006（2）．

［279］王豔豔，於李勝．法律環境、審計獨立性與投資者保護［J］．財貿經濟，2006（5）．

［280］王躍堂，王亮亮，貢彩萍．所得稅改革、盈餘管理及其經濟後果［J］．經濟研究，2009（3）．

［281］魏濤，陸正飛，單宏偉．非經常性損益盈餘管理的動機、手段和作用研究［J］．管理世界，2007（1）．

［282］吳聯生，譚力．審計師變更決策與審計意見改善［J］．審計研究，2005（2）．

［283］吳水澎，李奇鳳．國際四大、國內十大與國內非十大的審計質量——來自2003年中國上市公司的經驗證據［J］．當代財經，2006（2）．

［284］伍利娜．審計定價影響因素研究——來自中國上市公司首次審計費用披露的證據［J］．中國會計評論，2003，1（1）．

［285］伍利娜．盈餘管理對審計費用影響分析［J］．會計研究，2003（12）．

［286］夏立軍．盈餘管理計量模型在中國股票市場的應用研究［J］．中國會計與財務研究，2003，5（2）．

［287］夏立軍，楊海斌．註冊會計師對上市公司盈餘管理的反應［J］．審

計研究，2002（4）．

［288］辛清泉，譚偉強．市場化改革、企業業績與國有企業經理薪酬［J］．經濟研究，2009（11）．

［289］徐浩萍．會計盈餘管理與獨立審計質量［J］．會計研究，2004（1）．

［290］許年行，江軒宇，伊志宏，等．分析師利益衝突、樂觀偏差與股價崩盤風險［J］．經濟研究，2012（7）．

［291］楊鶴，徐鵬．審計師更換對審計獨立性影響的實證研究［J］．審計研究，2004（1）．

［292］楊臻黛，李若山．審計意見的決策有用性：來自中國商業銀行信貸官的實驗證據［J］．中國註冊會計師，2007（12）．

［293］葉康濤．盈餘管理與所得稅支付：基於會計利潤與應稅所得之間差異的研究［J］．中國會計評論，2006，4（2）．

［294］葉瓊燕，於忠泊．審計師個人特徵與審計質量［J］．山西財經大學學報，2011（2）．

［295］於李勝．盈餘管理動機、信息質量與政府監管［J］．會計研究，2007（9）．

［296］於李勝，王豔豔．信息風險與審計定價［J］．管理世界，2007（2）．

［297］餘玉苗．論獨立審計在公司治理結構中的作用［J］．審計研究，2001（6）．

［298］張繼勳，徐奕．上市公司審計收費影響因素研究——來自上市公司2001—2003年的經驗證據［J］．中國會計評論，2005，3（1）．

［299］張俊瑞，李彬，劉東霖．真實活動操控的盈餘管理研究——基於保盈動機的經驗證據［J］．數理統計與管理，2008，27（5）．

［300］張偉，曹丹．新證券法和新公司法對註冊會計師實務的影響——從「科龍股東訴德勤案」說開去［J］．華東經濟管理，2006（10）．

［301］張祥建，徐晉．盈餘管理、配股融資與上市公司業績滑坡［J］．經濟科學，2005（1）．

［302］張昕．中國虧損上市公司第四季度盈餘管理的實證研究［J］．會計研究，2008（4）．

［303］張學謙，周雪．審計意見、盈餘管理與審計師變更——來自中國證券市場的經驗數據分析［J］．統計與決策，2007（22）．

［304］張兆國，劉曉霞，邢道勇．公司治理結構與盈餘管理［J］．中國軟科學，2009（1）．

[305] 章立軍. 上市公司盈餘管理與審計質量的相關性分析 [J]. 財貿經濟, 2005 (4).

[306] 章永奎, 劉峰. 盈餘管理與審計意見相關性實證研究 [J]. 中國會計與財務研究, 2002, 4 (1).

[307] 中國證券監督管理委員會. 上市公司新股發行管理辦法 [S]. 2001.

[308] 中國證券監督管理委員會. 上市公司證券發行管理辦法 [S]. 2006.

[309] 周中勝, 陳漢文. 獨立審計有用嗎?——基於資源配置效率視角的經驗研究 [J]. 審計研究, 2008 (6).

[310] 周中勝, 陳俊. 大股東資金占用與盈餘管理 [J]. 財貿研究, 2006(3).

[311] 朱紅軍, 汪輝.「股權制衡」可以改善公司治理嗎?——宏智科技股份有限公司控製權之爭的案例研究 [J]. 管理世界, 2004 (10).

[312] 朱小平, 余謙. 中國審計收費影響因素之實證分析 [J]. 中國會計評論, 2004, 2 (2).

國家圖書館出版品預行編目(CIP)資料

上市公司盈餘管理審計治理效應 / 王良成 著. -- 第一版.
-- 臺北市：崧燁文化，2018.09

　面； 　公分

ISBN 978-957-681-452-5(平裝)

1.企業管理 2.利潤 3.上市公司

494.76　　　　107012668

書　　名：上市公司盈餘管理審計治理效應
作　　者：王良成 著
發行人：黃振庭
出版者：崧燁文化事業有限公司
發行者：崧燁文化事業有限公司
E-mail：sonbookservice@gmail.com
粉絲頁　　　　　　網　址：
地　　址：台北市中正區重慶南路一段六十一號八樓815室
8F.-815, No.61, Sec. 1, Chongqing S. Rd., Zhongzheng
Dist., Taipei City 100, Taiwan (R.O.C.)
電　　話：(02)2370-3310　傳　真：(02) 2370-3210
總經銷：紅螞蟻圖書有限公司
地　　址：台北市內湖區舊宗路二段121巷19號
電　　話：02-2795-3656　傳真：02-2795-4100　網址：
印　　刷：京峯彩色印刷有限公司（京峰數位）

　　本書版權為西南財經大學出版社所有授權崧博出版事業股份有限公司獨家發行電子書繁體字版。若有其他相關權利及授權需求請與本公司聯繫。

定價：500 元

發行日期：2018 年 9 月第一版

◎ 本書以POD印製發行